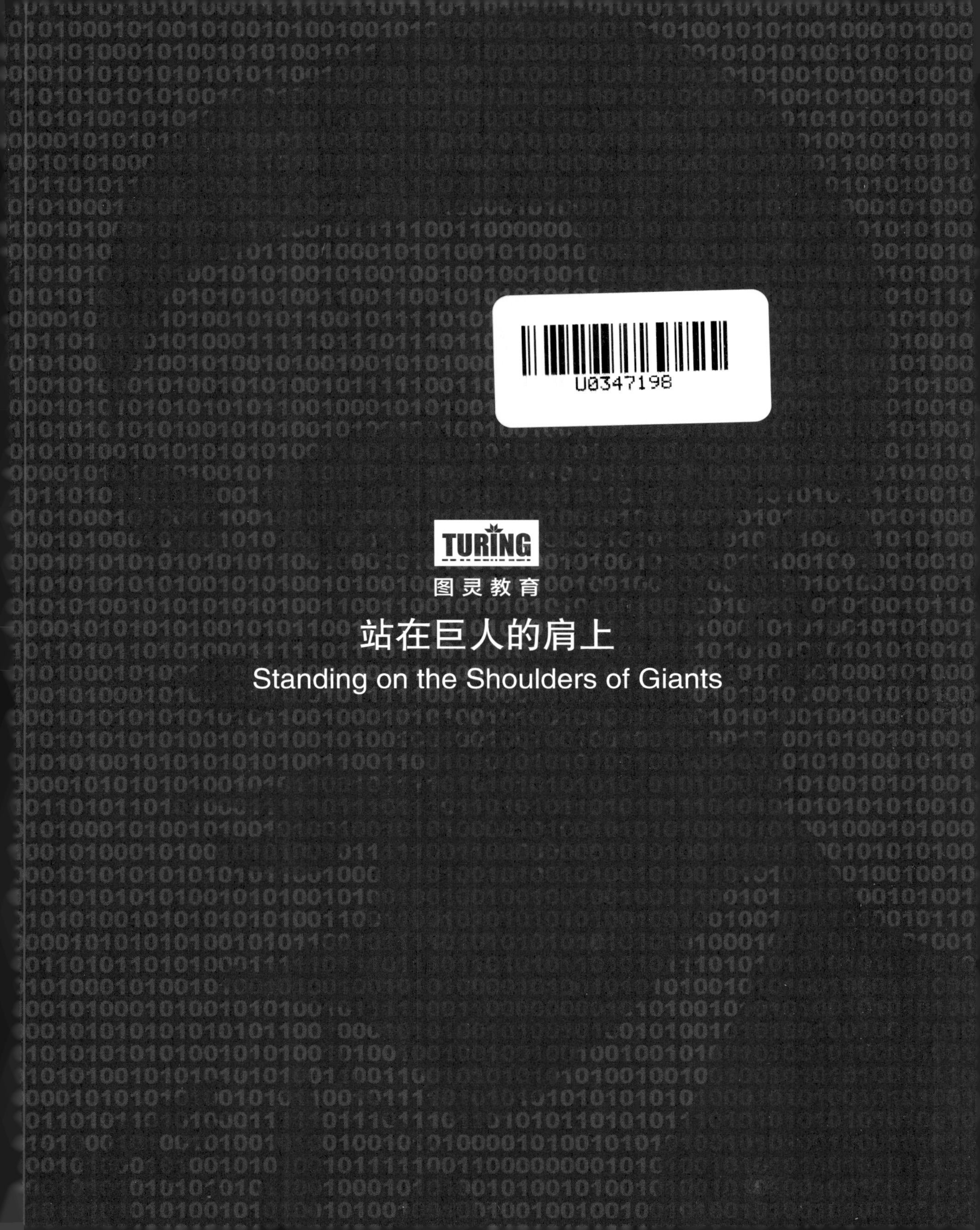
U0347198
TURING
图灵教育
站在巨人的肩上
Standing on the Shoulders of Giants

站在巨人的肩上

Standing on the Shoulders of Giants

TURING 图灵程序设计丛书

图数据库实战

Graph Databases in Action

[美] 戴夫·贝克伯杰（Dave Bechberger）
[美] 乔希·佩里曼（Josh Perryman） 著

叶伟民 刘华 译

人民邮电出版社
北 京

图书在版编目（CIP）数据

图数据库实战 / （美）戴夫·贝克伯杰（Dave Bechberger），（美）乔希·佩里曼（Josh Perryman）著；叶伟民，刘华译. -- 北京：人民邮电出版社，2021.10
（图灵程序设计丛书）
ISBN 978-7-115-57137-3

Ⅰ. ①图… Ⅱ. ①戴… ②乔… ③叶… ④刘… Ⅲ. ①图像数据库 Ⅳ. ①TP311.135.9

中国版本图书馆CIP数据核字(2021)第164743号

内容提要

现实世界中的数据往往并不是能以行列形式呈现的表格型数据，而是富含关系信息的复杂网络。对于挖掘这类数据的潜在价值，图数据库具有明显的优势。本书介绍如何针对真实场景设计和实现图数据库。你将学习图论的基础知识，并尝试构建基于图数据库的社交网络应用程序和推荐引擎等。你将掌握图数据库开发的所有重要概念，包括递归遍历、图数据建模、查询调优、性能调优、图分析，以及如何避免超级节点等反模式。学完本书后，你将有能力构建基于图数据库的应用程序，从而显著地提升数据价值。本书示例采用开源图计算框架 TinkerPop 及其查询语言 Gremlin，但所述概念均适用于 Neo4j 等基于 Cypher 的图数据库。

本书面向所有软件开发人员，不需要读者具备关于图数据库的经验。

◆ 著　[美] 戴夫·贝克伯杰（Dave Bechberger）
　　乔希·佩里曼（Josh Perryman）
译　叶伟民　刘　华
责任编辑　杨　琳
责任印制　周昇亮

◆ 人民邮电出版社出版发行　北京市丰台区成寿寺路11号
邮编　100164　电子邮件　315@ptpress.com.cn
网址　https://www.ptpress.com.cn
天津翔远印刷有限公司印刷

◆ 开本：800×1000　1/16
印张：17.5
字数：413千字　2021年10月第1版
印数：1－2 500册　2021年10月天津第1次印刷

著作权合同登记号　图字：01-2021-1727号

定价：89.80元

读者服务热线：(010)84084456　印装质量热线：(010)81055316

反盗版热线：(010)81055315

广告经营许可证：京东市监广登字 20170147 号

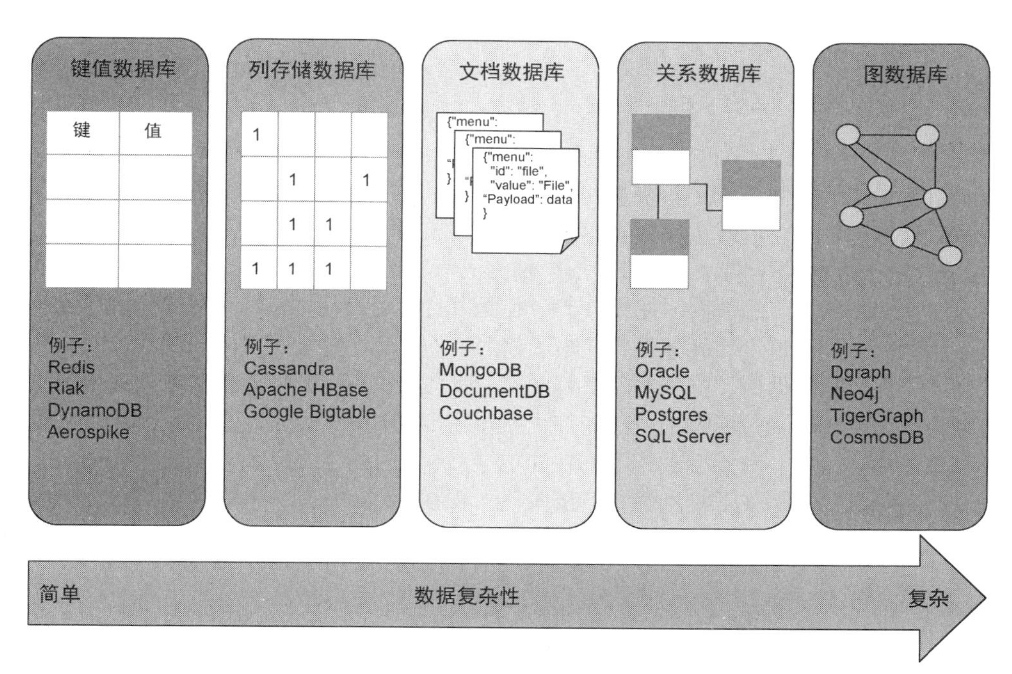

按数据复杂性排序的数据库引擎类型

对本书的赞誉

“在真实世界中，事物之间的关联关系在很多问题中至关重要。在构建解决这类问题的系统时，我们会意识到关系数据库并不擅长处理关联关系，尤其在这个数据规模呈指数增长的年代。自然，图数据库的抽象功能被证实适合用来在系统中实时读写、持久化这些关联关系。

“在进入这个领域的早期，我花费了不少精力去学习图数据库与其场景应用，虽然过程自然且有趣，却远非高效。为此，我一直致力于图数据库的应用，尤其是其入门的布道。在一次线上的布道演讲之后，我认识了伟民老师并获赠了他的这本译稿。这本书‘learning by doing’的理念与我认同的‘入门图数据库、构建基于图数据库（属性图）应用开发’的学习方式十分契合，上手学习能让读者持续地通过明确的目标与产出获得需要的知识与成就感，层层递进，从而有效入门一个领域。在通读后，我感受到这本书在知识展开、上手项目的设计上做得很好。

“最后，我想说，在 GQL 标准还在草稿阶段的现在（2021 年），通过这本书掌握图数据库并开始紧跟图技术发展将是这几年非常值得的个人精力投资。”

——古思为

Nebula Graph 开发者布道师

“这本书循序渐进、通俗易懂，对没有图数据库经验的人员十分友好。同时，作为一本出色的指南，它可以帮助开发人员进行实操落地，甚至提高开发效率。最后，在读这本书的过程中，我也在学习图数据库知识，仿佛进入了一个图技术的新世界。这本书改变了我对图数据库的看法，强烈推荐！”

——陈俊

CSM、PMP，某标杆农商银行 PMO，主导敏捷研发体系建设，负责 IT 转型落地实践

“作为传统数据库的一名 DBA，我一直想系统地学习图数据库，后读到这本书，发现书中把图数据库与其他数据库之间的关系讲得很有趣。全书通俗易懂，而且结合 Java 开发实践来梳理数据库实践方法，实用性很强，适合需要了解图数据库知识的同学参考学习，推荐给大家！”

——杜蓉

光大银行业务副经理

推荐序

很荣幸应刘华老师的邀请为这本书作序。我与刘华老师的相识始于他对敏捷开发的深入研究及其大作《猎豹行动：硝烟中的敏捷转型之旅》。我自己是研究企业架构，尤其是业务架构的。得益于老东家倾尽全力的一次企业级转型工程，我获得了难得的完整的企业架构实施经验，并将自己的思考分享给广大读者，也由此结识了很多行业内的专家，比如刘华老师，这段亦师亦友的关系令我获益良多。

本次刘华老师不辞辛劳，为国内读者奉献了这部数据库领域前沿技术的优秀译作，是行业的幸事。数据是新的生产要素，处理数据的技术日益受到关注，其中最为重要也最为困难的便是底层数据库技术。它既涉及我们对数据的理解，比如数据建模，也涉及数据处理效能，比如查询、求解，是其他应用类技术发展的基石。近年来，国产数据库技术发展较快，在 2020 年的 SACC 大会上，国产专业数据库厂商数量已经过百，是名副其实的“百花齐放”了。此刻，正是我们需要多了解、多吸收、多创新的关口。

对数据的理解和建模对于企业级系统的构建是至关重要的，关系数据库在关系处理方面存在的一些短板恰恰需要图数据库技术进行弥补，规模较大的企业已经出现了多种数据库类型并存发展的情况。通过这本书，读者可以了解图数据库的构建知识。我自己通过阅读已经发现，我所主张的、在业务架构建模过程中行为（流程）建模和数据建模要紧密结合甚至融合的观点，对于图数据库构建而言甚至比对于关系数据库而言更为重要。边及唯一性的定义是要密切联系业务行为的，而图数据库的正确性和效率正是基于边及唯一性定义的准确性。

软件领域没有“银弹”，这本书除了介绍图数据库的优点外，还指出了如何判断在何种条件下应用图数据库，其客观性非常值得称赞。技术并非此消彼长的，技术之间的组合经常是技术创新的源泉；关系数据库与图数据库之间也并非“你死我活”的关系，而是各有所长、互相支持。如今，在反欺诈、反洗钱等领域中，图数据库正在发挥其自身优势，在金融行业的整体技术架构中，与其他类型的数据库共同履行着推动金融行业信息化、智能化发展的使命。

数字化发展理念已经通过国家政策贯彻到了各个领域，对数据库技术的需求和创新要求也会日益增多，这是一条依然充满挑战的赛道。希望广大读者能够通过这本书打开探索图数据库领域的大门，我们期待会有更多基于图数据库的优秀应用案例出现，启发我们持续发展数据库技术，为实现高度发达的数字化社会奠定高效、稳定的数据管理基础。再次感谢刘华老师的辛苦付出！

付晓岩

IBM 副合伙人、全球企业咨询服务部金融核心锐变团队业务发展和交付总监

译者序

为什么要阅读本书

当年译者向美国移民局证明自己是美国本土难以找到的特殊人才的证据是：会自动化测试。三五年之后，自动化测试人才在美国不再难寻了。现在，图数据库领域也是同样的情况。你是愿意像译者当年一样马上开始学习图数据库，成为稀缺的特殊人才，还是愿意在多年以后被迫随大流去学习图数据库呢？

译者曾经是印象笔记的忠实付费用户，然而当 Roam Research 因为使用图数据库从而天然支持双向链接和图显示时，就立即通过迁移工具跟印象笔记说再见了。也许今天，你的产品/工具/服务有一群看似稳固的付费用户，然而随着数据量的增加，用户对数据分析的要求越来越高，图数据库的优势也将越来越明显。你可能会发现，这些付费用户离跳到竞争对手那里其实只差一个迁移工具……

所以还等什么呢？比竞争对手抢先掌握图数据库技术也许能解决这个问题！

译者曾经做过几年搜索引擎开发，但在用图数据库重写了搜索引擎的部分内容之后，深刻感受到在某些场景中，图数据库能以百分之一的代码量更轻松、更高效地进行实现。感兴趣的朋友们可以关注“神机妙算 Fintech 信息汇总”网站的开发。如果你被数据关系方面的某些技术难题所困扰，不如试试图数据库吧，也许会有惊喜哦。

本书与其他图数据库图书的不同之处

译者从 2020 年开始一直关注着图数据库的发展，终于遇到了这本门槛较低的图数据库入门书。与其他图数据库图书相比，本书门槛更低，十分适合有关系数据库背景的朋友入门。

内容简介

本书通过开发一个餐厅推荐应用程序示例，带领你轻松步入图数据库的世界。它以主流的 TinkerPop Gremlin 技术作为抓手，让你可以立即着手设计、开发和部署自己的图数据库应用程序。Gremlin 是主流云商（如 AWS Nepture 图数据库）支持的遍历语言，掌握这项技术就能顺利地把自己的应用程序接入云端。

图数据库要解决的重点问题就是关系。在我们的现实世界中，既有实体，又有实体间的关系。比如某上市公司发行了股票，那么这家公司和其股票分别为两个实体，它们之间的关系就是从公司到股票的“发行”。如果某基金持有这支股票，便形成了该基金和这支股票及其公司之间的关系。这些关系可以更复杂，比如一家公司有很多关联的公司或人，也会有上下游公司等。图数据库就是方便我们建立和查询这些复杂关系的工具。

通过传统的关系数据库，也许也能存储和查询这些信息，但是效率低、实现复杂。通过图的形式，则可直接表达这些关系。因此图数据库是存储和查询这类信息的最佳途径。

反洗钱和反欺诈是图技术的常见应用场景，公司、上下游、关联方等之间迷雾般的复杂关系也许隐藏着某种风险。

读完本书，译者印象最深的有三点：

- 关系在图数据库中和实体一样，都是“一等公民”——图数据库是存储和查询实体和关系的最佳技术之一；
- 对遍历语句做少量修改便是 Java 代码——Gremlin 有自己的一套像 SQL 那样的查询和遍历语句，如果你使用 Java，就可以把大部分 Gremlin 语句直接转换成 Java 代码，实现高效编程；
- 要用遍历图的思维来解决图的问题——抛开我们熟悉的关系数据库思维，用全新的思维面对新的问题。

欢迎你通过本书和我们一起遨游图技术的全新世界。

叶伟民　刘　华

于 2021 年 8 月

序

在新的十年来临之际，开发人员在开始新项目时将面临众多的数据库选择。强大的关系数据库仍然统治着市场，在遗留项目和全新项目中都保持着很高的人气，理由也很充分：其灵活性和四十多年间累积的工程历史是无可辩驳的。尽管关系数据库取得了成功，但在过去十年里，为取代关系数据库模型和查询语言而被设计出来的新型商业和开源数据库系统数量激增。一些数据库系统以新的方式来应对传统的关系数据库工作负载，例如采用内存优化技术（内存价格的下降使这种方法变得可行）来实现横向扩展或高性能，其他许多数据库系统则完全偏离了关系模型。在这些数据库系统中，我们发现了各种各样的焦点领域和建模范式。这本书主要关注其中一个富有表现力且强大的发展方向——图模型，尤其是属性图。

图数据库并不是什么新鲜事物。层次数据库和导航式检索方式自 20 世纪 60 年代以来就已经存在了，但直到近年来，它们在开发者群体中的受欢迎程度才有所提高。我认为这在很大程度上是由于属性图数据模型的直观性。人们习惯于借助图来思考问题。如果你在白板上画一张图来表述问题，那么无论技术人员还是非技术人员都能够明白。因此，当将图模型叠加到手头的软件任务上之后，一切看起来就都像是图问题了。

不管怎么说，我们还是在和技术打交道，所用的属性图数据库只不过是比较新的技术而已，并没有什么神奇之处。这正是戴夫和乔希伸出援手的地方。我想不出还有哪些专家能更好地引导你踏上理解图数据库的旅程并帮助你规划路线。他们都是成就斐然的图架构师和开发人员，在这一领域最近流行起来之前就已经参与其中了。他们从事过基于图的产品的开发和咨询工作，并且积累了多年的实践经验。

这一经历造就了他们对图应用程序开发问题的务实态度。虽然两人都是图技术的支持者，但他们并非盲目支持，对这项技术并不过分执着。毕竟，新开发者面临的首要问题之一是：这是一个图问题吗？在学习这本书的过程中，你将磨炼出一种将现实世界中的问题转换为图数据模型的直觉，以构建你的 Gremlin 查询分支。Gremlin 是一种流行且功能强大的属性图查询语言。在第 6 章中，你将运用这些知识来构建你的第一个图应用程序。在完成时，你将有能力评估图数据库是否适合你的下一个项目，如果适合，就可以基于已构建的示例图数据库应用程序实现该愿景了。

Ted Wilmes

Expero 公司数据架构师、JanusGraph 技术指导委员会委员

前　言

2005～2010年，两种相辅相成的趋势开始出现。首先，企业开始收集和使用比以往任何时候都更多的客户、竞争对手和用户数据。其次，企业希望从这些数据中获得更复杂的信息，其中往往包含隐藏的联系。这两种趋势让人们需要更容易地探索高度关联的海量数据。图数据库满足了这一需求。

随着图数据库在技术、用途和应用方面日趋成熟，我们对这个市场有了自己独到且深刻的见解。我们是在2014年左右开始使用图数据库的，当时还在一家小众软件咨询公司工作。我们各自独立负责的项目都使用图数据库来解决特定类型的复杂数据问题。当时，图数据库这门技术很新，也很粗糙。尽管在使用新技术的过程中会面临一些挑战，但我们都认识到了这个工具的强大功能，并被其深深吸引。

从那以后，我们花了无数小时来研究有关构建图应用程序（graph-backed application）的所有错综复杂的小细节。本书就是那无数小时奋斗的结晶。本书是一本实操指南，我们希望这一性质能够为你构建图应用程序提供扎实的基础知识，并在学习过程中帮助你绕过我们遇到的一些陷阱。

致谢

撰写本书是一个充满爱、有时又让人感到沮丧的艰辛旅程，所以我们首先要感谢各自的妻子（Melody和Meredith）以及其他家人和朋友在我们分享图数据库的最新奥秘时给予的无限耐心和包容。没有他们的支持，我们永远也不可能完成本书的创作。

非常感谢Denise Gosnell博士、Kelly Mondor、Ted Wilmes和Daniel Farrell，感谢你们分享的见解、接受的访谈和给予的支持，我们在写作过程中受益匪浅。

还要感谢Manning给我们时间和机会出版本书。我们要感谢Manning的全体员工，特别是Marjan Bace和Michael Stephens，以及编辑Frances Lefkowitz、Nick Watts、Alex Ott、Lori Weidert和Frances Buran，感谢你们令人惊喜的反馈和无限耐心。我们也要感谢所有审校人员：Scott Bartram、Andrew Blair、Alain Couniot、Douglas Duncan、Mike Erickson、John Guthrie、Mike Haller、Milorad Imbra、Ramaninder Singh Jhajj、Mike Jensen、Nicholas Robert Keers、Mladen Knežić、Miguel Montalvo、Luis Moux、Nick Rakochy、Ron Sher、Deshuang Tang、Richard Vaughan和Matthew Welke。你们的批注和评价对巩固本书的组织结构和澄清本书的重点非常宝贵。

最后要感谢Expero公司。没有它，我们将永远不会相遇，也不会开始对图数据库的探索。我们与Expero公司里才华横溢的专家并肩工作的那些年为本书的撰写打下了坚实的基础，并提供了丰富的素材。

关于本书

本书是为所有使用图数据库来构建应用程序的人编写的，旨在让你对图和图数据库拥有基本的理解，以及为使用常见图数据库模式来构建应用程序提供框架。为了讲授这个框架，本书遵照软件开发生命周期来开发一个虚构的应用程序，名为“友聚”（DiningByFriends）。在整本书中，我们将通过这个应用程序来具体地展现图原理以及所讲授概念和内容的例子。本书将在多处比较构建图应用程序和使用传统关系数据库模型之间的差异。最终，你不仅将拥有构建图应用程序所需的技能，还将构建自己的第一个应用程序“友聚”。

读者对象

本书面向想使用图数据库作为其应用程序后端数据存储的程序开发人员、数据工程师和数据库开发人员。本书并不期望你具备任何使用图数据库的经验，但是你应该熟悉数据建模概念，特别是关系数据库的开发，因为这些概念将在整本书中被作为常见参考标准而大量使用。尽管所有应用程序代码都是用 Java 编写的，但任何具有面向对象应用程序开发经验的开发人员应该都能够理解这些概念和内容。

本书结构：路线图

本书分为三个部分，共 11 章。第一部分“图数据库入门”将为“友聚”应用程序建立基础。

- 第 1 章首先介绍图及相关术语；然后讨论图数据库与关系数据库的区别，以及如何使用图数据库来解决高度关联数据问题；最后将讨论什么样的问题适合使用图数据库来解决。
- 第 2 章通过为“友聚”应用程序建立初始数据模型来着手实践。最终，你会熟悉一套框架，它能把业务需求和概念数据模型转换成使用图数据库元素顶点、边和属性的初始数据模型。
- 第 3 章开始介绍图遍历，主要学习图数据库的查询过程（遍历）。你将了解如何用图数据库检索和筛选数据；然后学习如何导航图数据库结构，以及使用图数据库与关系数据库的区别；最后会看到如何轻松地递归遍历一个图，以检索复杂、互联的数据。
- 第 4 章继续图遍历的旅程，涵盖数据变化用例；然后展示如何遍历图来找到连接两者的实体和关系，即路径；最后研究如何借助关系上的属性来筛选遍历和提升性能。

- 第 5 章结束对图遍历的初步关注，讨论如何将遍历结果格式化为所需的输出。另外，你将学习如何执行常见操作，例如排序、筛选和限制返回的结果。
- 第 6 章开始构建“友聚”应用程序，把第 3 ~ 5 章开发的遍历合并到“友聚”Java 应用程序中。然后，这一章会通过处理结果来结束第一部分。

第二部分“使用图数据库构建应用程序”扩展了第一部分介绍的概念。

- 第 7 章使用第 2 章中的数据建模技术以及你所学的关于遍历图的知识来扩展数据模型，用于更复杂的用例，例如推荐引擎和个性化。
- 第 8 章借助推荐引擎的用例，演示使用强大的熟路模式来创建稳健的推荐应用程序模式。
- 第 9 章使用我们的个性化用例来演示如何在图应用程序中使用子图访问模式。

第三部分“进阶”将跨越“友聚”应用程序，讨论开发过程的后续步骤。

- 第 10 章讨论如何调试和排除常见的遍历性能问题，然后研究超级节点到底是什么以及它为什么会在图应用程序中产生问题。你还会了解这些常见的应用程序及遍历陷阱和反模式带来的性能问题，以及如何识别和避免这些问题。
- 第 11 章从前瞻性的角度出发，讨论你可能希望用在图应用程序中的更多知识；还会讨论一些最常见的图分析算法，以及如何应用这些算法来解决特定的问题；最后将概述如何在机器学习中应用图。

关于代码

本书包含大量代码示例，既有带编号的代码清单，又有在正文中出现的代码。在这两种情况下，代码都采用等宽字体，以便与普通文本区分开来。

在很多情况下，本书会对原始代码重新进行格式化，比如添加换行符和重排缩进，以适应页面大小。在极少数情况下，还会在代码清单中使用行延续标记（➥）。除此之外，代码清单中还会有许多代码注释，以突出强调重要的概念。

本书中的示例代码可以从 ituring.cn/book/2889 下载。

关于具体的技术和产品

本书的目标是帮助你掌握构建图应用程序所需的概念知识。为了提供这些概念的实际示例，我们必须选择用于演示的具体技术和产品。

第一个选择是数据库的具体类型。我们决定使用带标注的属性图数据库（labeled property graph database），而不是 RDF 存储或 Triple Store 数据库。这是因为带标注的属性图数据库是具体产品中最常见的类型，而且似乎是发展势头较好的图数据库。另外，带标注的属性图数据库的相关概念最接近我们熟悉的关系数据库，因此用于做对比会有很好的效果。

这也引出了我们面临的下一个选择：要使用的遍历语言是 openCypher 还是 Gremlin？

虽然使用 openCypher 的理由很充分，但本书的目标是尽可能保持与具体产品无关。这样一来，当你开始构建应用程序时，就可以很容易地将所学概念和技术应用于许多流行的数据库。

这一点很重要。最后，我们决定使用 Apache TinkerPop 3.4.*x* 框架，因为它兼容绝大多数图数据库产品。

在本书的立项和评审过程中，我们多次被问到为什么选择 TinkerPop/Gremlin 技术栈，而不是 Neo4j/Cypher 技术栈。鉴于 Neo4j 生态系统的普及程度，提出这个问题很合理，值得全面解释。我们选择 TinkerPop 的 Gremlin 作为本书演示所用的技术，有三个理由：

- Gremlin 更适合用来教授遍历工作原理；
- Gremlin 是企业级应用程序的常用语言；
- Gremlin 在不同属性图数据库产品之间的可移植性最高。

关于第一个理由，我们认为与 Cypher/openCypher 的声明式方法相比，Gremlin 的命令式设计为学习图查询工作原理提供了更好的教学工具。Gremlin 的语法需要我们去思考如何在图中移动查询光标，以确定查询光标下一步要移动到哪里。虽然我们确实欣赏 Cypher/openCypher 的简单性，但它也可能会在解决关键技术问题时令人混淆，特别是在处理性能或规模问题时。因此，虽然 Cypher/openCypher 是学习如何处理关联数据的一个良好起点，但我们认为 Gremlin 更适合构建高性能、可伸缩的数据应用程序。

出于第二个理由，许多应用程序使用的图数据库支持 TinkerPop。这意味着 Gremlin 是首选的查询语言。虽然一些企业同时拥有使用 Cypher/openCypher 和 Gremlin 的应用程序，但根据我们的经验，更大、更复杂的企业级项目似乎都选择了支持 TinkerPop 的图数据库或云服务。

至于第三个理由，就目前来讲，Gremlin 是跨图数据库引擎最广泛可用的查询语言。几乎所有主要云供应商（AWS、Microsoft Azure、IBM、华为云等）都提供兼容 Gremlin 的图数据库或服务。唯一的例外是 Google 云平台，它提供的是 Neo4j 服务。

我们的目标并不是倡导使用具体的某一种图数据库或语言。我们只是希望提供一个坚实的基础，让你知道如何在构建具有高度关联数据的应用程序时使用图数据库，并展示图数据库是如何工作的。我们认为，Gremlin 是实现这一目标的最佳途径。

在决定使用 TinkerPop 的 Gremlin 之后，我们不得不选择一个支持 TinkerPop 的特定数据库。本着与具体产品无关的精神，我们决定在示例中使用 TinkerGraph。TinkerGraph 是 Gremlin Server 和 Gremlin Console 使用的图实现，而 Gremlin Server 和 Gremlin Console 都在 Apache 软件基金会 TinkerPop 项目的参考软件之列。

最后，必须选择一种编程语言来构建示例应用程序“友聚”。由于 Java 是图数据库最常用的语言，因此我们选择它作为应用程序的开发语言。应该注意的是，用其他语言（如 C#、JavaScript 和 Python）也可以构建相同的应用程序。这不仅是可能的，我们自己也做到了。但是本书中提供的所有遍历都是使用 Gremlin 编写的，所有应用程序代码都是使用 Java 编写的。

虽然本书介绍的几乎所有概念都不是支持 TinkerPop 的数据库所特有的，但还是有极少数例外。在这种情况下，我们会标注在何处使用了 TinkerPop 特有的功能，以便你知道某个特定功能可能在你所选择的图数据库中不可用。如果没有给出这样的标注，就可以默认所讨论的概念也适用于其他带标注的属性图数据库。

图书论坛

购买本书的读者可以免费访问由 Manning 管理的私有在线论坛。你可以在该论坛上发表与本书有关的评价，提出技术问题，接受来自作者及其他用户的帮助。你可以通过 https://livebook.manning.com/#!/book/graph-databases-in-action/discussion 来访问该论坛，还可以在 https://livebook.manning.com/#!/discussion 上了解更多有关 Manning 论坛及行为准则的信息。

关于该论坛，Manning 的承诺是提供一个读者之间以及读者和作者之间可以进行有意义对话的场所。这并不意味着作者将会全身心投入该论坛，作者对于该论坛的贡献仍然是自愿而且无偿的。所以我们建议你问一些具有挑战性的问题来激发作者的兴趣！只要本书还在销售，都可以登录该论坛，查阅以前的帖子。

电子书

扫描如下二维码，即可购买本书中文版电子版。

关于封面

本书封面插图名为《来自德国西南部黑森林的妇女》（*Femme de la Foret Noire*）。这幅插图选自 Jacques Grasset de Saint-Sauveur（1757—1810）于 1788 年在法国出版的一套各国服装图册，名为 *Costumes civils actuels de tous les peoples connus*。这套服装图册中的每幅插图都是手工绘制和上色的。Saint-Sauveur 这些各色各样的插图生动地提醒我们，200 年前世界上各个城镇和地区在文化上存在的差异。由于彼此隔绝，人们讲不同的语言和方言。无论在街上还是乡下，通过衣着就能很容易地辨认出人们住在哪里，以及他们的职业或地位。

后来，我们的着装方式发生了变化，当时如此丰富的地区性差异逐渐消失。如今已经很难通过衣着来区分出不同大陆的居民，更不用说区分不同国家、地区或城镇的居民了。也许，我们已经用过往的文化和视觉上的多样性来换取了今天更为多样化的个人生活——当然也换取了更多样化、更快节奏的科技生活。

在这个图书同质化的年代，Manning 将 Jacques Grasset de Saint-Sauveur 的图片作为图书封面，将两个世纪前各个地区生活的丰富多样性还原出来，以此赞扬计算机事业的创造性和主动性。

目　录

第一部分　图数据库入门

第二部分 使用图数据库构建应用程序

第三部分 进阶

Part 1 第一部分

图数据库入门

学习新技术的旅程需要下些功夫，本书将扩充你当前关于构建关系数据库应用程序的知识，以演示如何通过构建图数据库和图应用程序来解决复杂的数据问题。第一部分将通过介绍概念、术语和流程来帮助你轻松踏上旅程，同时强调用图思维方式处理问题时所需注意的关键差异。

第 1 章介绍图的核心概念，并讨论这些模型适用于哪些类型的问题。第 2 章建立一个数据建模方法论，并为一个社交网络建立简单的数据模型，后者将在我们的示例应用程序“友聚”中使用。接下来的三章介绍在图数据库中查找和处理数据的最常用操作，分为三个阶段：首先是第 3 章中的图基本遍历；然后，第 4 章介绍如何执行基本的 CRUD（创建/读取/更新/删除）操作，并扩展我们在第 3 章中所做的工作，以执行更复杂的递归和路径查找遍历；最后，第 5 章使用简单的图操作来检查组织结果的方法，并以此结束图数据库的概述。第 6 章通过将第 2 ~ 5 章的工作集成到 Java 应用程序“友聚”中来将这一部分内容补充完整。

第 1 章 初识图

本章内容

- 图以及相关术语介绍
- 图数据库如何有助于解决高度关联数据问题
- 图数据库相对于关系数据库的优势
- 识别适合使用图数据库的问题

现代应用程序是基于数据构建的，而数据的规模在不断扩大，复杂性也在不断提高。随着数据的复杂性越来越高，我们对应用程序从这些数据中有所收获的期望也越来越高。如果你接触计算机有一定年头了，那么可能还记得那些加载数据需要很长时间并且功能有限的应用程序。时代不同了，现在的应用程序需要提供强大、灵活、即时的数据洞察力。但是，现代应用程序每解答100个疑问，最常见的数据工具（关系数据库）只能很好地处理其中的88个，还剩下12个难以解答。这些疑问涉及数据中的链接和连接，而这些方面恰恰能让我们对数据产生强大而独特的理解。这就使我们处在了一个岔路口：要么选择使用关系数据库这个“锤子”[①]强行解答这些疑问，勉强应付；要么后退一步，看看还有哪些工具可以更好、更快、更省力地做出解答。

既然选择阅读本书，就说明你已经决定从关系数据库这个“锤子”后退一步，研究一条鲜为人知的道路：图数据库。本书面向想探索其他方法来解决高度关联数据相关问题的开发人员、工程师和架构师。我们假定你熟悉关系数据库，并且对了解图数据库何时、何地以及如何能成为更好的工具感兴趣。

本书的目标是帮你掌握所需的技术，将图数据库添加进你的工具袋里。我们多么希望当初在开始构建以图为基础的应用程序时能有这样一本书作为指导。本书将展示常见的图模式，这些模式突出了图数据库是如何以传统关系数据库难以实现的方式来导航和探索数据的。

我们的主要方法是构建一个虚构的餐厅评价和推荐应用程序示例，名为“友聚”（DiningByFriends）。通过这个示例来走一遍从规划、分析、设计到实现的软件开发生命周期，我们将演示如何设计和使用图数据。每一章都建立在前一章的基础之上，到本书结束时，我们将在一个图数据库上创建了一个能够正常运行的应用程序。我们认为，通过解决一系列现实问题

① 这里的“锤子”来自于查理·芒格的一句话：“拿着锤子的人，看什么都像钉子。”——译者注

（即使这些问题被简单化了），立即将概念付诸实践，是掌握新技术的最佳途径。让我们从介绍什么是图和图数据库，以及它们与关系数据库等传统工具的区别开始吧。

1.1 什么是图

当你查看路线图，研究组织结构图，或者使用 Facebook、LinkedIn、Twitter 等社交网络的时候，就是在使用图。图，是一种几乎无处不在、用来思考现实世界场景的方法，因为图能够抽象出这些场景要表现的项（item）和关系，从而能够快速、高效地处理数据中的连接。

让我们用一个常见的任务来演示这一点吧：从家去超市。拿出一张纸，画出从你家到超市的路线，很可能如图 1-1 所示。

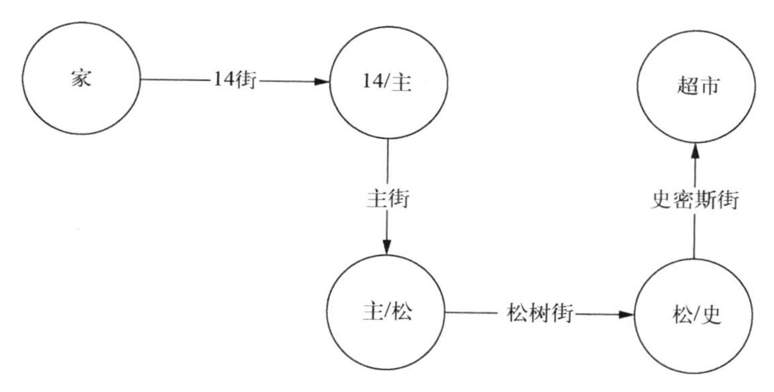

图 1-1 表示从家到超市的导航图

图 1-1 展示了一张用抽象方法来表示关键项及其关系的图。我们首先抽象出关键位置，如路口，并将其表示为圆；然后将这些关键交叉点之间的连接表示为线，以体现其间的关联。这只是如何自然地将现实世界问题表现为图的一个例子。

对现实世界中的实体及其关系进行抽象是人类的天性，这种抽象结构的数学名称就是**图**。当要思考的数据集含有大量高度相互关联的项时，也可以将该数据集描述为一个由相关事物组成的网络，这也是图的另一种说法。

在地图上，城市通常用圆来表示，连接这些城市的路则用线来表示。在组织结构图中，一个圆通常代表一个人，并通常带有相关的头衔，将这些人连接在一起的线则表示雇佣关系。在社交网络中，人们通过加好友或关注的方式来相互连接。这种对实体及其之间的关联进行概括的过程就是图和图论的基础。数学家几个世纪以来对图进行的定义和研究，让我们得以直接将图论中的这些定义作为术语。

- **图**：顶点和边的集合。
- **顶点**：图中零条、一条或多条边经过的点，也称为节点或实体。
- **边**：图中两个顶点之间的关系，有时也称为关系、链接或连接。

欧拉与图论的起源

人们一般认为，图论起源于莱昂哈德·欧拉在1736年发表的一篇关于"哥尼斯堡七桥问题"的论文。哥尼斯堡（现为俄罗斯加里宁格勒）当时是普鲁士的一座城市，位于普雷格尔河畔。这条河中有两座岛，通过七座桥相互连接以及和主城连接。论文中的实验要设计出一条路线，让镇上的居民可以不重复、不遗漏地一次走完七座桥，最后回到出发点。欧拉通过创建岛（顶点）和它们之间的桥梁（连接或边）的抽象表示来解决这个问题。基于这种抽象，欧拉指出，重要的不是具体的项，而是表现这些项之间如何连接的拓扑结构。

欧拉在论文中指出，要解决这个问题，该图需要零个或两个具有奇数连接的节点。如今，任何满足这一条件的图都被称为**欧拉图**。如果路径只访问每条边一次，则该图具有欧拉路径。如果路径起点和终点相同，则该图具有欧拉回路，或称为欧拉环。我们讲这个故事是为了分享一个很有趣的历史背景，但是在实践经验中，我们从未在任何现实世界的问题中用过这些学术事实或欧拉定义。

虽然定义很正式，但是图的优点是简单、易于说明。在实际使用中，图通常由表示顶点的圆和表示边的线组成，如图1-2所示。

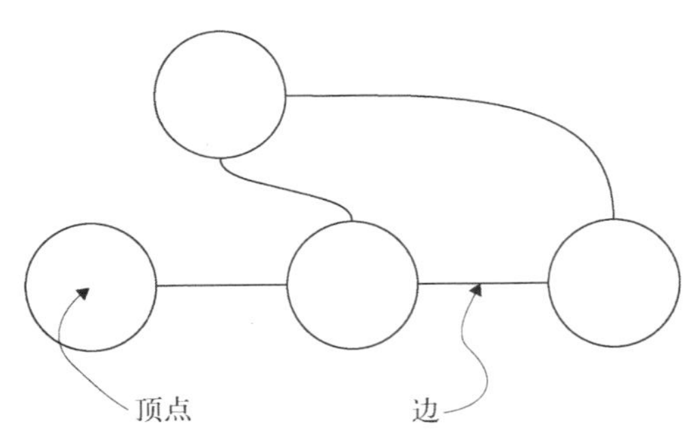

图1-2　很容易通过用圆来表示顶点、用线来表示边来表示图

注意　本书使用**顶点**和**边**这两个术语。有一些图数据库使用**节点**而非顶点，使用**关系**而非边，但是它们在概念上是相同的。

对于软件开发人员来说，图并不是什么新概念。它是我们在软件开发中使用的许多常见数据结构的基础，甚至可能根本令人意识不到。常见的数据结构，如链表和树，都是应用了特定规则的图。虽然这些数据结构为开发人员所熟知，但是它们特定于图的实现细节通常被抽象掉了。

1.1.1　什么是图数据库

图数据库是一种数据存储引擎，将包含顶点和边的基本图结构与持久化技术和遍历（查询）语言相结合，以创建针对高度关联数据的存储和快速检索进行优化的数据库。与其他数据库技术不同，图数据库建立在这样的概念上：实体之间的关系与数据中的实体同等重要，甚至比后者更加重要。由于实体和关系得到了同等对待，因此图数据库可以用于更准确、更容易地表示和推理现实世界中的关系，特别是与其他数据库技术相比。正如本书将展示的，如果既要表示事物之间丰富多样的关系，又要识别基于这些关系的模式，那么图数据库是更好的工具。

下面简要介绍用关系数据库表示多种关系面临的一些挑战。关系数据库（这个命名有点讽刺）在表示丰富的关系方面表现得相当差。它使用外键来表示关系，而外键就是指向其他表中主键的指针。这些指针不容易观察和操作。与图数据库不同，在查询关系时，外键是从一行跟随到另一行的。（因此，关系数据库尽管能够表示关系，但往往代价高昂。）关系数据库中的查找表或链接表使用的不是查询时的指针结构，而是存储了有关关系属性的结构，类似于图数据库中的边结构。

图数据库为在数据中遍历关系提供了极好的工具。通过将连接（边）和数据项（顶点）放在同等重要的地位，图数据库可以将这些关联表示为数据库里的完整结构，从而轻松地观察和操作。这种存储丰富关系的能力是图数据库更适合处理复杂链接数据用例的主要原因之一。用开发人员的话来说，边和顶点一样，都是“一等公民”。也就是说，关系在数据模型中与事物或实体一样重要、一样有用。

最后要说的是，图数据库可以通过其他技术无法实现的方式来提高开发人员解决某些问题的效率。图数据库存储数据的方式能更好地代表现实世界，从而令开发人员能够更容易地思考和理解他们所处的业务领域。这能令新的团队成员更快地熟悉业务，并同时学到业务领域知识及其数据库表示。

1.1.2 与其他类型数据库的比较

虽然本书主要讨论图数据库，并主要使用关系数据库作为衬托，但我们应该注意，数据库世界并非只有这两种类型的数据存储。从最广泛的角度来说，数据库可以分为以下五种引擎类型。图 1-3 总结了这些数据库引擎类型之间的关系。

- **键值数据库**：所有数据都由唯一标识符（键）和关联的数据对象（值）表示。例子包括 Berkeley DB、RocksDB、Redis 和 Memcached。
- **列存储数据库（又名面向列、宽列式数据库）**：数据按列来存储，可能每行有大量的列，也可能每行的列数不一样。例子包括 Apache HBase、Azure Table Storage、Apache Cassandra 和 Google Cloud Bigtable。
- **文档数据库（又名面向文档数据库）**：将数据存储到带有唯一键的文档中，该文档可以具有不同的模式，也可以包含嵌套数据。例子包括 MongoDB 和 Apache CouchDB。
- **关系数据库**：将数据存储在包含具有严格模式行结构的表中，允许在表之间连接行来建立关系。例子包括 PostgreSQL、Oracle Database 和 Microsoft SQL Server。
- **图数据库**：将数据存储为顶点（节点、组件）和边（关系）。例子包括 Neo4j、Apache TinkerPop 的 Gremlin Server、JanusGraph 和 TigerGraph。

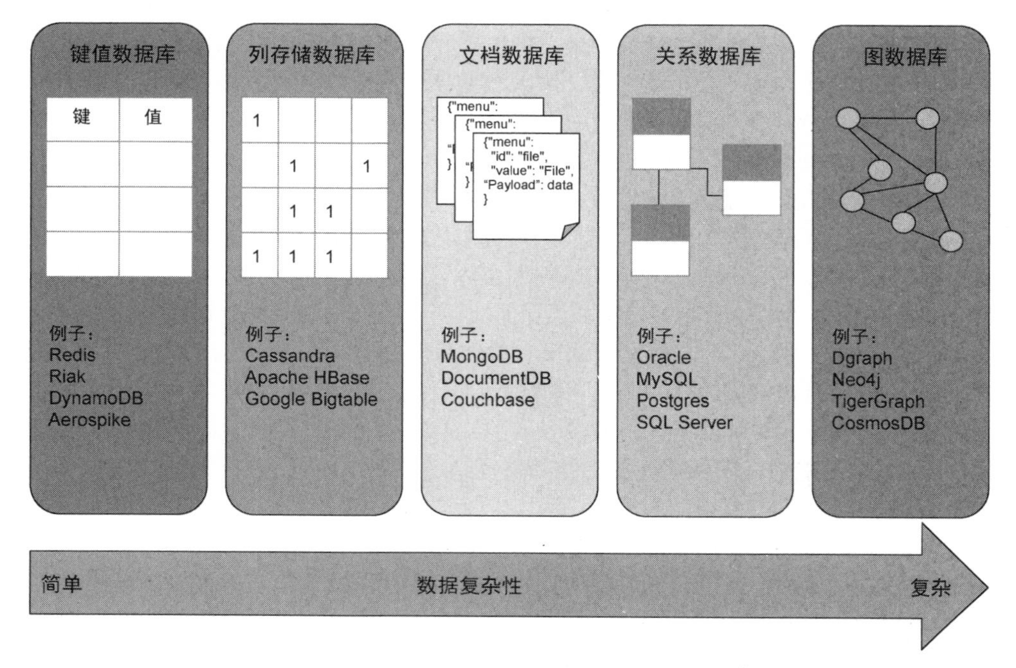

图 1-3　按数据复杂性排序的数据库引擎类型

从这些例子可以看出，默认情况下，只有关系数据库和图数据库才具有将数据中的实体关联起来的功能。虽然使用键值数据库、列存储数据库或文档数据库的特定产品也可能具有这个功能，但通常是由具体数据库产品厂商特意添加的增强功能。因为我们的重点是图数据库，而只有关系数据库具有类似、可比较的功能，所以接下来的讨论仅限于这两种引擎类型。

1.1.3　为什么不能使用 SQL

作为开发人员，我们经常选择熟悉的工具，而不是最佳的工具，尤其是在处理数据库时。大多数开发团队对关系数据库的各种细节有深入的了解，但是很少有人精通其他类型的数据库。因此，即使某些问题可以用更好的工具解决，我们也经常出于方便或者无知而默认使用关系数据库。

这并不是说关系数据库是糟糕的工具。实际上，它通常是我们在开发应用程序时的首选工具。但是，关系数据库有其局限性。虽然关系数据库也可以用于存储高度关联数据，但在许多情况下，可以使用专门为这类用例设计的工具来简化工作。在以下三个方面，图数据库提供了比关系数据库更简单、更优雅的解决方案，本节将一一介绍：

- 递归查询（例如，组织中员工的汇报层次结构或者组织结构图）
- 复合结果类型（例如，订单和产品报告示例）
- 路径（例如，过河问题）

本章将用三个示例来分别展示图数据库的这三个独特功能。从第 2 章开始，我们将介绍“友聚”的问题领域，并开始正式的数据建模过程。届时，大多数示例将随对应示例领域的发展而变化。但在此之前，我们将使用多种方法介绍图和图数据库的基本概念。

1. 递归查询

递归查询会连续执行多次，反复调用自己，直到满足某种终止条件。关系数据库不能很好地处理递归操作（尤其是无边界的递归操作），不论在语法还是性能方面都很吃力。这通常会导致需要编写和维护复杂的查询语句，或者/以及对数据进行过度的反规范化，而这只是为了及时返回结果而已。

图数据库能够利用其表示丰富关系的能力，干净、高效地处理无边界递归查询。为了更好地理解，让我们看看递归查询在 SQL 和图数据库中分别是什么样子的。假设有如图 1-4 所示的公司员工和经理列表，我们来研究如何找出具体某个人的汇报层次结构。

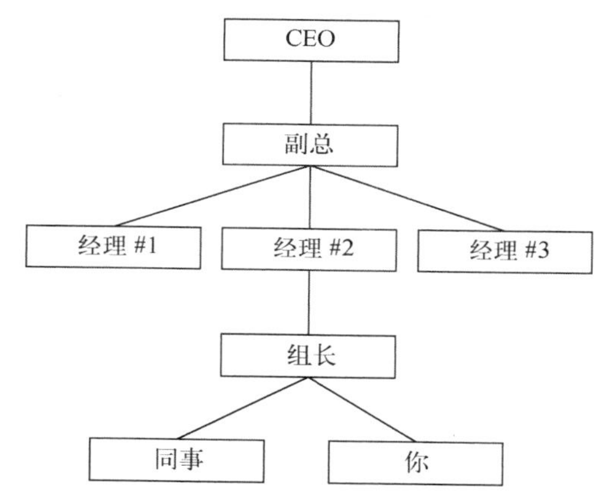

图 1-4　演示递归查询用的管理层次结构

为了在关系数据库中对该层次结构进行建模，以下 SQL 语句定义了表结构。然后，按照这个表结构来布局数据，如表 1-1 所示。

```
CREATE TABLE org_chart (
  employee_id          SMALLINT NOT NULL,
  manager_employee_id  SMALLINT NULL,
  employee_name        VARCHAR(20) NOT NULL
);
```

表 1-1　使用关系数据库的组织管理层次结构示例

employee_id	Manager_employee_id	employee_name
1	3	你
2	3	同事
3	4	组长
4	5	经理#2
5	8	副总
6	5	经理#1
7	5	经理#3
8	null	CEO

然后使用递归函数来查询这些数据，以找出用户的管理层次结构。以下是查询语句的代码片段。

```
WITH RECURSIVE org AS (
     SELECT employee_id,
            manager_employee_id,
            employee_name,
            1 AS level
     FROM org_chart
  UNION
     SELECT e.employee_id,
            e.manager_employee_id,
            e.employee_name,
            m.level + 1 AS level
     FROM org_chart AS e
       INNER JOIN org AS m ON e.manager_employee_id = m.employee_id
  )
SELECT employee_id, manager_employee_id, employee_name
FROM org
ORDER BY level ASC;
```

如果用 SQL 的通用表表达式（common table expression，CTE）编写过像上面管理层次结构查询一样的 SQL 语句，那么你就会知道，这些表达式可能编写和调试起来很复杂，并且因性能不佳而臭名昭著。嵌套查询和递归查询（如前面的层次结构示例所示）是图数据库擅长解答的疑问类型。例如，图 1-5 展示了相同数据的图结构。

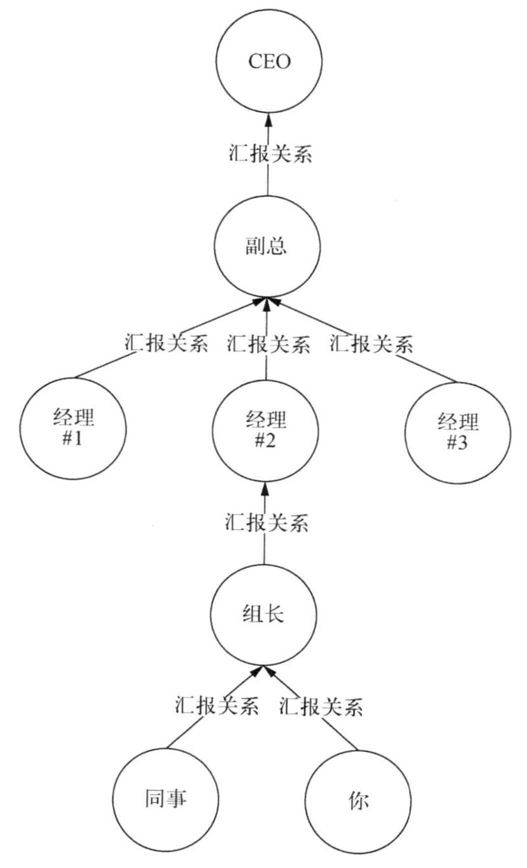

图 1-5 以圆为顶点、箭头为边的组织层次结构图表示

要在图中找到用户的管理链，需要编写一个类似于 SQL 查询的查询语句，这种查询在图中称为**遍历**。对于我们的层次结构示例，遍历语句如下所示。

```
g.V().
  repeat(
    out('works_for')
  ).path().next()
```

注意 这个遍历使用的是一种称为 Gremlin 的图查询语言，整本书中都将使用该语言。此时还不需要确切地了解它是如何工作的，我们将从第 3 章开始详细研究它。现在，只需要注意该查询语句与前面的 SQL 查询语句相比更为简单。

这个示例展示了通过图来解决递归问题有多么简单、直接。如果将其与图 1-5 进行比较，就可以看到，这种遍历能够自然地契合我们对数据层次结构的直观理解。

2. 复合结果类型

你是否曾经需要从数据库中返回一个包含好几种数据类型的结果集？虽然可以通过联合各个表的列来实现这一点，但结果往往不太理想。图数据库的优点之一就是能够返回包含不同数据类型的结果集。让我们比较一下在返回不同数据类型结果集时，关系数据库和图数据库分别是如何处理的。

例如，假设我们有一个订单处理系统，并且希望在结果集中既返回订单信息，又同时返回产品信息。图 1-6 展示了通过表来做到这一点的关系数据库传统实现。

Orders		
id	**name**	**address**
1	John Smith	123 Main. St
2	Jane Right	643 Park St.

Products		
id	**product_name**	**cost**
123	widget 1	5.95
234	widget 2	10.76

图 1-6　关系数据库中的订单和产品表。注意列名之间的差异

以下代码片段展示了检索带有相关产品信息的订单查询语句[1]。表 1-2 展示了该查询语句的结果集。

```
SELECT id,
       name,
       address,
       null AS product_name,
       null AS cost,
       'Order' AS object_type
FROM Orders
UNION
SELECT id,
       null AS name,
       null AS address,
       product_name,
       cost,
       'Product' AS object_type
FROM Products;
```

表 1-2　检索订单并从中检索产品的关联查询结果

id	name	address	product_name	cost	object_type
1	John Smith	123 Main St	<null>	<null>	Order
2	Jane Right	234 Park St	<null>	<null>	Order
123	<null>	<null>	widget 1	5.95	Product
234	<null>	<null>	widget 2	10.76	Product

可以看到，联合两种不同数据类型的结果表明，这个方案会包含大量空值（这种情况通常称为**稀疏数据**或**稀疏矩阵**）。如此多的空数据是两个表之间的列不一致造成的。关系数据库指定联

① 虽然实际工作中没有人会用这么笨的 SQL 和方法来解决问题，但是这个例子能明显体现关系数据库与图数据库的差异。请把注意力集中在图数据库如何优雅地处理关系数据库里的 UNION 操作上。——译者注

合返回的结果集必须包含一致的列。在稀疏数据的情况下，这不仅增加了返回的数据量，还降低了数据结构的描述性。下面来看看相同数据在图数据库中的显示方式（见图 1-7）。

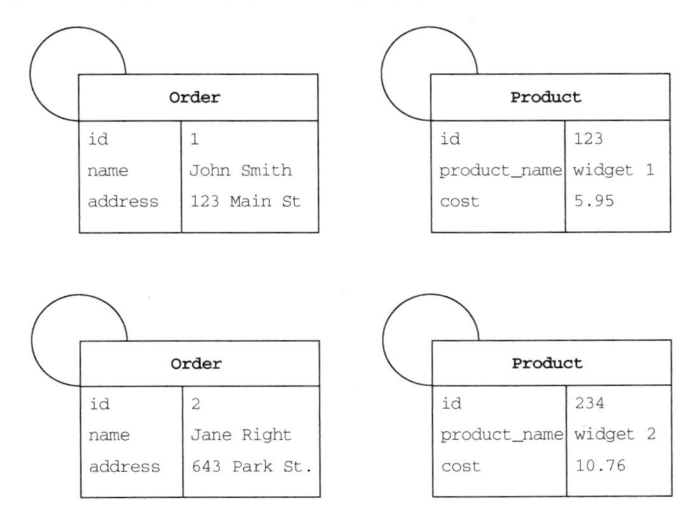

图 1-7 订单产品信息示例展示为图中的顶点（未对边建模）

使用这个图，可以编写一个图遍历来返回产品和订单数据。在此示例中，图数据库返回以下结果。

```
gremlin> g.V().valueMap(true)

==>[label:order, address:[123 Main St], name:[John Smith], id:1]
==>[label:order, address:[234 Park St], name:[Jane Right], id:2]
==>[label:product, cost:[10.76], id:234, product_name:[widget 2]]
==>[label:product, cost:[5.95], id:123, product_name:[widget 1]]
```

与前面的 SQL 结果相比，从图返回的数据保留了对象的含义及其表示的语义，并且没有多余的空数据。因为图数据库提供了返回不同类型数据的灵活性，所以当要处理不同的数据类型时，我们可以写出更简洁的代码。

3. 路径

路径是一组顶点和边的序列，描述遍历如何在图中移动。例如，在 Google 地图或 Apple 地图中，两个地点之间的一组方向就是路径。从数据库中返回两个对象的关联关系是图数据库独有的功能。

让我们看看一个被称为“过河问题”的经典问题，以此说明路径是如何以一种新颖的方式来解决问题的。在问题中，有一只狐狸、一只鹅和一袋大麦必须由农夫用船运过河。但是，移动过程有如下限制条件。

- 每次移动过程中，除了农夫以外，船上只能携带一件物品。
- 农夫必须参与每次移动过程。

- 狐狸不能单独和鹅待在一起，否则狐狸会吃掉鹅。
- 鹅不能单独和大麦待在一起，否则鹅会吃掉大麦。

使用关系数据库，如果不采用暴力破解的方法来计算出所有可能的组合，我们将找不到解决该问题的方法。但是，如果使用图，通过巧妙的数据建模和强大的寻路算法（又名路径算法），就能很简单地解决这个问题。

首先，将系统的初始状态建模为图的顶点。我们将顶点命名为 TGFB_，其中每个字符代表问题的一部分：

- T（船和农夫）
- G（鹅）
- F（狐狸）
- B（大麦）
- _（河）

顶点 TGFB_编码了问题的状态，告诉我们船和农夫、鹅、狐狸和大麦都在河的一侧。我们期望达到的状态是，所有这些字符都在河的另一侧。

当用顶点来表示可能的状态时，就能使用边来展示如何从一个状态转换到下一个状态了。例如，图 1-8 展示了如何表示农夫把鹅运到河的另一侧，把狐狸和大麦留在河最初一侧的状态变化。图 1-9 展示了将所有的潜在选项建模为这些状态（顶点）和状态变化（边）的表示结果。

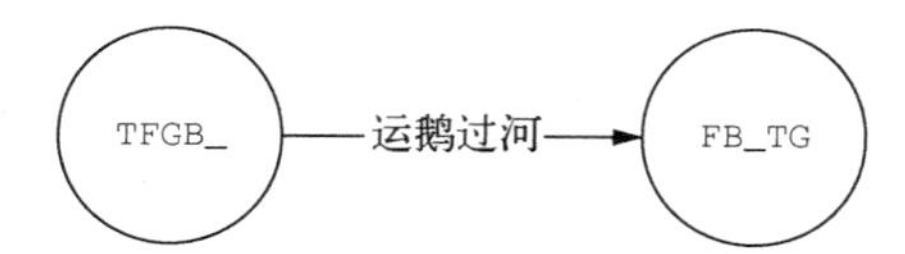

图 1-8　农夫用船（T）运鹅（G）过河（_），留下狐狸（F）和大麦（B）的图示

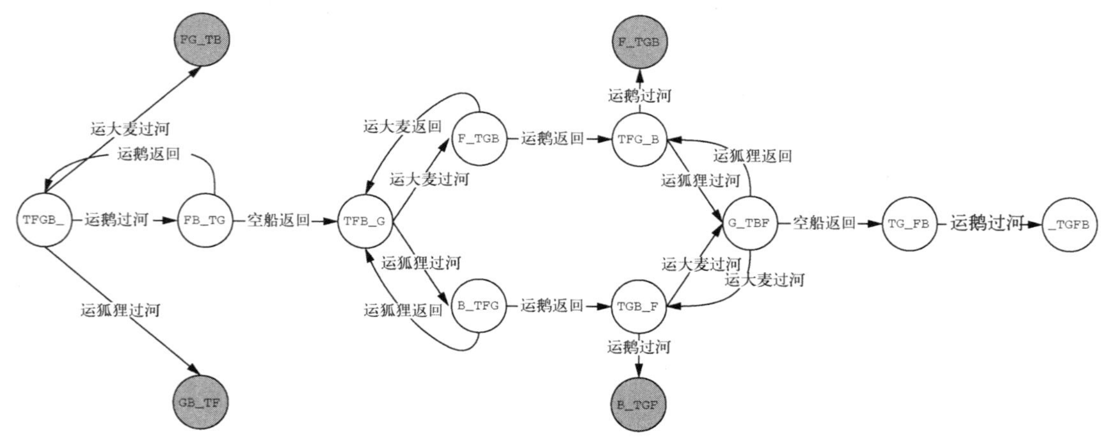

图 1-9　使用寻路算法求解过河问题的完整图。注意，这清楚地描述了可能的解决方案，任何违反限制条件的状态都被突出显示了

图 1-10 说明了如果通过删除违反限制条件的状态（顶点）和相邻关系（边）来简化图，会发生什么情况。可以通过删除任何连接回先前状态的边来进一步简化图，因为它们会将我们引向先前的状态（这种情况在图论中称为**环**）。

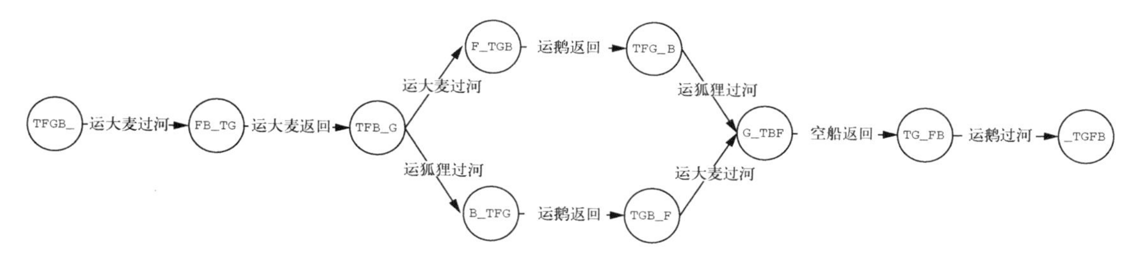

图 1-10 用只显示有效状态的寻路算法求解过河问题

通过分析图 1-10，可以看到有两条不同的路径能够达到我们想要的状态。要查询图以返回这些路径，只需利用图数据库的寻路功能通过如下所示的遍历语句来返回这两条正确的路径。

```
g.V('TFGB_').
  repeat(
    out()
  ).until(hasId('_TGFB')).
  path().next()
```

当我们运行这个遍历语句时，它不仅返回访问过的第一个和最后一个顶点，而且返回一路上访问过的所有顶点和边。这两个列表代表了解决方案的两条不同路径。

```
TFGB_ -运鹅过河-> FB_TG -空船返回-> TFB_G -运大麦过河-> F_TGB -运鹅返回->
     TFG_B -运狐狸过河-> G_TBF -空船返回-> TG_FB -运鹅过河-> _TGFB

TFGB_ -运鹅过河-> FB_TG -空船返回-> TFB_G -运狐狸过河-> B_TFG -运鹅返回->
     TGB_F -运大麦过河-> G_TBF -空船返回-> TG_FB -运狐狸过河-> _TGFB
```

这个例子虽然只是一个数学问题，但是代表了现实世界应用中的许多同类问题，例如在地图上寻找路线，在物流系统中寻找最优资源使用解，或者在社交网络中定位人与人之间的联系。这些情况从根本上都是求解从一个实体到另一个实体的最佳操作集。图数据结构能够让我们充分利用它的寻路功能，而其他数据库类型并不原生支持这些功能。

1.2 我的问题适合用图数据库吗

从社交网络分析、推荐引擎、依赖性分析、欺诈检测和主数据管理，到搜索问题和互联网上的研究，你很快就能列出一个适合使用图数据库的用例列表。使用该列表的困难在于，除非你的问题恰好在列表中，否则很难知道如何使用图数据库来解决你的问题，或者你的问题是否适合用图数据库来解决。

本节不再关注特定的用例，而是以更通用的方式来研究问题。这有些偏概念性，但是我们发现很难通过一个例子概括特定的问题领域。我们将从定义一个通用问题开始，然后提供一些示例来进行说明，并用一个评估问题的通用框架和一个用于决定是否使用图数据库的决策树（这也是图的一种形式！）来结束本节。

1.2.1 探究疑问

在阅读互联网上关于图数据库的大量信息时，你可能会遇到这么一种说法："一切问题都是图问题。"我们同意，现实世界很容易用图术语来描述，但是说用一种类型的数据库就可以解决所有问题则过于简单化了。一个问题可以用图来表示，并不一定意味着图数据库是解决这个问题的最佳技术。

我们的流程将从一个简单的疑问开始：我们要解决什么技术问题[①]？回答这个疑问可以提供相关业务问题的关键细节，这些细节将决定我们需要存储的数据类型以及如何检索数据。技术问题可以归为以下几类：

- 选择/搜索
- 获取数据相关性或递归数据
- 聚合
- 模式匹配
- 中心性、聚集性和影响力

让我们依次研究每一类，并讨论哪些适合使用图数据库，哪些不适合。

1. 选择/搜索

以下类型的疑问可归类为搜索或选择问题。这些疑问侧重于寻找一组具有共同属性（如姓名、位置或雇主）的实体。

- 给我X公司所有员工的名单。
- 系统中有哪些人叫John？
- 找到N千米范围内的所有商店。

解答这类疑问不需要数据中丰富的关系。在大多数数据库中，只需要使用单个筛选条件或者索引就能解答这类疑问。虽然可以使用图数据库来解答，但这类疑问并不需要图数据库特有的功能。相反，建议使用诸如PostgreSQL之类的本地数据库或诸如Apache Solr和Elasticsearch之类的搜索技术。要解答上述疑问，这些数据库或工具要么更成熟（例如RDBMS），要么经过更好的优化（例如搜索工具）。因为这类问题并没有利用数据中的关系，所以根据我们的经验，承担图数据库的额外复杂性是不值得的。

结论 对于这类疑问，使用RDBMS或搜索技术。

① 本书中的问题分为两类：一类是业务问题，比如地图求解；另一类是具体实施中的技术问题，如搜索、聚合、模式匹配，等等。——译者注

2. 获取数据相关性或递归数据

探究实体之间关系的疑问增加了数据的意义并提供了拓扑价值，为图数据库提供了一个强大的用例。下面是这类疑问的几个例子。

- 认识 X 公司高管最简单的方法是什么？
- John 和 Paula 是如何认识的？
- X 公司与 Y 公司有什么关系？

图数据库比任何其他类型数据引擎都能更好地利用这些信息，而且图数据库查询语言更适用于推断数据内部的关系。虽然关系数据库也能解决这类问题，但是这类“朋友的朋友”查询需要复杂的 SQL 并且难以维护，或者需要对多个表之间的递归 CTE 代码或复杂连接进行推断。

结论 对于这类疑问，使用图数据库。

---

3. 聚合

数据聚合查询是关系数据库的一个优秀用例。关系数据库经过优化，能以最小的开销快速执行复杂的聚合查询。下面是这类疑问的几个例子。

- 系统中有多少家公司？
- 过去一个月里，我的平均日销售额是多少？
- 系统每天处理多少笔交易？

这些类型的查询可以在图数据库中执行，但是图遍历的本质要求接触更多的数据。这会导致更高的查询延迟和更多的资源消耗。

结论 对于这类疑问，使用 RDBMS。

---

4. 模式匹配

基于实体关联方式的模式匹配是充分利用图数据库功能的一个主要例子。这类查询的典型用例包括推荐引擎、欺诈检测和入侵检测。下面是这类疑问的几个例子。

- 系统中谁的资料和我相似？
- 这笔交易是否与其他已知的欺诈交易相似？
- J. Smith 和 Johan S.是同一个用户吗？

模式匹配用例在图数据库中非常常见，以至于图查询语言具有特定的内置功能来精确地处理这类查询。

结论 对于这类疑问，使用图数据库。

---

5. 中心性、聚集性和影响力

一个实体相对于另一个实体的影响力或重要性是图数据库的典型用例。下面是这类疑问的几个例子。

- 在 LinkedIn 上与我有联系并且最有影响力的人是谁?
- 在我的网络中，哪个设备发生故障时影响最大?
- 哪些部件可能会同时出现故障?

这类疑问的例子还包括在 Twitter 网络中找到最有影响力的人，识别基础设施的关键部分，或者定位数据中的实体组。求解这类问题需要考虑实体、实体之间的关系、事件关系和邻近关系。与模式匹配用例一样，通常有特定的内置图查询语言功能来处理这类问题。

结论 对于这类疑问，使用图数据库。

1.2.2 如果仍无法确定

要确定图数据库是否是解决你手头问题的理想选择，到目前为止所讨论的问题类型提供了重要的第一步。但如果你的问题与这些预定义类型都不一样，那又该怎么办呢? 本节将使用带有决策框架的“朋友的朋友”问题来帮助你决定一个问题是否适合用图数据库解决。

下面使用如图 1-11 所示的一个小型社交图来演示，其中 Alice、Bob、Ted 和 Josh 是顶点，并由边进行连接。要解答的疑问是：给定图中的一个人，这个人关注的人又关注了其他人，那么在这些“其他人”中，有谁是第一个人可能也想关注的? 这个疑问和 LinkedIn、Twitter 或 Facebook 等网站每天向用户推荐连接时解答的一样。首先把它分成四个基本部分。

- 给定图中的一个人。
- 找出这个人所关注的人。
- 再找出这些人又关注了其他哪些人。
- 在这些“其他人”中，谁是第一个人可能也想关注的?

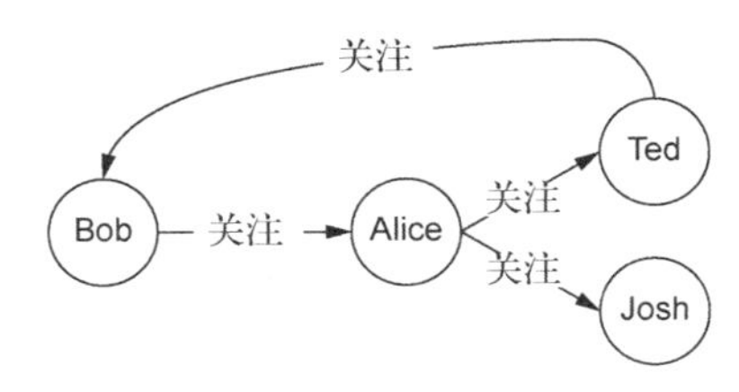

图 1-11 展示了常见“朋友的朋友”模式的简单社交图

以 Bob 为起点（第一个点）。Bob 关注了 Alice（第二个点）。Alice 关注了 Ted 和 Josh（第三个点）。因此，Bob 可能想关注 Ted 和 Josh（终点）。

请看图 1-12 中的决策树，该树旨在回答“是否应该使用图数据库”的疑问。然后按照该决策树逐步检查并分析为什么这些疑问会导致你在工作中使用或不使用图数据库。从一开始就应该注意到，这里关注的是事务性用例（如在线事务处理，简称 OLTP）。对于分析性用例（例如在线分析处理，简称 OLAP），决策矩阵可能会有所不同。本书前 10 章几乎只关注事务处理案例，但最后一章会给出关于图处理（或图分析）的一些指导。

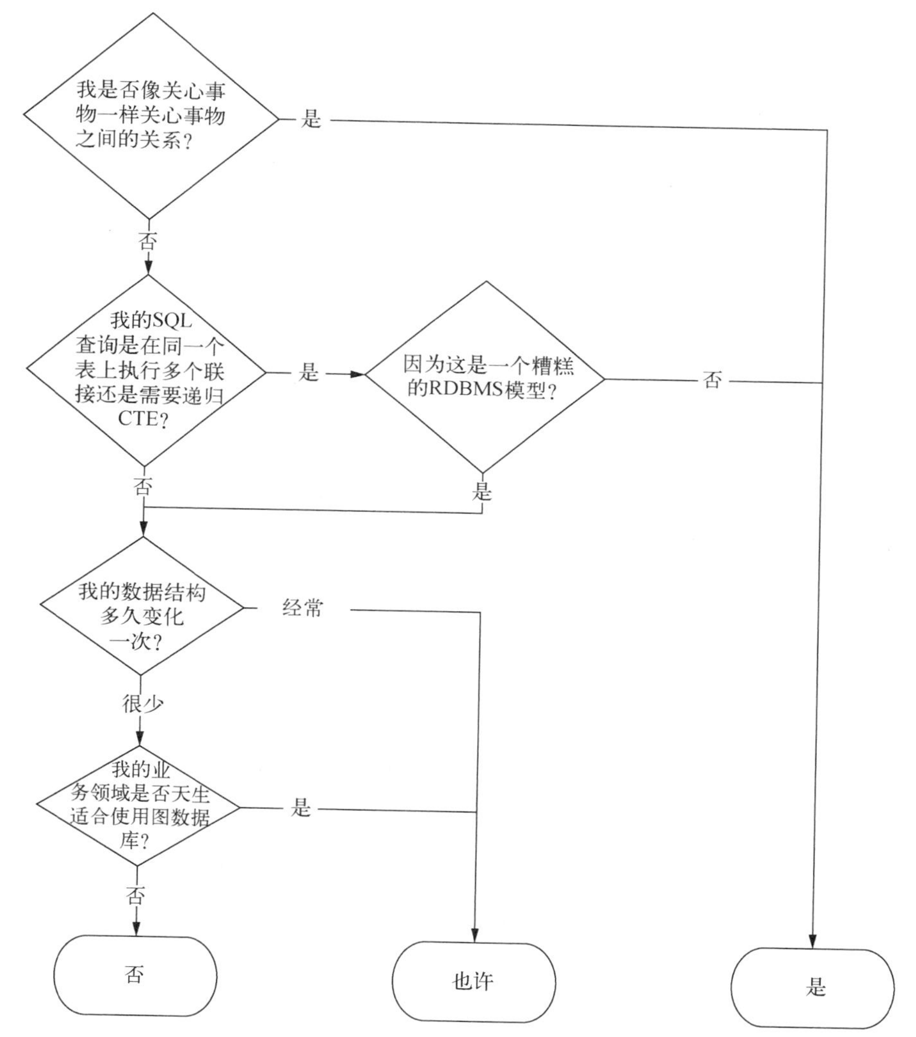

图 1-12　“我应该使用图数据库吗”决策树。从最高层开始，最终会回答“是”“否”或者“也许”

1. 我是否像关心实体本身一样关心实体之间的关系，甚至更关心后者

这个问题也许是最关键的线索，因此我们把它放在第一位。它揭示了图数据库一大功能的核

心：关系和实体一样有意义。如果我们对这个问题的回答是**肯定**的，那么可能需要一个允许使用复杂关系表示形式的数据模型，因此使用图数据库是这个业务问题的绝佳选择。但如果答案是**否定**的，那么另一个类别的数据引擎也许会是更好的选择。

就“朋友的朋友”问题而言，答案是肯定的。在第一个基本部分（给定图中的一个人）之后，每部分都需要使用人与人之间的关系来求解。

2. 我的 SQL 查询是否需要在同一个表上执行多个 join，或者需要递归的 CTE

虽然 SQL 查询中包含大量 join 可能表明图数据库是一个很好的选择，但并不能确定。SQL 查询中的大量 join 通常是数据模型规范化的良好标志。但是，当这些 join 并非用于检索引用数据（如关系数据库中的第三个范式所做的那样），而是用于将记录项链接在一起（就像父子关系那样）时，就可能需要考虑使用图数据库了。此外，当我们不知道要执行的 join 数量时，使用图数据库的递归查询模式更好。

以“朋友的朋友”为例，假设我们要解答“从 Bob 到 Ted 有哪些连接”的疑问。在关系数据库中执行该查询需要未知数量的 join，并且可能无法完成（即表明两者之间不存在路径）。但是，图数据库可以高效地对诸如此类的无边界分层数据进行递归。如果递归方法有助于解决问题，则通常最好使用图数据库。

3. 我的数据结构是否会不断变化

我们不会把图数据库称为与数据模式无关的（schemaless），该术语表示数据库引擎不会对写操作强制执行数据结构检查。我们知道有几个图数据库产品确实会强制执行数据结构检查，但是你可以把图数据库设计得能够容忍不断发展变化的数据。另外，关系数据库因其对数据结构的严格性和更改数据结构时的复杂性而闻名。

如果你的问题需要接收具有不同数据结构的数据（例如依赖关系管理），那么可能值得研究使用图数据库来解决问题。数据结构的灵活性不能作为选择图数据库的充分理由，但与其他功能相结合，很可能足以使你转而使用图数据库。

4. 我的业务领域是否天生适合使用图数据库

如果要进行诸如路由、依赖关系管理、社交网络分析或聚类分析等操作，那么你的问题就与高度互联数据有关，你的业务领域也就可能非常适合使用图数据库。提醒一下：即使业务领域模型天生适合使用图数据库，但是如果你的具体技术问题并不依赖于图中的关系来求解，那么也应该考虑其他选择。

实际上，早在 2014 年，我们对图数据库的最初研究就揭示了客户数据为何非常自然地适合使用图数据库①。我们甚至尝试了三个不同的图数据库产品。做出来的模型具有内置的继承功能、多跳遍历和对依赖关系分析的自然要求。客户应用程序中的两个主要数据结构甚至被称为组件（顶点的别名）和关系（边的别名）。它应该使用图数据库而不是关系数据库构建，这一点对于所有粗略浏览过数据和业务领域的人来说都是显而易见的。

① 2016 年 7 月，在西雅图 GraphDay 举办的“Graph DB Shootout 2.0”研讨会上，我们利用公共数据集重新进行了分析。

然而，该特定客户的正确解决方案并不是使用我们评估过的三个图数据库引擎，而是使用它们的关系数据库（或者说，以与其主要访问模式一致的方式来使用它）。然后，我们将局部优化过的关系投影（基本上是旧模型的完整副本）添加到为执行查询而设计的关系数据库架构中。这个模式有时被称为**命令查询责任分离**（CQRS）模式。通过这个新的“快速读取”模型，一些最苛刻查询的性能提高了 100 倍。

起初，我们都为图数据库并没有提供必要的性能提升而感到震惊，因为按照业务领域数据建模自然而然地适合使用图数据库。然后，我们更加仔细地研究了用于评估数据库性能的五个查询。除了继承建模之外，所有查询都不需要图式访问模式。因为图不是必需的，所以我们使用激进的反规范化来处理继承用例。实际上，所需的访问模式非常适合关系数据库。因此，当对数据进行建模并利用 RDBMS 查询优化器的优势时，性能得到了显著提高。

回到前面的图数据库决策树（见图 1-12），如果其中一个或多个问题的回答为“是”，则可能适合使用图数据库。如果你仍然不确定（仍然觉得使用图数据库有风险），那么可以先花两天到两周时间做一个小项目试试，将图数据库作为解决方案的一部分进行评估。另外，并不一定全部使用图数据库，也并不一定全部不使用图数据库。不要害怕尝试用图数据库来解决问题的一部分。使用图数据库的多模型方法（即混合使用关系数据库和图数据库）很常见，并且根据我们的经验而言，往往非常成功。

正如本章开头提到的那样，关系数据库能够很好地解决 100 个应用程序疑问中的 88 个，因此可以放心使用。剩下的 12 个疑问实际上是你可能想开始实验图数据库的地方。本书的剩余部分（从第 2 章的数据建模开始）将介绍使用图数据库构建软件的方法和原因。

1.3 小结

- 图数据库的基础是离散数学的图论部分，后者已经有数百年历史了。这意味着数学家们花费了几个世纪的时间来创建术语，但并非所有术语都有用，也并非所有术语都与使用图数据库构建软件有关。
- 图由顶点（也称为节点或实体）和边（也称为关系、链接或连接）组成。边在顶点相交。
- 数据库的五种常见类型是键值数据库、列存储数据库、文档数据库、关系数据库和图数据库。在这五种数据库中，只有关系数据库和图数据库能够对任意复杂程度的关系进行建模。
- 图数据库将关系设计成“一等公民”，这使构建依赖于这些关系的软件变得更加容易。当要解答严重依赖于数据之间关系的疑问时，图数据库往往比其他类型的数据库表现得更好。
- 对于需要诸如递归查询、返回不同结果类型或返回事物之间路径等特性的用例，使用图数据库更容易编码，并且性能更好。
- 由于图数据库的强大功能和灵活性，互联网上有很多图用例可参考，其中有好有坏。判断一个用例是好还是坏的最重要因素是对要解答的疑问有深入的了解。

第2章

图数据建模

本章内容

- 和业务部门或最终用户一起定义项目目标和术语
- 为实体及其关系构建概念数据模型
- 把概念数据模型转换成图数据模型
- 比较图数据模型和关系数据模型中的概念
- 为我们的社交网络用例构建图数据模型

假设你想在自家后院里搭一个火炉，会怎样着手呢？是会直接动手做，然后期待一切按预期进展下去；还是会先坐下来，画一张构思好的草图呢？当你在构建一样东西时（不管是软件还是后院的火炉），在脑海中把想要的最终效果构思好才是至关重要的开端。你的构思要包含待解决问题的范围和完成解决方案的具体需求。构思得越详尽，就越容易找到解决方案。

在软件开发的前期构思过程中，很重要的一部分就是数据模型。经过周详考虑、具有良好抽象和一致命名规则的数据模型是简洁明了的，让人乐于使用。这对于图数据库来说是绝对真理，对其他类型的数据库也一样。但是图增加了一些难度——需要把无比复杂的关系模型化。这就是我们的挑战：构建的数据模型既要能简洁地表达这些关系，又要包含高度概括的细节。

本章将分四个步骤来进行图数据建模：首先定义问题，以确保我们理解细节和需求；然后从业务的角度来构建相应的概念数据模型（白板模型），以表示实体和它们之间的关系；接着把这个概念数据模型转换成包含顶点、边和属性的逻辑数据模型，用以从开发人员的角度表达实体和它们之间的关系；最后根据自己对业务的理解来测试逻辑数据模型，确保模型能满足待解决问题的所有需求。作为总结，本章将以“友聚”应用程序的社交网络为例来构建图数据模型。我们将边做边学。

2.1 数据建模过程

数据建模是指将真实世界的实体和关系转换为相应的软件表示。能在多大程度上准确地实现现实问题的软件表示，决定了我们能在多大程度上解决真正的问题。

在基于关系数据库的应用程序中，数据建模过程是把真实世界中的某些问题、理解和疑问转换成软件，通常聚焦在包含构建数据库在内的技术实现上。这个过程包括识别和理解问题，确定问题中的实体和关系，然后构建该问题在数据库中的表示。图数据的建模过程大致相同。主要区别在于，我们的思维方式必须从“实体第一”（更准确地说，是“实体唯一”）转变为“实体加关系”。

本节将通过构建“友聚”应用程序来展示如何转变思维。在这个过程中，我们会提醒你注意图数据建模的一些特有细节，并展示它和其他数据建模类型的不同之处。首先，让我们了解一些术语。

2.1.1 数据建模术语

因为数据建模就是对现实世界的问题进行翻译的过程，所以首先要定义从业务角度讨论问题所需的通用数据术语。这些术语会在稍后被转换成图的专用术语，为技术实现所用。

当从业务角度来描述问题时，我们会使用以下术语。由于你可能对这些术语并不熟悉，我们将展示如何使用它们。

- **实体**：通常用名词来表示，描述一个领域中的事物或者事物类型（比如，汽车、用户或地理位置）。介绍完问题定义和概念建模，在逻辑模型和技术实现过程中，实体通常会变成“顶点”。
- **关系**：通常用动词（或动词短语）来表示，描述实体之间的互动。例如，它既可以是“一辆卡车**移动**到一个位置”场景里的**移动**，也可以是 Facebook 的**加好友**（比如，“一个人**加**了另一个人为**好友**”）。介绍完问题定义和概念建模，在逻辑模型和技术实现过程中，关系通常会变成“边”。
- **属性**：和实体类似，也用名词来表示，但通常在实体或关系的上下文中出现，描述实体或关系的特性。本书会限制对属性的使用，因为它可能会分散我们的注意力。我们需要专注于建模过程中更重要的部分。
- **访问模式**：描述在领域中互动的疑问或方法。“这辆卡车会去哪儿”或者“谁是这个人的好友”都是互动疑问的例子。介绍完问题定义和概念建模，在逻辑模型和技术实现过程中，访问模式通常会变成“查询”。

你会发现，上述数据建模术语（实体、关系）和第 1 章提到的图元素（顶点、边）有明显的对应关系。实际上，在某些图数据库引擎中，边被称为关系。这就产生了一个问题：为什么要用不同的术语来表示同一种东西呢？

其实，它们并不一定是相同的东西。虽然用在概念模型中的实体和关系和用在逻辑模型中的顶点和边经常有很强的相关性，但它们之间并不总是一一对应的。举个例子，概念模型中的实体在逻辑模型中被实现为一个顶点的属性，是再正常不过的事情了。

下面以图 2-1 所示的“友聚”应用程序的实现决策来举例说明。考虑到餐厅通常会以菜系来分类，我们有两种实现方式：把“菜系”作为“餐厅”这个顶点的属性；或者把“菜系”作为一个顶点，“餐厅”与之用边来连接。这两种方式都可行，都能给我们预期的结果，但最后，我们通常会以占主导的访问模式来决定用哪种方式。

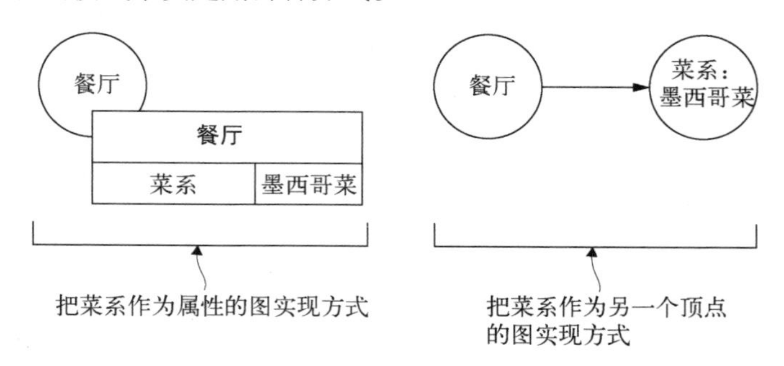

图 2-1 餐厅菜系的两种图实现方式

换一种说法，物理数据模型大多数时候就是我们要查询的结果。我们知道，有些人认为这是本末倒置。我们不是经常在构建数据模型之后再写查询语句吗？是的，我们经常这样做，并且因此犯下了很多不应该犯的设计错误。我们要采取的方式会降低这种风险，并把数据模型变化所带来的痛苦降到最低。

回到在设计过程的不同阶段使用不同术语的问题上来，看看另一个原因吧。回顾本节开头提到的一个主要观点：我们要把现实问题转换到技术领域。当使用像图数据库这样的数据库引擎时，使用**顶点**和**边**这样的术语，而在关系数据库中，则大量使用像**表**和**列**这样的技术术语。但是数据建模始于和业务部门的沟通过程，需要和用户交谈，并从他们的角度思考。业务部门和最终用户并不会用顶点和边这样的术语来思考问题，他们在日常工作中不会、也不应该使用这样的术语。本书之所以采用实体和关系这样的不同术语，就是为了提醒你，概念模型是最终用户与软件开发人员的沟通桥梁。

2.1.2 数据建模的四个步骤

定义完数据建模术语，就可以介绍数据建模过程本身了。这个过程通过以下四个步骤来实现，后续四节会详细说明。

- **理解问题**。2.2 节将重点关注业务和领域的术语和语言，来确保对最终用户的需求有清晰的理解。我们将探索项目目标，确保领域和问题范围是清晰的。在 2.2 节结尾，我们将明确用户的通用术语和核心访问模式。
- **构建概念数据模型**。理解了问题和描述问题所使用的语言后，2.3 节会将文字转换成图，力求画出一张既能被业务人员认可、又有助于软件开发人员理解问题的示意图。我们将以此定义概念模型，它包含主要的实体及实体间的关系。当这一步完成后，我们将有一张从业务角度出发的问题领域示意图。
- **构建逻辑数据模型**。2.4 节将介绍这一步。技术实现人员（也就是你！）将合并第一步定义的领域和第二步构建的概念模型，构建出图数据模型的物理描述。这包括定义顶点和边，以及为顶点和边指定属性。

大部分图数据库是没有模式的。因此，一旦定义了这个逻辑模型，就可以开始查询工作了。如果你选用的图数据库需要显式的模式定义（类似于在关系数据库中定义表和键），我们也会提供参考。不管在哪种情况下，当在 2.4 节结束时，我们都会完成社交网络案例的数据建模。

- **检查模型**。2.5 节将验证开发的模型能否解决设定的问题，包括实体和关系能否回答用户的疑问，以及命名是否正确。这一步将涵盖前三步：从领域的文字描述，到含有实体和关系的简图，再到最后构建出含有顶点和边的模型。这里要回答的主要问题是：其他操作的产出是否合理？我们是否遗漏了什么？

这个过程的前两步需要业务人员和技术开发人员合作，首先定义共同术语，然后通过一张简图展示这些术语及其相互关系。后两步需要技术团队成员把简图构建成可被视为实现基础的逻辑模型，并对它进行测试。整个过程如表 2-1 所示。

表 2-1　开发逻辑数据模型的设计过程总结

数据建模步骤	参与者	工具	输出
(1) 理解问题	业务人员、开发人员	领域、范围、业务实体、功能	问题的文字描述
(2) 构建概念数据模型	业务人员、开发人员	实体、关系、访问模式	展示实体与关系的图
(3) 构建逻辑数据模型	开发人员	顶点、边、属性	含图元素的示意图
(4) 检查模型	开发人员	前三步	前三步输出的一致性检验结果

对于具备高度结构化思维的人来说，提供这个四步法则来指导本章和后续的数据开发工作能够引起渴望有序世界（和开发过程）的共鸣。但我们也知道，某些“代码先行牛仔”会觉得四步法则有点多余。诚然，我们知道在很多情况下“代码至上”，80 分的代码实现优于 100 分的设计。但是，本书的目标并不是带你构建玩具。相反，我们的目标是构建包含复杂领域中的高度关联数据、可以在生产环境运行的应用程序。

这并不是建议在写代码之前没日没夜、废寝忘食地完成一个完美的数据设计。诚然，每当业务部门提交新需求时，设计马上就会过时。昨天的完美应用在明天看来就是功能不全的。

从多年的经验中我们知道，数据设计过程中的失误将在代码实现过程中引起更难修复的问题。不要被图或者某些图数据库的无模式或轻模式特性所欺骗，这种简单性只是表面上的。所有实现都意味着一定程度的代码编写、测试和数据加载。就像在基于关系数据库的项目中，设计变更往往意味着模式变更，而这会导致代码变更，甚至需要做数据迁移。所有这些问题额外引发的下游效应都需要处理，而且往往没有什么成熟的工具帮忙。

2.2　理解问题

不管是在大型企业还是在小公司工作，甚至仅仅做一个辅助性的项目，数据建模过程的第一步都是理解我们要面对的问题、领域和范围。在大型企业中，这些工作可能已经在项目开始前的需求文档撰写过程中完成了。在小公司或个人项目里，则不会这样。从本质上说，项目中有没有需求文档并不是关键，我们在意的是在开始数据模型开发之前，是否对问题有充分的理解。

本节将检视在开始数据模型开发之前所需要回答的几类疑问。在理想状态下，这些疑问通常在项目开始前，即在功能与业务需求中就已经被指出。这些疑问的目标是定义用户如何与系统交互，以便开发出满足用户首选访问模式的逻辑数据模型。

说明　如果你已经有很多数据建模经验，可以跳过本节，直接阅读下一节。否则，请继续阅读和学习，这将确保你完全理解该问题。

我们发现用户是很聪明的。即使你的模型并不能直接支持他们的访问模式，他们也总能找到想要的东西。但如果找不到变通的方式，他们便会放弃使用。请好好想想，你的应用程序就这样失败并被弃用了，这肯定不是一种愉快的体验吧？

尽管每个项目中的疑问不尽相同，但我们可以把厘清业务问题的疑问分为以下几类：

- 领域和范围
- 业务实体
- 功能

接下来的几节将探讨每一类疑问，讨论其重要性，并通过“友聚”应用程序来举例说明。

2.2.1　关于领域和范围的疑问

每个业务问题都可以无限扩展，所以把范围定义得越精确，我们离成功就越近。关于领域和范围的疑问定义了业务问题的边界。如果把领域定义得太宽泛，就无法理解其边界，永远无法完成应用程序开发的风险就会大大提高。如果把领域定义得太狭窄，就可能遗漏关键特性，不能为用户提供足够的功能。正确地定义业务问题的领域和范围是构建完整、可用应用程序的关键。下面将以“友聚”应用程序为例，示范收缩业务问题范围的疑问和回答。

1. “友聚”能为用户带来什么

“友聚”应用程序为用户提供个性化的餐厅推荐。“友聚”必须满足用户的以下三个核心需要。

- **社交网络**：用户想联系使用该应用程序的其他用户。这个功能和其他社交网络（如 Twitter、LinkedIn、Facebook 等）类似。
- **餐厅推荐**：用户想发表或查看对餐厅的评价，并根据这些评价获得推荐。这是该应用程序的核心服务。
- **个性化**：用户希望能对餐厅的评价进行评分，指出这些评价是否对他们有帮助。还希望应用程序将这些评价与其好友的评分相结合，并基于好友喜爱的餐厅给出个性化的推荐。

2. 该应用程序需要记录哪些类型的信息才能完成这些任务

要回答这个疑问，“友聚”应用程序起码需要包含以下信息。

- 所有关于用户的基本识别信息，比如名字和唯一的 ID，以便人们在社交网络中寻找和联系他们。（在现实场景中，通常需要更多额外信息，但我们先以此为例。）

- 餐厅的标识和具体信息，包括餐厅的名字、地址和菜系，用以提供基于位置的推荐。
- 评价的文字，包含评分和评分的时间戳，以便得到个性化推荐。
- 评价需要带有有用性评分（比如，“拇指朝上”和“拇指朝下”的按钮），以便好友知道该用户是否认可这些评价。

3. 谁是应用程序的用户

我们的应用程序有一类特定的用户。这类用户会和朋友建立连接，输入评价并收到推荐。

注意 我们知道，几乎所有复杂的应用程序都有某种类型的内部或系统用户，可能包括系统管理员、客户服务人员，以及其他负责对复杂的技术解决方案提供运维的人员。我们决定先忽略这些需求，以便简化这个用例的设计过程。因此，这里仅聚焦在传统意义的最终用户上。

根据这些疑问，我们对业务问题的领域及其范围有了一个相对清晰的认识，同时也了解了我们要服务的业务部门或最终用户能懂的一系列术语。进而，我们明确了实现一个个性化餐厅推荐应用的核心要素：人（用户）、餐厅、餐厅评价和这些评价的评分。

2.2.2 关于业务实体的疑问

这类疑问指出我们的业务问题领域涉及的业务实体和关系。查看关系数据库中的模式、实体关系图（ERD）或其他架构文档，能让我们更好地理解所用的结构、语言和术语。我们的目标是找出应用程序的基础构件，以及这些构件之间的关系。下面将提供一些关于业务实体疑问的例子。

1. 这个应用程序会运用哪些要素或事物

这个应用程序涉及人、评价和餐厅。

2. 这些要素之间有什么关系

- 人们写评价
- 评价在**讨论**餐厅
- 餐厅**提供**一类或多类菜系
- 一个人会**加**另一个人为**好友**
- 人们给评价**评分**

3. 每个实体有哪些关键数据

这里罗列了一些必须保存的数据，但不是完整的清单。

- **用户数据**：用于识别用户的姓和名。
- **餐厅数据**：像名字、地址和供应的菜系类型这样的具体信息。
- **评价**：对用户体验的描述。
- **评分**：针对一个评价的评分，供好友参考该评价是否有用。

图和图数据模型从实体间定义良好的关系中获得力量，这是它们有别于关系数据模型的地方。在图中，定义良好的关系不仅需要名字，还需要对关系如何连接实体以及定义关系所需的各种潜在属性有一定的理解。因此，花一些时间来研究实体之间的关系，寻找在表面上并不明显的潜在互动关系显得尤为重要。有了回答，我们总是能在回答中挖掘出一些隐藏的关系和实体。

练习　你能从以上针对“友聚”业务领域的疑问清单中找到隐藏的实体和关系吗？

通过审视这份疑问清单，我们看到了餐厅及其提供的菜系类型之间有一层隐藏的关系。在我们的餐厅推荐应用程序中，一个用户大概率希望当他/她搜索某类食物或菜系时，能得到推荐。这意味着，把菜系（比如意大利菜、中餐、印度菜等）定义为实体，并在餐厅及其菜系之间添加相应的关系，在多数情况下是有益的设计。

2.2.3　关于功能的疑问

有关功能的疑问会揭示业务实体之间如何交互，这也代表了这些实体间的关系。这些疑问通常从探讨用户对系统的可能诉求是什么，或用户希望系统为他们解决什么问题开始。正是这些问题决定了用户会提出的疑问以及这些疑问的次序。

在下一阶段（见2.3节）进入概念模型时，我们会把功能变成访问模式。然后，2.5节会测试逻辑模型，看看它能否描述功能，或者说它是否支持定义好的访问模式。功能的最终运用是在实际的实现中，也就是当我们在第5章为系统构建查询时。我们在这一步所做的定义工作将成为构建应用程序的根基。用更实用和面向图的术语来说，功能定义直接指向逻辑模型中的边，甚至包括边的一些属性。让我们来看看关于该用例功能方面的一些疑问。

1. 人们将如何使用系统

用户和他们认识的人建立朋友关系，提供评价，为餐厅评分，阅读朋友给出的评价并为其评分。

2. “友聚”要为用户解答哪些疑问

这些关于功能性的疑问填充了用户和系统互动过程的细节。

- 谁是我的朋友？
- 谁是我朋友的朋友？
- X用户是如何关联到Y用户的？
- 在我附近提供某个菜系的餐厅中，哪家的评分最高？
- 在我附近，哪10家餐厅的评分最高？
- 这家餐厅的最新评价有哪些？
- 我的朋友推荐了哪些餐厅？
- 基于朋友对评价的评分，哪些餐厅最适合我？
- 哪些餐厅有我的朋友最近10天的评价或评分？

我们现在知道用户想通过这款应用程序做什么，以及他们想提出什么要求了。换句话说，这是我们第一个通过测试的查询，只不过这个查询使用的是自然语言。（请记住，这个过程是和业务部门或最终用户一起完成的，并应该得到他们的充分理解和认可。）正如本节开头所说，理解这类信息能确保我们以符合用户期望的访问模式来为数据建模。

2.3 构建概念数据模型

建模过程的第二步是开发概念数据模型（白板模型）。示意图需要展示，从业务角度来看“友聚”应用程序有什么样的模式。这是我们为系统画的第一张有形的图，它必须由问题的业务视角驱动。

作为构建者，解决问题是我们的自然动作，而且往往会第一时间去做。但是，花点儿时间理解和定义业务领域是非常重要的。从长期而言，它会加快我们的开发过程。把对业务部门而言最重要的东西筛选出来，对于做出明智的决策以及避免不必要的复杂性和返工至关重要。

2.3.1 对实体进行识别和归类

开发概念数据模型需要先从领域中提取实体。正如你已经知道的，实体是指领域中的事物，表示为实物（比如人和地点）或者逻辑概念（比如评价和评分）。

提示 从寻找名词开始。

一旦识别出了实体，就需要找到哪些项能容易地被归类为一个实体。在做这样的归类时，我们需要聆听业务人员和其他非技术人员是如何讨论业务问题的。这些用户几乎每天都和这些问题共处。如果他们交替地使用某些名词，那么它们有可能是同义词，很可能可以被合并进一个实体。举个例子，如果我们在设计一个内部使用的应用程序，而且业务人员会交替地提到用户、职员或客户，那么我们很可能可以在概念模型中把这些名词归类为一个实体。

作为最佳实践，我们应该用单数名词来命名所有的实体，因为每个实体代表某项的单个实例。我们知道有人喜欢在实体命名模式中使用复数名词，但是对于图数据建模来说，单数的名称更合适。

练习 回顾 2.2 节中的那些回答，看看在“友聚”应用程序中有哪些实体。

通过回顾那些回答，我们在“友聚”应用程序中找到了以下四个实体。

- **餐厅**：代表一家餐厅，包含名字和位置。
- **菜系**：描述供应的菜系类型。这个实体未被显式定义，但是我们通过业务人员怎么描述需要而把它挖掘了出来。
- **人**：代表系统中的一个用户，包含姓和名。
- **评价**：真实的评价内容，包含评价的所有文字和评分。

你的清单和我们的吻合吗？即使你的清单比我们的长了、短了，或者有不同的内容，也不要紧。没有唯一的正确答案，而且不同的人经常给出不同的答案，这很正常。之所以选择这些实体，是因为我们觉得它们是我们能从已有信息中获取的、最具概括性的项，而且能为我们的业务问题提供上下文信息。

有了实体，就可以把它们放在“白板”上了。用方框表示每个已经识别出的实体，以此来画出我们的示意图，如图 2-2 所示。

图 2-2　包含“友聚”中实体的概念白板示意图

2.3.2　识别实体间的关系

我们刚刚识别的实体在数据模型中仅代表**有什么**，下一步就是确定关系，即**怎么做**。提取关系和寻找实体类似，除了一点：我们不是在功能性疑问的回答中寻找名词，而是寻找动词。这些动词描述了我们定义好的实体如何两两交互。一旦识别出这些动词，就要对它们进行命名，以便描述要表达的关系。在命名上，我们会把每个动词和相应的实体名字进行合并，格式是“名词–动词–名词”或“实体–关系–实体”，从而构成可以被理解的短语（比如，餐厅–提供–菜系）。

练习　从我们的功能性疑问中找出动词，并指出“友聚”应用程序中应该有哪些关系。

你能生成一份关系清单吗？是不是比找实体要难一点儿呢？同样，这一步的难点也在于无法通过对用户进行访谈来直接获取答案。这是我们的清单，包含针对功能性疑问的每一个关系（疑问可以出现不止一次）。

- **人（person）–加好友（friends）–人（person）**：这个关系构造了我们应用程序的社交网络组件，从而允许应用程序回答用户的以下疑问。
  - 谁是我的朋友？
  - 谁是我朋友的朋友？
  - X 用户是如何关联到 Y 用户的？
- **人（person）–写（writes）–评价（review）**：这个关系让我们能够构造“友聚”应用程序的推荐引擎，因为评价是提供推荐的底层数据。这个关系允许应用程序回答用户的以下疑问。
  - 在我附近提供某个菜系的餐厅中，哪家的评分最高？

- 在我附近，哪 10 家餐厅的评分最高？
- 这家餐厅的最新评价有哪些？
- 我的朋友推荐了哪些餐厅？
- 基于朋友对评价的评分，哪些餐厅最适合我？
- 哪些餐厅有我朋友最近 N 天的评价或评分？

❑ **评价（review）–关于（is about）–餐厅（restaurant）**：这个关系允许我们的应用程序完善推荐引擎，因为这些评价需要和应用程序推荐的餐厅关联起来。以下是需要考虑的疑问。

- 在我附近提供某个菜系的餐厅中，哪家的评分最高？
- 在我附近，哪 10 家餐厅评分最高？
- 这家餐厅有哪些最新的评价？
- 我的朋友推荐了哪些餐厅？
- 基于朋友对评价的评分，哪些餐厅最适合我？
- 哪些餐厅有我朋友最近 N 天的评价或评分？

❑ **餐厅（restaurant）–提供（serves）–菜系（cuisine）**：这个关系允许我们为推荐系统提供筛选的功能，特别是根据菜系推荐餐厅。

- 在我附近提供某个菜系的餐厅中，哪家的评分最高？

❑ **人（person）–评分（rates）–评价（review）**：这个关系能根据用户朋友的评价提供信息，从而构建应用程序的个性化组件，为特定的用户定制推荐。

- 基于朋友对评价的评分，哪些餐厅最适合我？
- 哪些餐厅有我朋友最近 N 天的评价或评分？

将我们的关系清单和你的比较，结果如何呢？和实体一样，没有一份所谓的正确清单。很多人会更进一步，描述实体和关系的特征或属性。但我们不会这么做，因为过早对属性进行定义是在浪费时间和精力（过早地陷于细节，而忽略了对业务问题形成共识这个大目标）。

尽管花太多时间在属性上有“被琐事蒙蔽双眼”的危险，但也有可能让我们发现一些有用的细节，来引发讨论。为了规避遗漏这些有用细节的风险（这些细节可能会被后续操作用到，特别是在构建筛选和搜索模块时），我们通过设定 10 到 15 分钟这样的时间盒来限定讨论。这时，我们通过即时贴和白板或 Google 文档来捕捉要点，并把它们标记为待办事项，供后续的评审和行动使用。

提示 不要小看这种为了聚焦于手头上的首要任务而设的虚拟“想法停车场”。

当需要把用纸笔画出的草图变成概念模型时，我们推荐使用更简单的白板，比如用像微软 Visio 或 Lucidchart 这样的流程图软件，甚至 PowerPoint 或 Google Slices 这类简单的演示工具构建的、由方框和箭头构成的概念数据模型，或者使用通用建模语言（UML）这样的成熟方法论。构建这种流程图模型时，我们用加了标签的方框和箭头来分别表示实体和关系。对于“友聚”应

用程序，我们可以得到图 2-3。

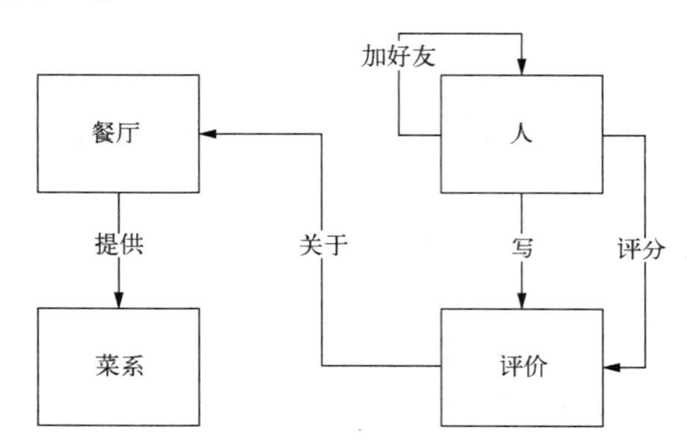

图 2-3　展示“友聚”应用程序中实体（方框）和关系（箭头）的概念数据模型

我们发现技术人员和非技术人员都很容易理解白板模型，因为它很直观。在这个阶段，模型的目标受众是业务人员，而非开发人员，所以我们暂时不从具体实现的角度思考问题，稍后再考虑。

2.4　构建逻辑数据模型

现在我们已经准备好构建逻辑数据模型了，并要把那些实体和关系转换成图的概念——顶点、边和属性。这个过程的成果将是另一张示意图，它会涵盖足够多的细节，以提供开发人员启动代码实现所需要的模式信息。本节将专注于应用程序的第一个用例：社交网络功能。在本书的后续章节中，我们会针对其他特性来扩展数据模型。之所以从社交网络开始，有以下几个原因。

- 社交网络是为“友聚”应用程序扩展出推荐引擎和个性化特性的基础。
- 有关社交网络的疑问和回答虽然数量不多，但是足以让我们对图数据建模所需要的模式和过程有足够的认识。
- 这个网络是最直观的，却包含若干特性，比如递归和自我引用的边，这将帮助我们强调图数据库的某些独特能力。

再次提醒一下，我们的社交网络需求是提供连接好友并查看他们评价的能力。对于人–加好友–人的关系，它解答了如下疑问。

- 谁是我的朋友？
- 谁是我朋友的朋友？
- X 用户是如何关联到 Y 用户的？

图 2-4 展示了本节完成的概念数据模型的一部分。由于本章剩余内容会一直使用模型的这一部分，因此我们会不断呈现这张示意图，方便你查阅。

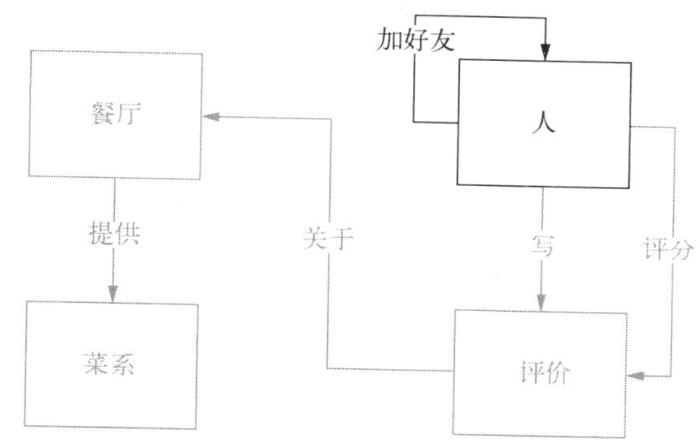

图 2-4 “友聚”应用程序的概念数据模型中有关社交网络的部分

我们从展示完整的数据模型开始，并倒过来演示使用了哪些模式和过程来得到这个模型。以展示社交网络最终的图数据模型作为起点，如图 2-5 所示。

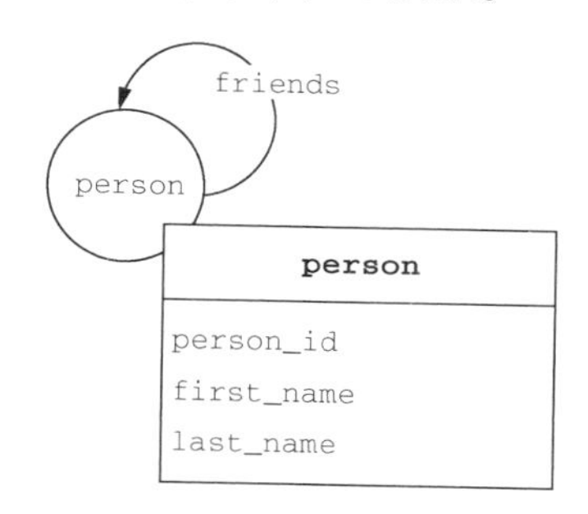

图 2-5 “友聚”应用程序的社交网络的逻辑数据模型

如图 2-5 所示，这个用例的图数据模型有一个带 person（人）标签的顶点，一条带 friends（加好友）标签的边，以及顶点的三个属性，它们的键分别是 person_id、first_name 和 last_name。

注意 在某些环境中，键和键–值对会分别被称为属性名和名–值对。

现在我们知道了最终的状态，可以看看过程如何。从概念模型构建图数据模型，需要以下四个步骤。

- 把实体转换成顶点。
- 把关系转换成边。
- 寻找属性，并将其分配到顶点和边上。
- 检查模型。

稍等，我们是在说“把属性分配到顶点**和**边上”吗？是的，你没看错。这种为顶点和边都赋予属性的能力，正是图数据库和关系数据库的另一个本质区别。因为关系在图数据库中也是

“一等公民”，所以不论顶点还是边都有属性与之关联。这个额外特征虽然看起来微不足道，却是图数据库最强大的一面，因为它为数据建模带来了很多有用的选择。本书将持续进行这方面的探索。

2.4.1　将实体转换为顶点

构建图模型的第一步就是识别所有的顶点。在开发概念模型时，其实我们已经完成了这方面的大部分工作，因为概念数据模型中的实体基本上能直接映射成逻辑图模型中的顶点。构造图模型的顶点需要完成以下两项任务。

- 从概念模型中识别所有相关的实体。
- 以标签的形式给顶点一个名字，该标签在图模型中是此类实体的唯一标识。

要启动这两项任务，首先再看一眼概念数据模型中的社交网络部分。如图 2-6 所示，我们将更具体地讲解里面的每一项内容。

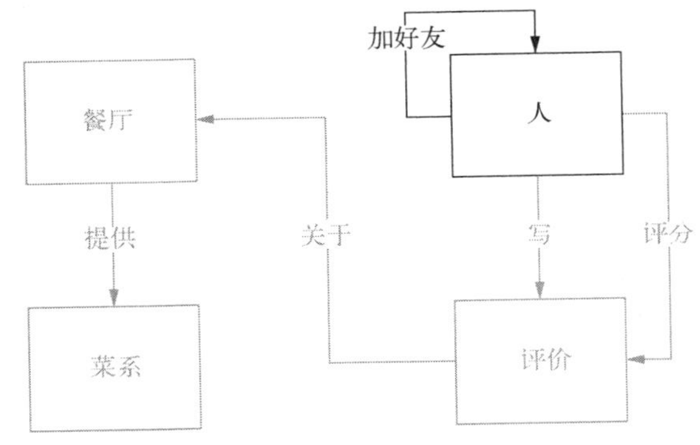

图 2-6　“友聚”应用程序的概念数据模型中有关社交网络的部分

1. 找出概念实体

在概念模型中，我们发现了人、餐厅、评价和菜系这些实体。现在，需要把范围缩窄，只关注能回答 2.3 节中有关社交网络功能那些疑问的实体。

- 谁是我的朋友？
- 谁是我朋友的朋友？
- X 用户是如何关联到 Y 用户的？

在本例中，所有的疑问只与一个实体有关——人，因为“我的朋友”和“朋友”都是人。虽然模型中有其他的逻辑实体（评价、餐厅、菜系），但它们并不是社交网络所必需的，所以先忽略掉。尽管这只是一个很简单的例子，但是第 7 章讨论更复杂的用例时将深入地探讨这一步。

作为一个通用规则，我们通过在功能疑问清单中寻找名词的方式来为应用程序找出实体。因为名词代表实物或逻辑元素，所以它们通常是在应用程序中解决问题所需实体的最佳标识。

2. 命名顶点标签

既然识别了实体，就要为每一个分配标签。模型图中的标签用于对代表类似概念的顶点进行分组和归类。很多著名的编程高手认为，在计算机科学里只有两个难题：缓存失效和命名[1]。

决定标签的名字并不是小事。好的标签名要简短、清晰和准确。和需要在应用程序中好好地为变量命名一样，如果标签命名得好，这些名字将大大提升阅读和编写代码的效率。如果命名做得不好，糟糕的名字会词不达意，容易让人误读。在软件开发术语里，图数据库的标签类似于 C++、C#和 Java 等面向对象语言中的对象：两者都解释了对象的结构，并用于对同类事物的归类。

对于人这个实体来说，在概念模型中，我们使用的实体名也是人（Person）。回到对业务问题的定义，假设我们经常和业务人员或最终用户交谈，并发现已经有一个通过关系数据库实现的应用程序。在这个假设的场景中，我们看到业务人员总是被连接到人和用户这样的实体上。由于有不同的术语表示相同的实体，我们决定用“人”这个名字作为该实体最有力的代表。

重要提醒　把顶点的标签命名为单数名词是最佳实践。因为每个顶点仅代表某项的一个实例。

我们也许会使用“用户”这样的名字，但是它仅能代表应用程序中某一类潜在的人。尽管目前没有需求，但是我们将来可能需要使用这个实体代表其他类型的人，比如员工和企业主。通过选择人（person）这个更通用的标签，便可以更轻易地在我们的系统中表示未来可能需要用到的潜在的实体，又不会丢失类型信息。

重要提醒　尽量用通用的名字作为标签名也是一种最佳实践。第 7 章会深入地讨论这一点，如果希望这些标签能在将来代表其他类似的概念，那么使用更通用的术语是值得的。我们也可将此视为一个经验法则。

在使用其他类型的数据库时，标签和属性命名规则的一致性对于应用程序的维护至关重要。一致性为开发人员和系统管理员提供了可预测性。对于开发人员来说，没有什么事情比在数据库中看到不一致的命名规则更让人崩溃的了，使用图数据库时也不例外。本书统一使用小写单数单词作为标签的名字。基于这些最佳实践，我们使用 person 作为标签，如图 2-7 所示。

图 2-7　用 person 作为顶点标签的例子

---

① 关于这种软件开发人员人为错误的说法并没有明确的出处，但是业内一般认为其提出者是 Tim Bray、Phil Karlton 和 Leon Bambrick。

注意　在图数据库中，每个顶点仅关联一个标签通常是比较稳妥的做法。这是 Apache TinkerPop 项目的做法，本书也采纳这种做法。在某些情况下，比如模式继承中，一个顶点有多个标签是合适的。有些图数据库，比如 Neo4j 和 Amazon Nepture，支持一个顶点有多个标签。请在建模前充分理解你将使用的图数据库产品的特性。

2.4.2　将关系转换为边

现在我们已经定义了一个顶点，并确定其标签为 person，是时候定义边了。边的基础是概念模型中的关系。定义边会比寻找顶点略难一些。在图数据库中，边会包含方向、唯一性这些在关系数据库中没有的特性。因此，定义这些关系并不像在关系数据库中仅仅进行命名那么简单。定义一条边需要以下四步。

- 从概念数据模型中识别相关的关系。
- 为边命名，作为图数据模型中某个关系的唯一标签。
- 为边分配方向，以定义始末顶点类型。
- 根据这条边在两个指定顶点间存在的次数，确定边的唯一性。

1. 寻找关系

还记得在我们的概念模型中，社交网络组件包含一个实体——人。这个实体有三个与之关联的关系：加朋友、评分、写（评价）。回顾一下在为社交网络建立概念模型时探讨的几个疑问。

- 谁是我的朋友？
- 谁是我朋友的朋友？
- X 用户是如何关联到 Y 用户的？

所有这些疑问都围绕一个人如何与另一个人连接为朋友。“加好友”关系是两个 person 顶点之间在社交网络中的唯一连接。“评分”和“写”关系在这里并不需要，因为它们指向的是这个案例中不需要的实体（评价）。让我们看看突出这些部分后，概念模型的样子，如图 2-8 所示。

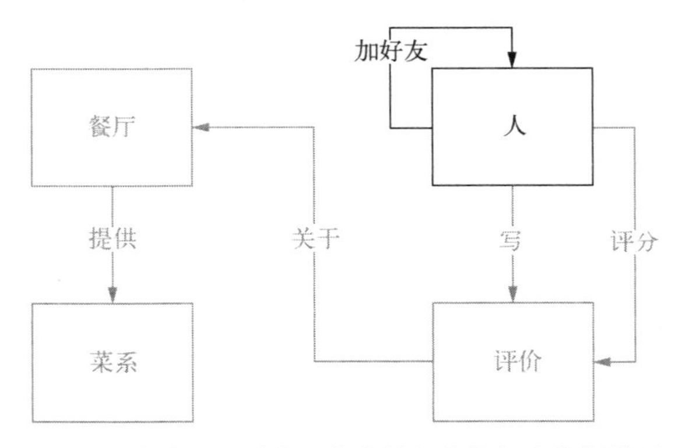

图 2-8　突出显示社交网络有关部分的概念数据模型

由于我们在建立概念模型时考虑周到，现在把这一部分转换成逻辑模型便轻松得多。如果遗漏了一个关系和相应的边，它们也会很快浮出水面，因为测试阶段会评估逻辑模型的访问模式（2.5 节将更详细地介绍测试）。

2

2. 命名边的标签

既然知道了需要用模型中的一条边来代表“加好友”关系，就需要为它起个名字（步骤(2)），就像我们为顶点所做的那样。要决定在数据模型中如何为边的标签命名，我们使用同样的最佳实践规则：简洁、明了和通用。运用这些规则后，我们得到标签为 friends 的边，它的起点是一个标签为 person 的顶点，终点也是一个标签为 person 的顶点，如图 2-9 所示。

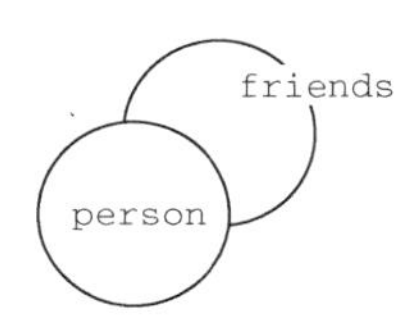

图 2-9 加了一个标签为 friends 的边，循环连接 person 顶点

不要因为边首尾连接的是同一个顶点而惊慌。这是可以接受的，甚至在某些模型中很常见。这种边叫作**环**。这种环边有点儿像一个外键指向同一个表或者一个链表连接回原表的情况，如图 2-10[①]所示。

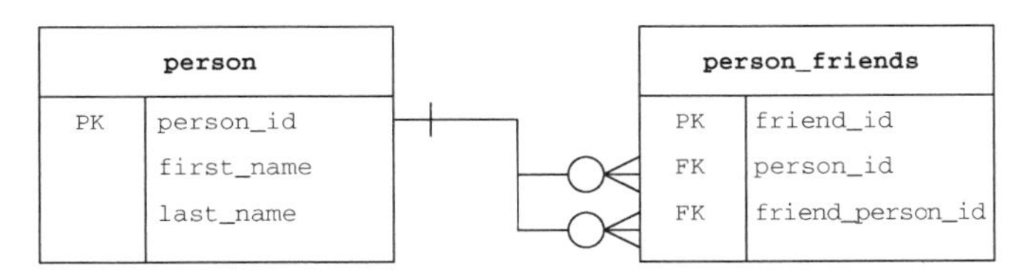

person	
PK	person_id
	first_name
	last_name

person_friends	
PK	friend_id
FK	person_id
FK	friend_person_id

图 2-10 图数据模型中的环就像关系数据模型中的链表，它指向原表

3. 为边分配方向

一旦为边赋予了标签，下一步就是为它分配方向。按照惯例，我们把边的方向描述为：从一个顶点（**出顶点**）出发，到另一个顶点（**入顶点**）。在图 2-11 中，我们看到 Bill 顶点是出顶点，而 Ted 顶点是入顶点。

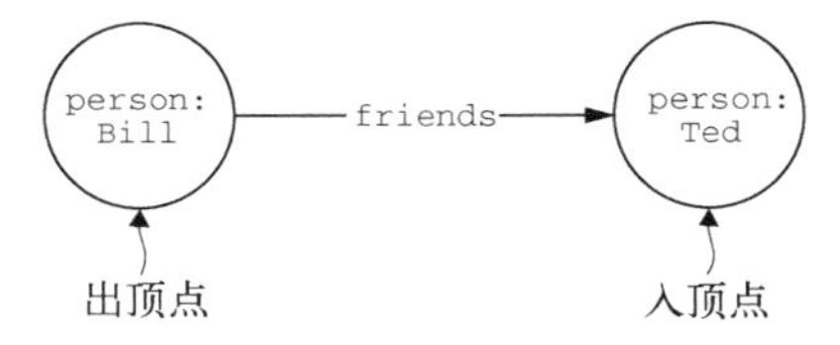

图 2-11 含有出顶点 Bill 和入顶点 Ted 的图数据例子

① 图中的 PK 指主键（primary key），FK 指外键（foreign key）。——译者注

在一个好的图模型中，顶点–边–顶点组合成一个句子。在图 2-11 中，顶点–边–顶点就是 Bill–加好友–Ted。在回顾标签名和边的方向时，不要害怕修改它们，一切都是为了让数据模型更容易理解。边的方向应该能辅助边的标签，使整个句子读起来更自然（或接近自然），并满足案例所需要的功能。

我们看看一个简单的图示例，如图 2-12 所示。它追踪人们居住的城市，其中有两个顶点标签（person 和 city），两个顶点间有一个边标签（lives_in）。

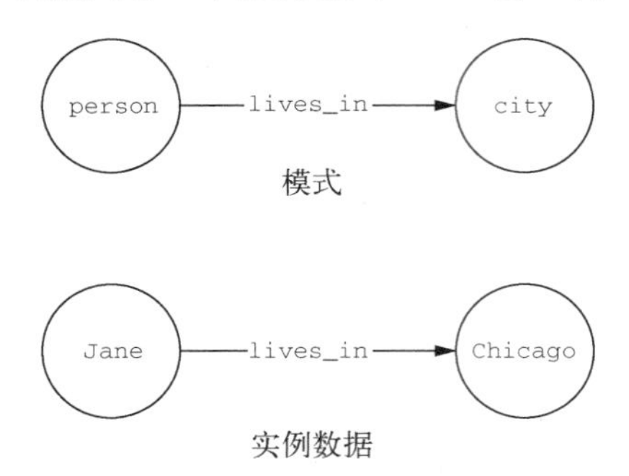

图 2-12　一张含有模式 person-lives_in-city 和实例数据 Jane-lives_in-Chicago 的图

在图 2-12 中，我们看到了图模型的模式（schema）和实例数据（图中存储的数据）。根据实例数据，我们知道 Jane 住在芝加哥。这里的数据读起来逻辑清晰通顺。如果把这条边的关系反过来，让入顶点是一个人、出顶点是一座城市，那么数据读起来就变成了芝加哥住在 Jane。因为城市是不会住在人里面的，所以这句话完全没有意义。怎样才能确保我们造的句子讲得通呢？最简单的方法就是把边的标签调整一下，使得整个句子能被理解。比如将标签换成图 2-13 中的 is_residence_of（居住有）。

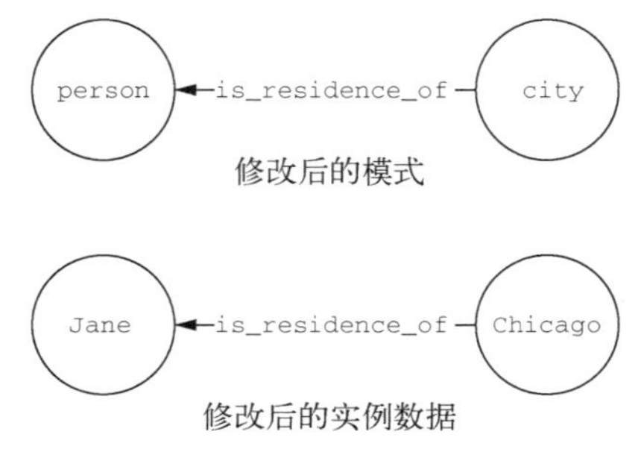

图 2-13　一张在模式和实例数据中含有边 is_residence_of 的图

如果现在读修改过的图，句子就变成了“芝加哥–居住有–Jane”，这就通顺了。回到“友聚”的模型，因为 friends 边连接同样的 person 顶点，所以方向是无所谓的。图 2-14 显示首尾顶点的标签是相同的。

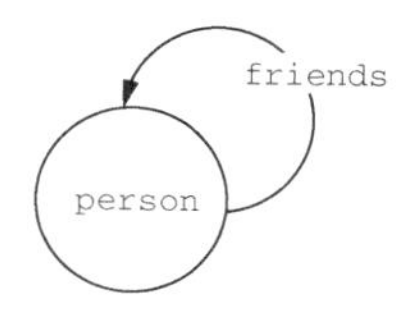

图 2-14 friends 边加了方向，从 person 顶点指向 person 顶点

这种情况大大简化了当边的方向在社交网络查询中并不重要时的设计，但是这种情况并不常见，很特殊。

4. 确定边的唯一性

最后一步要解决的问题是确定边的**唯一性**。边的唯一性描述了具有相同标签的边从一个顶点的实例连接到另一个顶点的实例的次数。这个定义有点绕口，让我们尝试用另一种方式来解释：唯一性描述了两个顶点间允许的、具有指定标签的边的最大数量。还是有点抽象，让我们举例说明吧。

在图 2-15 中，顶点 A 通过边 Y 多次连接到顶点 B，那么边 Y 就是**多重唯一**（multiple uniqueness）的边。顶点 A 也通过边 X 连接到顶点 C，但是只连接了一次，所以边 X 是**单独唯一**（single uniqueness）的边。

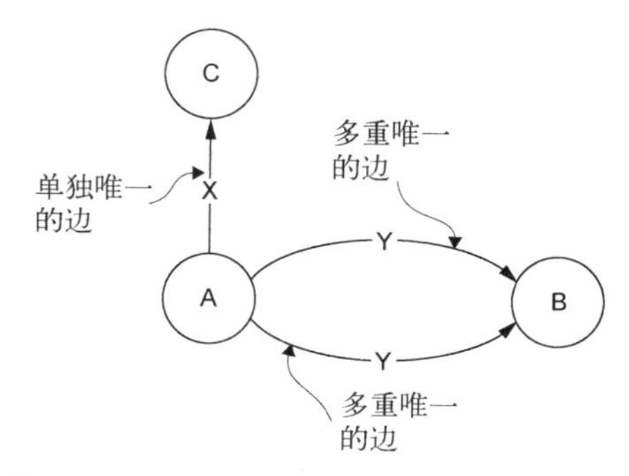

图 2-15 实体 A 和实体 C 之间有单独唯一的边或关系。实体 A 和实体 B 之间被连接超过一次，有多重唯一的边

为什么叫唯一性而不叫基数或多重性？

如果你的经验来自于关系数据库，那么你一定会问为什么要使用**唯一性**这样的术语。这也曾经是我们和同事热议的话题。

术语**基数**经常（错误地）用于指多对多或一对多的关系。正如 Martin Fowler 解释的，这些关系表达的是多重性，而不是基数。我们完全同意 Fowler 关于基数和多重性的定义。

- **基数**（cardinality）：一个集合中元素的数量（如图 2-15 中 A 和 B 之间有两条边 Y）。
- **多重性**（multiplicity）：对一个集合可以拥有的最小基数和最大基数的说明（比如，一对多、零对多、多对多）。

基于这些定义,为什么不用这些术语来描述边的模式呢?因为我们并不是在描述一条边的特性,而是在描述一组边的特性。

由于基数表示可量化的数,因此它可以用来定义图中实例数据的边的数量(在图2-15中,A和B之间的边Y的基数是2)。然而,由于基数只能代表一个数,因此它不能描述模式所需要的潜在选项的范围,正如Martin Fowler针对关系数据库指出的那样。那么,为什么不用多重性呢?

使用术语多重性来描述一组边的特性会引发一个问题。在传统的UML®/ERD术语体系中,多重性用来约束相关实体的数量。基于这个理解,图数据库中的多重性通常指代多对多的关系,因为在设计上,图会连接多个不同的顶点。基于这种传统的说法,我们只会有一个多重性,所以这个术语并不适合图数据库,因为它并不能为我们的数据模型带来任何描述性的价值。虽然确实可以通过调整多重性的定义来适应图数据库的场景,但是这只会为那些熟悉传统用法的人带来混乱。

这就导致我们决定用另一个术语来描述边的模式——**唯一性**。数据的唯一性指,在一个数据集中,如何度量指定数据重复的次数。在我们的场景里,唯一性被定义为**两个顶点之间允许的、具有指定标签的边的数量**。所以,单独唯一指零条或一条边,而多重唯一指超过一条边。这和我们在SQL的列中通过定义唯一性约束代表单独唯一如出一辙。

在数据结构的术语中,单独唯一是一组这样的边:两个实例顶点之间只有唯一具有指定标签的边。多重唯一像一个集合(collection):两个实例顶点之间可以有一条或多条具有指定标签的边。

为什么边的唯一性那么重要呢?让我们通过一部简单的电影来举例说明吧,如图2-16所示。这张图中有三个人(实体),即Bob、Joe Dante和Phoebe Cates,并且图中展示了他们和电影*Gremlins*(也是一个实体)的关系(边)。

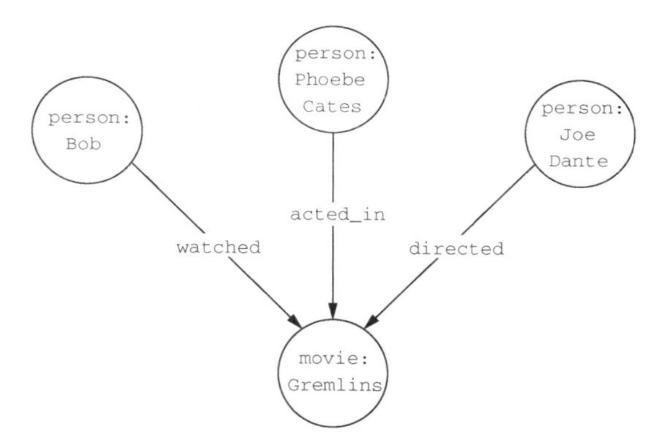

图2-16 一个含有四个实体(顶点)与三条边的简单的图

在图2-16所示的*Gremlins*图中,有四个顶点(三个`person`和一个`movie`)和三条边(`watched`、`acted_in`和`directed`)。图中的每个`person`都通过三条边中的一条和顶点`movie`

连接。在本例中，存在如下关系。

- Bob 观看了 *Gremlins*。
- Phoebe Cates 出演了 *Gremlins*。
- Joe Dante 导演了电影 *Gremlins*。

首先来看看图中表示导演的 directed 边。还记得吗？我们要寻找两个顶点之间允许的、具有指定标签的边的数量。

我们都同意这样的说法：一个人（Joe Dante）只能导演一部电影（*Gremlins*）一次，所以 directed 边具有单独唯一性。这并不会阻止 Joe Dante 拥有多条 directed 边，因为他也可以导演 *Gremlins 2*，不会阻止多条 directed 边指向 Gremlins。这仅仅迫使从 Joe Dante 到 Gremlins 只有一条 directed 边。

实际上，单独唯一性显然比多重唯一性普遍得多。让我们设定一个规则：优先使用单独唯一性，只在特殊需要时才考虑多重唯一性。

那么什么时候需要多重唯一性呢？以表示观看的 watched 边为例，我们一致认为，一个人可能甚至肯定会看一部电影超过一次。因此，如图 2-17 所示，Bob 和 Gremlins 之间有多条 watched 边。

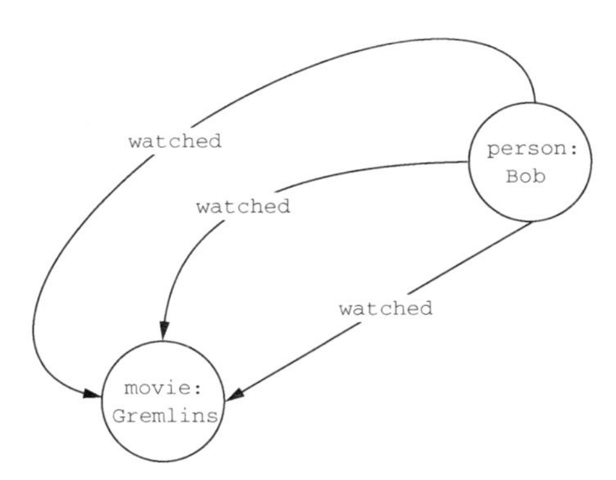

图 2-17 通过 Bob 和 Gremlins 之间有多条 watched 边来说明多重唯一性

多重唯一性不像单独唯一性那么普遍。但是当相同的关系在同两个事物间存在多次时，多重唯一性很有用，比如记录一个人为一个产品下了多少次订单，或记录互联网上两个页面被链接的次数。

最后，让我们看看 *Gremlins* 图中表示出演的 acted_in 边，并探究一下它属于哪种唯一性。基于唯一性的定义（两个顶点之间允许的、具有指定标签的边的数量是多少），你觉得这里的唯一性是哪种？

我们曾经觉得一个人和一部电影之间只有一条 acted_in 边，所以它是单独唯一的。但是应该考虑到一个人可以在一部电影中分饰多角，就像 Eddie Murphy 或 Tyler Perry 那样。如何为这种情况建模呢？

在图 2-16 中，我们允许在一个人和一部电影之间有多条 acted_in 边，但是无法区分与不同的 acted_in 边关联的角色。如果尝试在 acted_in 边上加一个 role 属性，就可以看到 Eddie Murphy 出演了电影 *The Nutty Professor* 里的两个角色——Sherman Klump 和 Buddy Love。如图 2-18 所示，我们也可以识别与各条边相关联的角色。

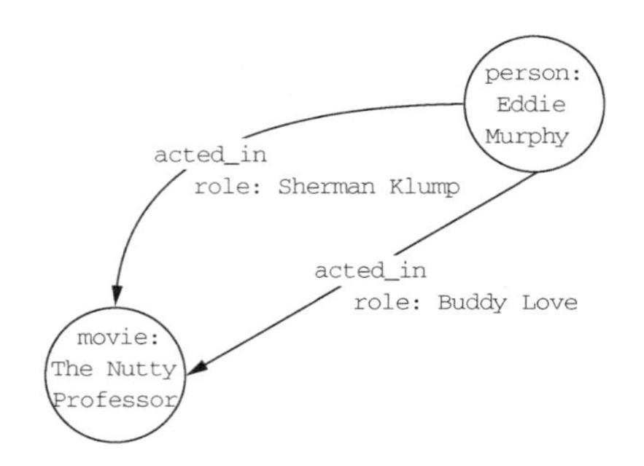

图 2-18　通过在 acted_in 边上加入 role 属性来实现多重唯一性，用以表达 Eddie Murphy 在电影 *The Nutty Professor* 里分饰多角

如果如图 2-18 所示，为 acted_in 边加上 role 属性，那么这条边就可以被视为多重唯一的边。这只是利用边的唯一性表达领域中信息的一个例子。

回到“友聚”应用程序的图数据模型，应该如何处理 friends 边的唯一性呢？我们也许可以说它是单独唯一的边，因为一个 person 一次只能加一个 person 为好友。那怎么知道这个唯一性定义是正确的呢？要回答这个问题，先来看看不正确的唯一性会怎样影响一个应用程序。不恰当的唯一性通常以如下三种方式出现。

- 返回太少的数据。
- 返回重复的数据。
- 糟糕的查询性能。

重要提醒　边的不正确的唯一性定义是图建模过程中最普遍的问题之一，而且经常引发查询问题。

不正确的唯一性定义的第一个征兆就是从查询返回的数据太少。当一条边被定义为单独唯一的，但事实上应该是多重唯一的时，就会发生这种情况。此时，查询只会返回保存的第一条边或最后一条边。具体返回哪条边，取决于数据库如何处理并发数据。但不管怎样，返回结果都不是完整的。

第二个征兆是返回重复的数据。当一条边被定义为多重唯一的，但事实上应该是单独唯一的时候，就会发生这种情况。此时，我们的应用程序会错误地从每个查询中返回多条边，因为两个实例顶点之间有多条边存在。因为任意两个顶点之间有多条具有同一标签的边，所以每当应用程序保存（比如）顶点 A 和顶点 B 之间的一条边时，一条新的边就会被创建。随着时间的推移，最终将产生很多条边，但其实我们本意是只在顶点 A 和顶点 B 之间保存一条边。

第三个征兆更难判定，因为它的表现形式是糟糕的查询性能。显然，有很多原因会导致性能变差。但是，用多重唯一的边取代本来可以用单独唯一表示的边是导致查询性能变差的首要原因，因为数据库不得不做更多事情来从一个带有多条边的查询中返回数据。第 10 章会详细讨论查询性能问题的调试和排除，但这里先迅速地看看为什么不正确的唯一性定义会产生问题。

在前面 *Gremlins* 电影的例子中，如果 `directed` 边是多重唯一的，那么一个错误的遍历很可能会在 `Joe Dante` 和 `Gremlins` 之间产生五条 `directed` 边。如果执行一个返回 Joe Dante 导演的所有电影的查询，将涉及连接 `Joe Dante` 的**所有** `directed` 边。这个查询就需要数据库重复五次同样的操作，因为正如图 2-19 所示，两个顶点之间的边要遍历五次。这无疑会对你的应用程序和数据库产生显著的性能影响。

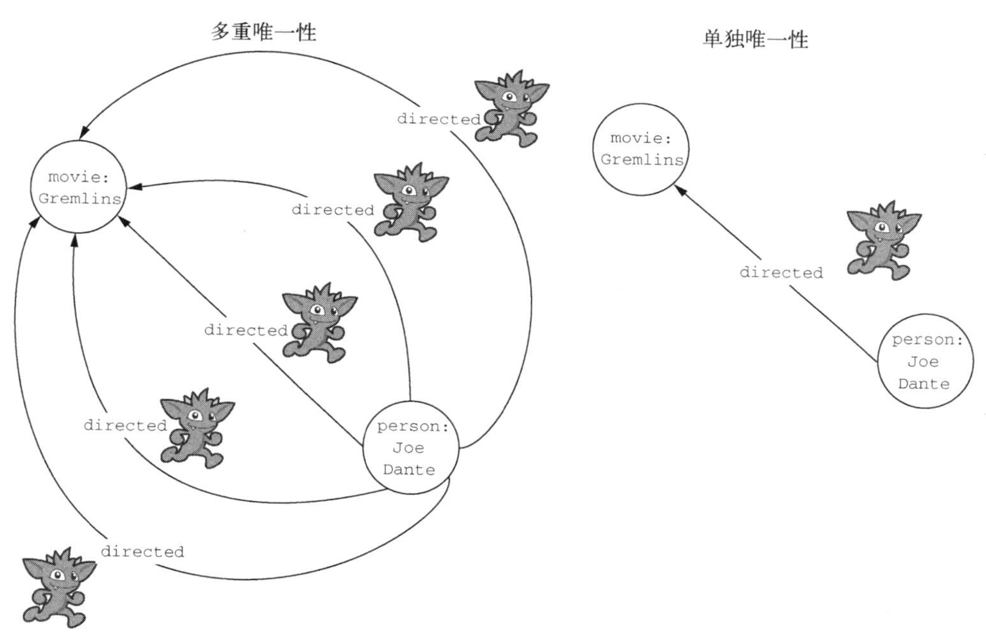

图 2-19 多重唯一的边与单独唯一的边所需要的工作量比较

如果拓展这个例子，想象我们要遍历 Joe Dante 导演的电影中的演员，就能看到这个看似简单的疏忽如何指数级地增加要遍历的顶点和边的数量。在 `directed` 边上的错误会产生重复的电影和重复的演员。好消息是，能在查询时缓解这个问题，我们将在第 3 章讲如何编写查询语句时提到。但避免这种问题的最简单的方法就是正确地设计数据模型，以正确反映边的唯一性。

有些图数据库，比如 DataStax Enterprise Graph 和 JanusGraph，会把边的唯一性的显式定义作为模式定义的一部分。但很多其他图数据库并不需要显式地定义模式，那么我们便没有办法在这些数据库里对唯一性进行约束。这些图数据库的无模式做法意味着我们只能靠代码逻辑在应用程序里实现唯一性。

2.4.3 寻找并分配属性

现在我们已经创建好了图模型的结构，定义好了顶点和边，是时候定义属性并把它们分配给顶点和边了。图数据模型中的属性是用来描述顶点或边的特性的键–值对。

图数据库中的默认值和 null 值

图数据库中的属性和关系数据库表中一行里的列类似：存储一个特定实体的有关数据。和列不同，应用程序不会在图数据库中向属性插入默认值或 null 值。

由于关系数据库有严格的结构，因此每一行的每一列都必须有数据。然而，图数据库通过类似于保存键–值对的方式来保存数据。因此，数据既可以存在，也可以不存在。这意味着保存 null 值或为属性赋予默认值是没有必要的，从而可以节约空间和减少发给客户端的负载。但这也意味着当某些顶点的属性不存在时，需要在应用程序中准备更多的防御性代码。

为顶点和边分配属性之前，需要决定以下三点。

- 有哪些属性是必需的？
- 应该怎样为它们命名？
- 它们的数据类型是什么？

要解答这些问题，我们要从概念数据模型和领域的信息中考虑有什么信息需要保存。

注意 当从已有的系统做迁移时，参考该系统的数据模型作为蓝图是有益的。经过多年，这些数据模型已经成熟，为应用程序的数据需求提供了丰富的视角。如果你是在开发一个全新的、不被历史包袱约束的应用程序（就像我们的“友聚”应用程序那样），那么是时候和技术人员与非技术人员坐在一起，决定我们需要什么数据、数据的名字和类型。

为了确定属性，首先要看的还是我们的社交网络用例的功能疑问清单，你应该还记得。

- 谁是我的朋友？
- 谁是我朋友的朋友？
- X 用户是如何关联到 Y 用户的？

基于这些疑问可以看到，需要在一个人的实体上保存 first_name（名）和 last_name（姓）来识别我们的 friend（朋友）是谁。还可以假设需要为每个人分配唯一的标识符（person_id）来区分同名的人。没有这个额外的属性，我们将无法区分两个都叫 John Smith 的人。在为数据模型加上这些属性后，我们就得到了图 2-20 所示的模型。

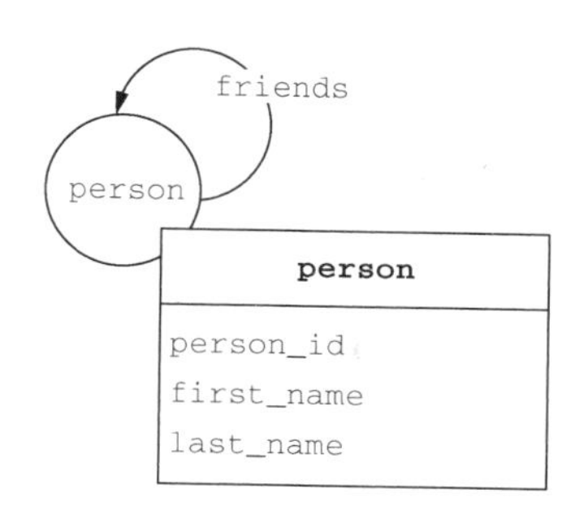

图 2-20 添加了属性的社交网络图数据模型

在本例中，我们没有为边添加属性，因为所需的所有属性（person_id、first_name、last_name）都是描述 person 的，而不是人们之间的 friends 关系。然而，在边上添加属性是普遍的做法，第 7 章就会为“友聚”应用程序添加。

到了这一步，如果你选择的是市面上任何一款无模式的图数据库，那么你的工作已经完成了。但如果使用的是需要显式定义模式的图数据库，则需要做额外的一步：把逻辑数据模型转换成你所选择的数据库所需要的物理数据模型。这一步实际上怎么实现取决于具体的数据库，因为每个数据库都有独特的定义语言来描述物理数据模型。由于目前不同的图数据库之间缺乏统一的标准，因此我们建议你通过阅读所选数据库的文档来完成这一步。

2.5 检查模型

建立逻辑模型的最后一步是验证我们能否回答社交网络用例的疑问，以及我们的模型（如图 2-21 所示）是否遵循了图数据建模的最佳实践。

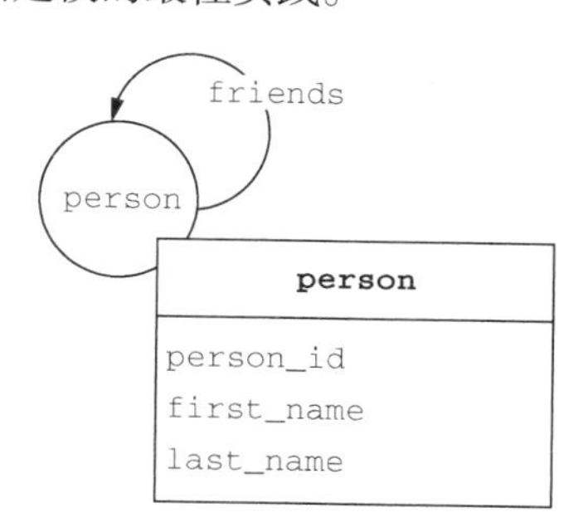

图 2-21 “友聚”应用程序的社交网络案例最终的逻辑数据模型

再看看这些疑问，能用我们的图数据模型来回答它们吗？

- **谁是我的朋友？**我们通过 person_id 来找到指定的 person，并遍历 friends 边来查看其所有朋友，从而回答这个疑问。
- **谁是我朋友的朋友？**我们通过 person_id 来找到指定的 person，并遍历 friends 边来查看其所有朋友，然后遍历 friends 边来查看其朋友的所有朋友，从而回答这个疑问。

- **X 用户是如何关联到 Y 用户的？**我们通过 `person_id` 来找到指定的 `person`，并遍历 `friends` 边直到不再有 `friends` 边可遍历或者已经遍历到了目标的人，从而回答这个疑问。

本书的后续章节会详细地讨论如何实现这类查询，但要知道，这类无限递归的查询是图数据库最吸引人的用例之一。

现在我们有了一个成形的模型，还有一些额外的最佳检查实践来确保我们的数据模型能提供可靠的图模型。

- **顶点和边读起来像一个句子吗？是的。**这虽然并不是一个绝对的需求，却是一个很好的通用法则，能用来验证顶点的标签能代表模型中的名词，以及边的标签能代表模型中的动词。
- **是否有不同的顶点标签或边标签具有相同的属性？没有。**在我们的例子中，只有唯一的顶点和边的标签。在更复杂的模型中，这个检查是验证所用标签足够通用的有效方法，我们会在本书后面看到这一点。
- **这个模型看起来合理吗？是的。**尽管这一步似乎有些多余，但非常值得花点儿时间后退一步，再次检查你的图数据模型是否依然遵循概念数据模型以及它是否真的解决了你的业务问题。

本章为社交网络案例建立了数据模型并验证了它是解决问题的合理方案。第 3 章将开始查询数据库以回答社交网络案例中的疑问。

2.6 小结

- 早期在理解业务问题、用例和通用领域术语上进行大量时间投资，是建立好的数据模型的基础。这将降低你在后期大幅修改设计的风险。
- 概念数据模型从业务人员的角度出发，提供了有关范围、实体和应用程序功能的全貌。
- 把概念数据模型转换成逻辑数据模型需要四步：把实体转换成顶点，把关系转换成边，分配属性，以及检查模型。
- 把实体转换成顶点包括：识别所需的概念实体，建立相应的顶点，以及为这些顶点提供简洁、明了和通用的标签。
- 把关系转换成边包括：识别所需的概念关系，建立相应的边，为每条边添加标签，为每条边分配方向，以及决定边的唯一性。
- 边的唯一性定义了一个顶点的实例可以和另一个顶点的实例通过含有相同标签的边关联多少次。错误定义边的唯一性是图数据建模的普遍问题，将导致数据问题和性能问题。
- 为了验证图数据模型，需要核查它是否满足需求和概念模型，检查顶点和边的标签是否读起来像一个句子，并确保模型没有重复的边类型和顶点类型。最后做一个全面检查，看看模型是否合理。

第 3 章

基本遍历和递归遍历

本章内容

- ❑ 浏览图结构
- ❑ 使用遍历执行筛选操作
- ❑ 递归遍历

有了图数据模型，接下来将重点介绍如何在图中导航和返回数据。本章将从筛选和导航边开始，这是图遍历的基本构建块。然后对这些概念进行扩展，以涵盖图的一个强大特性：轻松编写递归查询的能力。此外，本章还会研究如何利用这些技术来解答常见的图问题，例如人们在社交网络里是如何连接的。

接下来的三章将使用第 2 章定义的社交网络用例。在这个过程中，我们将使用 Gremlin 作为查询语言，并了解它的语法，称为**操作**（step）。即使你不懂 Gremlin 或者正在使用不同的语言，也不需要担心，我们会详细解释每一个操作。本章会介绍相当多的 Gremlin 操作，你还可以参考 Apache TinkerPop 关于 Gremlin 的官方文档以获得更全面的解释。

注意　本章的配套源代码可以从 ituring.cn/book/2889 下载。为简单起见，我们将使用名为 `$BASE_DIR` 的环境变量，请将该变量设置为源代码所在的本地路径。本章和后续章节都将使用该环境变量来简化脚本命令。

3.1　建立开发环境

现在是时候建立你的本地开发环境了。本节将介绍启动和运行 Gremlin 的最基本操作。附录有关于 TinkerPop 项目、相关工件以及如何设置 Gremlin（包括手动启动）的详细介绍。本节只展示如何做以下三件事来帮助你上手。

- ❑ 启动 Gremlin Server 并使其可用于接收连接。
- ❑ 通过 Gremlin Console 建立会话以连接到 Gremlin Server。
- ❑ 加载测试数据到服务器。

如果你已经有在本地运行的 Gremlin Console，并且已连接到 Gremlin Server，则可以跳过本节。可以从 TinkerPop 网站下载 Gremlin Console 和 Gremlin Server。

3.1.1　启动 Gremlin Server

使用终端窗口，导航到 Gremlin Server 下载文件解压缩后的目录。在 macOS 或 Linux 系统上，使用 `bin/gremlin-server.sh start` 来启动 Gremlin Server（在 Windows 系统上则使用 `bin\gremlin-server.bat`）。下面是在 macOS 或 Linux 系统上使用的命令语法。

```
$ cd apache-tinkerpop-gremlin-server-3.4.6
$ bin/gremlin-server.sh start
Server started 10066.
```

运行以上命令将返回服务器启动后的进程 ID，这是一个有用的提示，说明一切都按预期工作。要在 macOS 或 Linux 系统上停止 Gremlin Server，使用：

```
bin/gremlin-server.sh stop
```

在 Windows 系统上则使用：

```
bin/gremlin-server.bat stop
```

警告　如果停止 Gremlin Server，将丢失数据库里的所有数据，因为 Gremlin Server 只将数据存储在内存中。

要在 macOS 或 Linux 系统上重启 Gremlin Server，使用：

```
bin\gremlin-server.sh restart
```

在 Windows 系统上则使用：

```
bin\gremlin-server.bat restart
```

该命令将先停止 Gremlin Server，然后重新启动它。现在，我们已经有了一个运行着的 Gremlin Server 实例，可以继续下面的任务了。

3.1.2　启动 Gremlin Console，连接 Gremlin Server，加载数据

本节将启动 Gremlin Console，连接到服务器，并加载一些数据。因为希望尽快启动和运行，所以我们提供了一些脚本来完成这些任务。

使用终端窗口，导航到 Gremlin Console 下载文件解压缩后的目录。在 macOS 或 Linux 系统上使用以下脚本参数启动 Gremlin Console：

```
bin/gremlin.sh -i $BASE_DIR/chapter03/scripts/3.1-simple-social-network.groovy
```

在 Windows 上则使用以下命令：

```
bin\gremlin.bat -i $BASE_DIR\chapter03\scripts\3.1-simple-social-network.groovy
```

执行以上命令或脚本将首先启动 Gremlin Console，然后连接到 Gremlin Server。最终将加载一个小小的数据集到数据库中。

重要提醒 这些命令会将数据库恢复到现在的状态，从而覆盖之前添加的所有数据。

可以通过在 Gremlin Console 中输入单个字符 g 来验证所有操作是否成功。你的终端屏幕应显示如下输出结果。

```
$ bin/gremlin.sh -i $BASE_DIR/chapter03/scripts/3.1-simple-social-network.groovy

         \,,,/
         (o o)
-----oOOo-(3)-oOOo-----
plugin activated: tinkerpop.server
plugin activated: tinkerpop.utilities
plugin activated: tinkerpop.tinkergraph
gremlin> g

==>graphtraversalsource[tinkergraph[vertices:4 edges:5], standard]
gremlin>
```

如果没有看到这样的输出结果，请先关闭终端，然后按照上述说明或附录的说明重新开始。现在，你已经连接到了一个具有四个顶点和五条边的图数据库。这就是如图 3-1 所示的社交网络数据。本章的所有例子都会使用这些数据。

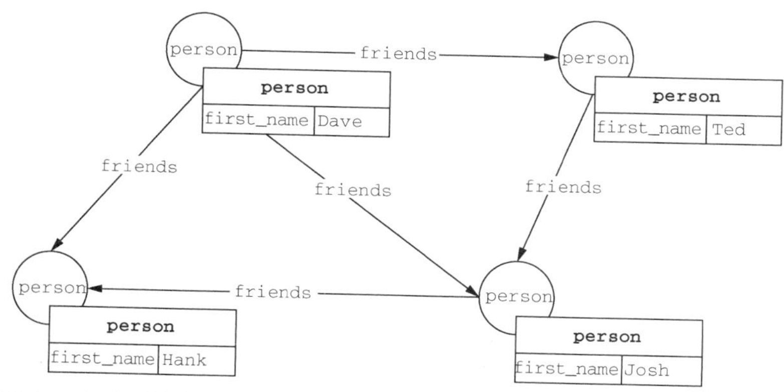

图 3-1 社交网络图。按照 3.1 节的详细说明建立环境会加载该案例的数据，本章将一直使用该数据

3.2 遍历图

为图添加数据之后，就可以编写第一个图遍历程序了。假设想看看社交网络如何解答问题：谁是 Ted 的朋友？在关系数据库中，我们使用查询来解答这个问题，但在图数据库中，则使用遍

历。在图中移动的过程称为**遍历**（traverse）。为检索此数据而执行的操作和操作集的定义也称为**遍历**（traversal），类似于 SQL 查询。

遍历、遍历源、遍历器

本书使用几个相似的术语来描述在图中移动的过程。为了避免引起误解，这里统一给出这些术语的定义。

- **遍历**（动词）：当在图数据库中导航时，从顶点到边或从边到顶点的移动过程。遍历图类似于在关系数据库中的查询行为。
- **遍历**（名词）：要在图数据库中执行的一个或多个操作。这些操作要么返回数据，要么进行更改，而在某些情况下则两者兼有。在关系数据库中与之对应的是实际的 SQL 查询。在图数据库中，这是指发送到服务器来执行的操作集。
- **遍历源**（traversal source）：TinkerPop 特有的概念，表示遍历图操作的起点或基点。按照惯例，通常用变量 `g` 表示，并且需要位于任何遍历的开头。
- **遍历器**（traverser）：与遍历执行特定分支相关联的计算过程。遍历器维护相关图当前分支移动的所有元数据（例如当前对象、循环信息、历史路径数据等）。唯一遍历器表示通过数据的每个分支。

思考这些术语的另一种方法是：从遍历源开始遍历，通过每个分支发送一个遍历器来遍历图。遍历器可以被删除，也可以带着结果返回。

3.2.1　使用逻辑数据模型（模式）来规划遍历

遍历图数据库的重点是从一个元素遍历到另一个元素。为了有效地展示这一点，我们利用逻辑数据模型来了解图中每个元素的相关模式元素。首先看看图中有哪些元素，以及在编写遍历时需要考虑的最相关的模式元素，如表 3-1 所示。

表 3-1　图元素和相关模式元素概览

图　元　素	相关模式元素
顶点	顶点标签、顶点属性、连接的边标签
边	边标签、边属性、边的方向、连接的顶点标签

注意　我们数据模型中的边都有如表 3-1 所示的模式元素。这说明了关系在图数据库中的重要性及其在处理高度关联数据时的价值。

图 3-2 囊括了第 2 章的最终逻辑数据模型。让我们从顶点开始，为每个图元素确定最相关的模式元素。从模型中可以看到，只有一个顶点标签需要考虑，那就是 `person`。顶点 `person` 包含属性 `person_id`、`first_name` 和 `last_name`，在数据中表示人员的属性。最后要考虑的部

分是连接到顶点 person 的边标签。在这个模型中，只有一个标签 friends。

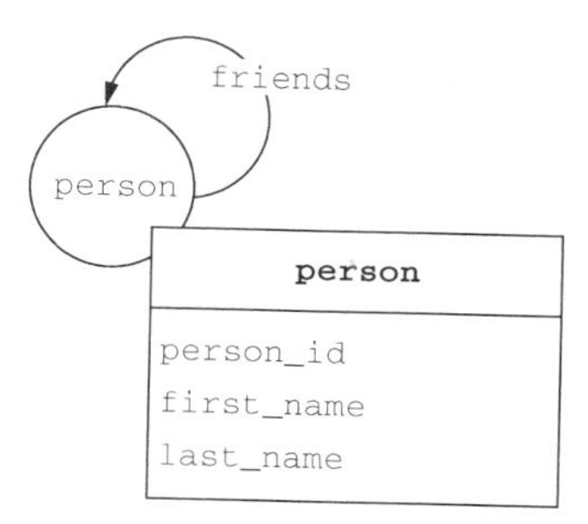

图 3-2 第 2 章中“友聚”社交网络用例的最终逻辑数据模型

接下来将确定边的方向，这有助于我们知道遍历是如何在有向图中移动的。虽然边的方向在大多数情况下很重要，因为它决定了边是如何从一个标签到另一个标签的，但在本例中，边的方向并不重要。这是因为边 friends 是从顶点 person 到顶点 person 的，这是一条循环边。

本章使用这些相关的模式元素来帮助我们规划和编写遍历。我们将使用这些已识别出的模式元素来指导工作，但是在演示这些概念时，将使用实例数据。

这一阶段的所有工作都建立在数据建模过程的基础上。在清楚地陈述业务问题并彻底理解用例之后，应该会发现我们的逻辑模型和已识别出的相关模式元素有助于编写遍历。如果发现很难编写遍历来处理用例，那么很可能是因为数据建模过程有所遗漏。

3.2.2 通过图数据来计划操作

在浏览完逻辑数据模型之后，就可以把抽象抛在脑后，来看看图 3-1 所示的社交网络图数据。想想需要做什么来回答问题：谁是 Ted 的朋友？第一步是在图中建立一个起点。对于这个问题，需要找到顶点 Ted，如图 3-3 所示。

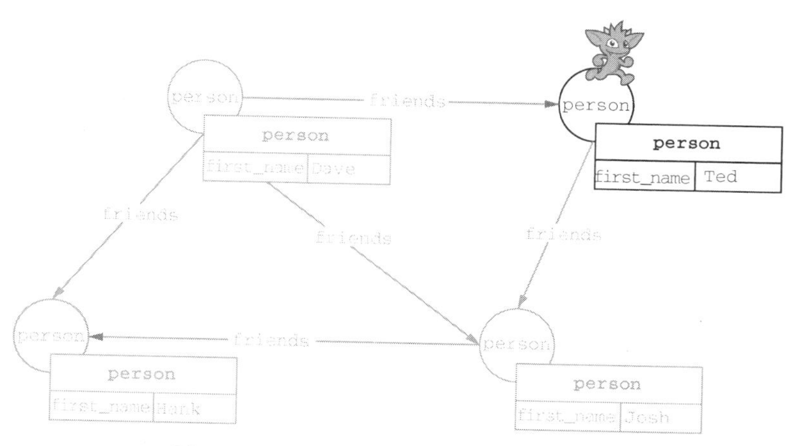

图 3-3 在社交网络图中突出显示起点 Ted

在以顶点 Ted 作为遍历起点之后，下一步是找到 Ted 的朋友。在图 3-3 中，我们注意到有一条与顶点 Ted 相连的 friends 边。让我们沿着 Ted 和 Josh 之间的边进行遍历，如图 3-4 所示。

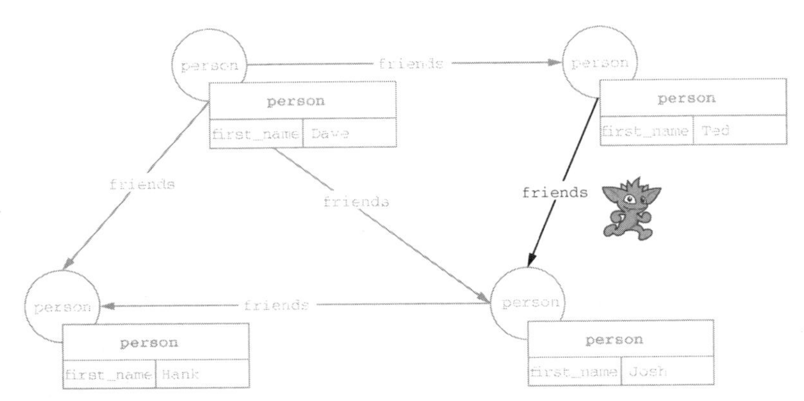

图 3-4　突出显示遍历经过 friends 边后所在位置的社交网络图

看着图 3-4，我们就会想知道为什么没有经过其他 friends 边（例如从 Ted 到 Dave）。这就是边的有向性在图中发挥作用的地方。

记住，在加朋友方面，我们的数据模型类似于 Twitter。在 Twitter 上，你关注某人并不意味着某人也关注了你。在“友聚”中，我们同样采取了这种模式：你加了某人为好友并不意味着某人也加了你为好友。这一点和 Facebook 的交友模式不一样。

“谁是 Ted 的好友”问的是 Ted 加了谁为好友，而不是谁加了 Ted 为好友。这意味着我们只关注以顶点 Ted 为起点的边，而不是以它为终点的边。要找到加 Ted 为好友的人，需要找到以顶点 Ted 为终点的边，而不是以它为起点的边。边的这种有向性是图数据库的一个关键能力，对于筛选或决定要遍历哪些边非常有用。

注意　在图中，边是用线来表示的，起点（或称为源顶点）方向上不带箭头，而终点（或称为目标顶点）方向上则带箭头。有关示例参见图 3-4。

为简单起见，本例中只遍历了一条边。但是，如果有多条 friends 出边，比如从顶点 Dave 开始，那么将会通过多个并行进程遍历图。每个并行进程都称为**遍历器**。现在我们位于 Ted 的 friends 边上，最后一步是完成沿边到另一端 person 顶点的遍历，如图 3-5 所示。

如图 3-5 所示，我们得出的结论是，Ted 加了 Josh 为好友。这个简化的例子演示了遍历如何使用图数据模型结构从一个顶点或一条边移动到另一个顶点或另一条边。

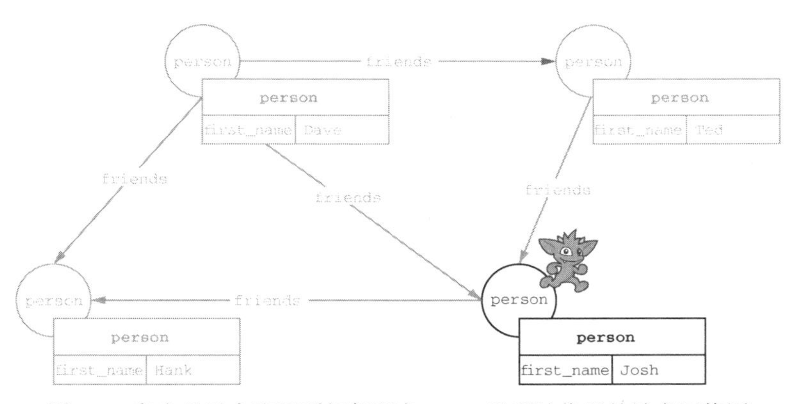

图 3-5 突出显示在遍历到相邻顶点 Josh 后所处位置的社交网络图

3.2.3 遍历图的基本概念

遍历图的过程可以分解为几个基本操作：找到起始顶点，确定要遍历的边，遍历该边，最后到达目标顶点完成遍历。在本书和我们的应用程序中遍历所有图数据时，都会使用这一系列操作，不过本书通常不会将遍历过程分解为这么细的级别。记住这一点，让我们通过检查流程的这四个关键特征来充实对遍历的理解吧。

1. 遍历是一系列操作

遍历图的时候，需要定义在图中移动的一系列操作。这些操作还可以包括用于处理图数据的各种操作，例如筛选数据和遍历边。示例遍历只包含三个单独的操作，但是操作的数量可能会随着遍历变得越来越复杂而急剧增加。需要记住的重要提示是，遍历的每个操作都是从一个位置开始，并且（几乎总是）在不同的位置结束。这就引出了图遍历的第二个基本概念。

2. 遍历需要知道我们在哪里

遍历需要知道我们在图中的位置。对于只有关系数据库背景的人来说，这个概念十分陌生。在关系数据库中，SQL 查询能够在查询的任意点连接任意两个表。在图中，则只能使用图中当前位置旁边的边或顶点。为了有效地在整个图中导航，必须跟踪我们在图数据模型结构中的位置。根据经验，对于刚接触图数据库的人来说，这是最难掌握的技能。

带有抽屉和门的“密室逃脱”图

一种帮助人们概念化如何使用图的技巧是，将图比喻为由走廊连接的一系列房间。想象你是一个小精灵[①]，坐在一个顶点上。小精灵实际上看到的是一个封闭的房间，感知仅限于房间内可见的事物。（虽然房间一般是纯白色的，但是你可以选择任何喜欢的颜色。）当环顾房间时，会观察到以下情况。

---

① 在英语中，表示“小精灵”的单词也是 Gremlin。作者使用了一语双关手法，这个做法在本书后面会经常出现。——译者注

- **有一个抽屉柜，每个抽屉上都有标签**。每个抽屉都是一个顶点属性，标签是属性名。
- **还有一系列门，每个门上也都有标签和出/入牌**。每扇门都是相邻边（incident edge），而牌代表着相邻边的方向。
- **门本身也有抽屉**。这些抽屉是边属性。

你可以直接接触（访问）房间里所有可见的东西(顶点属性、边和边属性)。但是要接触除了抽屉和门之外的任何东西，都需要付出额外的努力。就我们的遍历而言，这意味着一个额外的操作。没错，我们对图顶点的思维模型基本上就是一个“密室逃脱”游戏。

3. 边的方向很重要

正如在示例中所看到的，边的方向很重要。尽管 `Ted` 有两条相邻的 `friends` 边，但其中只有一条代表他加为好友的人，而另一条则代表加他为好友的人。重申一遍，这些 `friends` 边的工作方式更像 Twitter 的“关注”关系，而不是现实生活中的朋友关系。

关系的这种方向性与关系数据库中不同，后者中的所有关系都是双向的。在图数据库中，不仅要决定边的方向，还要确定我们希望如何遍历该边。这种控制只遍历入边、出边，还是同时遍历两者的能力为我们提供了一个定制遍历的强大工具。

4. 遍历并不包含历史记录

当遍历图的时候，我们只知道现在在哪里，而不知道曾经去过哪里。（可以回想一下“密室逃脱”思维模型。）这与关系数据库的工作方式有着根本的区别，也是图数据库开发人员新手常遭遇的另一个挫折，因为这个概念让他们大吃一惊。在关系数据库中，如果编写一个类似于图 3-3 和图 3-4 中描述的图遍历查询，可能如下所示。

```
SELECT *
FROM person AS Ted
     JOIN friends ON friends.person_id = Ted.id
     JOIN person AS Friend ON Friend.id = friends.friend_id
WHERE Ted.first_name = 'Ted';
```

对于这个查询，我们期望返回将 `person AS Ted`、`friends` 和 `person AS Friend` 这几个表连接到一起的所有列。相比之下，在图数据库中，从遍历返回的唯一值是结束顶点（或房间）。虽然有办法从遍历的其他操作中检索数据，甚至在每个操作中携带遍历的完整历史记录，但这些方法需要显式要求提供该数据或使用特定操作来指示必须保留历史记录。

3.2.4　使用 Gremlin 编写遍历

介绍了遍历一条边所涉及的核心操作，让我们为“找到 Ted 的所有朋友”编写第一个遍历（或一系列操作）的代码吧。首先概述遍历图所需的操作。

- 给出图中的所有顶点。
- 找到 `first_name` 为 `Ted` 的所有 `person` 顶点。

- 通过 friends 出边走到相邻顶点。
- 返回 first_name。

接下来，将这些简单的人类语言操作映射到相应的 Gremlin 操作。图 3-6 展示了这些映射。

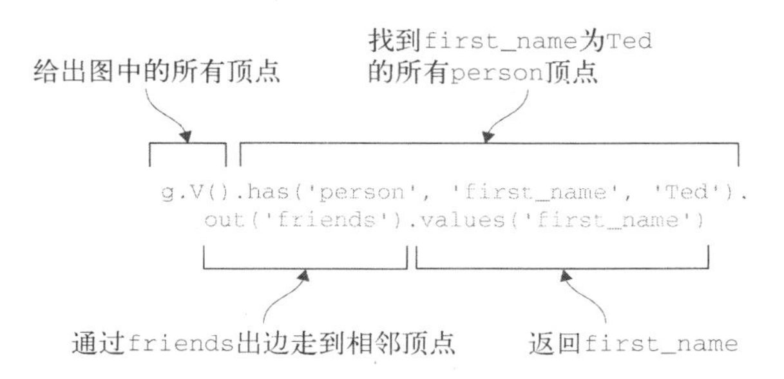

图 3-6 将“谁是 Ted 的朋友”的文本操作映射到相应的 Gremlin 操作

现在在 Gremlin Console 运行这个遍历。我们看到，从数据库得到了正确的答案 Josh。

```
g.V().has('person', 'first_name', 'Ted').
    out('friends').values('first_name')

==>Josh
```

你是否意识到了，在给出完整答案之前，我们甚至还没有介绍最基本的 Gremlin 语法？这是故意的。我们的经验是，对于刚接触 Gremlin 的人，如果先看到答案再分解每个操作的作用，往往能更好地理解。这种方法提供的思维模型能帮我们更好地理解如何在图中移动。

1. 遍历源

图 3-6 所示的 g 操作是每个 Gremlin 遍历的第一个操作。g 表示图的遍历源，是所有遍历的基石。这个变量可以任意命名，但是 TinkerPop 图数据库在事务模式下的惯例是使用 g。

Gremlin 的关键概念：g != graph

本章中的 g 指遍历源，而不是图。这是 TinkerPop 另一个重要的、可能令人困惑的地方：有两类 API！

主要的 API 是遍历 API，按照惯例以变量 g 开头：g = graph.traversal()。本书将一直使用这类 API。这是一个了解如何有效导航其关联图结构的过程。

另一类 API 是内部 API，专为创建图数据库引擎的开发人员而设计。它被(令人困惑地)称为图 API。它是一个接口，用于为 Vertex（顶点）、Edge（边）、VertexProperty（顶点属性）和 Property（属性）对象的集合定义容器对象。它也是一种数据结构，不能提供有效的导航方式，只能提供在图中定位单个数据元素的最基本能力。

拥有深厚关系数据库背景的人可能会认为：“有两类 API，那肯定像 SQL 中的 DDL（数据定义语言）和 DML（数据操作语言）一样。”但这个想法是错误的。DDL 侧重于模式，而 TinkerPop 中并没有相应的语言特性集。TinkerPop 项目并没有指定具体产品供应商应该如何在其图数据库中声明模式，因此不同的产品供应商对于图数据库模式定义有不同的 API。TinkerPop 允许在 Gremlin 代码中使用任何模式，因此本身完全避免了模式定义的问题。

图 API 就像关系数据库中可以通过 C/C++、C#或 Java 等编程语言直接操纵位于 SQL 语言抽象之下的具体数据库文件的 API。想象一下在文件级别处理数据操作，包括事务日志和其他低级文件中的更改。这就是使用图 API 的样子。

我们只在这里和其他几个地方提及图 API，例如在第 10 章中讨论反模式时。在整本书中，所有示例都使用遍历 API。

2. 全局操作

遍历的第二个操作是 `V()` 操作（见图 3-6）。`V()` 操作返回一个包含图中每个顶点的迭代器。这是两个全局图操作之一。另一个全局图操作是 `E()`，它返回一个包含图中每条边的迭代器。除了少数例外，遍历的第二个操作始终是这两个操作之一。具体选择哪个取决于要从边还是顶点开始遍历。

使用 `V()` 从顶点开始遍历是目前最常见的做法。实际上，除了一些非常特殊的操作（通常是为了维护或基于数据完整性考虑）外，很少使用 `E()` 操作。尽管我们使用高度关联的数据来遍历或推理边，但仍然是以实体为中心的，几乎只从顶点开始和结束。

以“寻找 Ted 的朋友”为例，自然起点是顶点 `Ted`。实际上，大胆地说，为事务操作编写的每次遍历几乎都是从一个或一组顶点开始的。即使在“友聚”业务领域中，也总是从某个顶点开始的：可能是一个人，可能是一家餐厅，可能是一座城市，也可能是评价。这是正常的、良好的实践，所以在遍历中，几乎总是从 `V()` 开始。

3. 筛选操作

遍历的下一个操作是 `has()` 操作（见图 3-6），也是本书介绍的第一个筛选操作。这是最常见的 Gremlin 操作之一，因为它只经过满足以下筛选条件的顶点或边。

- 匹配指定的标签（如果指定了）。
- 具有与指定键–值对匹配的键–值对。

这个筛选操作是在 Gremlin 筛选遍历的主要操作。查阅 TinkerPop 文档中 `has()` 操作的所有形式，可以看到最常用的形式包括以下三个。

- `hasLabel(label)`：返回匹配指定标签类型的所有顶点或边。
- `has(key,value)`：返回匹配指定键–值对的所有顶点或边。
- `has(label,key,value)`：返回同时匹配标签类型和指定键–值对的所有顶点或边。它的功能与下面的组合相同。

```
g.V().hasLabel('person').has('first_name', 'Ted')
```

与大多数 Gremlin 操作一样，`has()` 操作可以链接在一起，以执行更复杂的筛选操作。这很像在 SQL 的 `WHERE` 子句中使用 `AND`。例如，只需在前面的遍历里添加一个额外的 `has()` 操作，就可以找到所有 40 岁的、叫 Ted 的人。

```
g.V().hasLabel('person').has('first_name', 'Ted').has('age', 40)
```

但是，我们的示例图数据库没有包含 age 属性，因此如果不先更新数据，就无法测试该遍历。如前所述，该遍历不会返回任何结果，因为没有顶点匹配第二个 has()操作，Ted 不是 40 岁。虽然数据里真的有 Ted。

在处理事务图时，必须尽快缩减起始遍历器的数量。这样做是出于负载和性能的考虑。起始位置越少通常意味着遍历图的总体工作量越少。因此，在遍历的第一个操作中将可能的顶点筛选为具有一个或多个 has()操作的小子集是很常见的。这类似于在 SQL 的连接中筛选基表。

4. 遍历操作

out(label)操作（见图 3-6）遍历所有出边到带有指定标签的相邻顶点（如果指定了标签）。如果没有指定标签，那么就会遍历所有出边。这是用于从一个顶点导航到另一个顶点的两个最常见的遍历操作之一。另一个常见的遍历操作是 in(label)，它将遍历所有入边到带有指定标签的相邻顶点（如果指定了标签）。

注意 记住，出顶点是边开始的顶点，入顶点是边结束的顶点。

---

out(label)从一个顶点（在示例中是顶点 Ted）沿着输出方向遍历到相邻顶点。我们指定了标签 friends，因此仅遍历 friends 边。图 3-7 演示了从顶点 Ted 到一条出边上相邻 Josh 顶点的遍历。

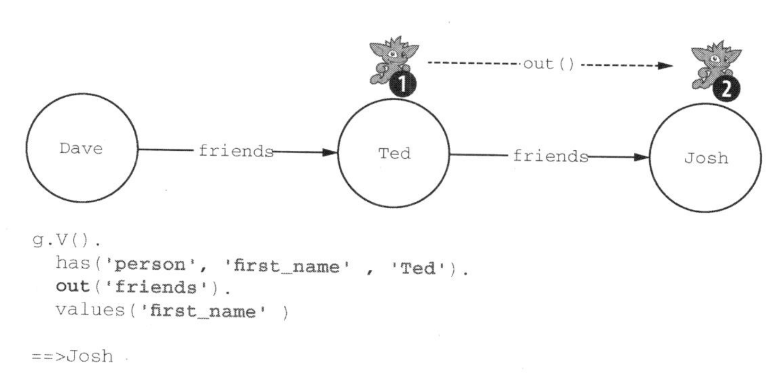

图 3-7 通过出边从 Ted 遍历到 Josh

假设想要做相反的事，找到加 Ted 为好友的人，而不是被 Ted 加为好友的人。这与在图 3-7 描述的查询基本相同，只是遍历的是 friends 入边，而不是 friends 出边。将查询切换为使用 in()操作，如图 3-8 所示。

通过这个简单的改变，就可以朝相反方向遍历。这种沿任一方向遍历关系的灵活性是图数据库的基本功能，但也可能是一把双刃剑。这种方向性会筛选我们的遍历，虽然既有助于可读性又有助于性能，但也有局限性。我们可能不知道要遍历边的方向，或者可能不关心遍历的方向。无论是受到“方向性无知”还是“方向性冷漠”的困扰，Gremlin 都有助于解决问题。

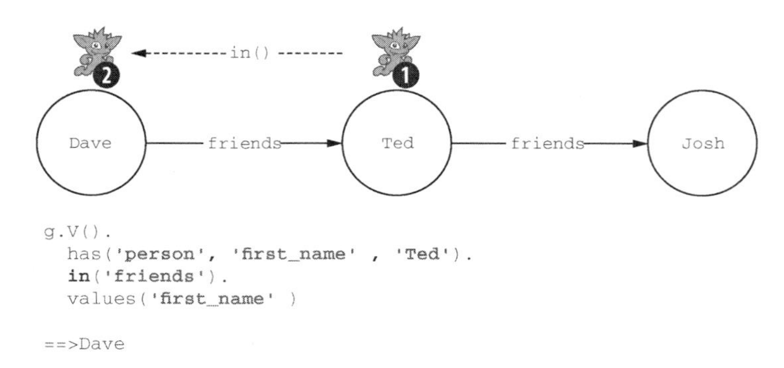

图 3-8　通过入边从 Ted 遍历到 Dave

如果想同时找到两组人呢？为了回答这个问题，我们同时在入和出两个方向遍历 friends 边。此时要介绍另一个 Gremlin 操作：both(label)。这个操作沿着给定标签的边从一个顶点遍历到相邻顶点。使用这个操作编写遍历来查找加 Ted 为好友的每个人，以及被 Ted 加为好友的每个人，如图 3-9 所示。

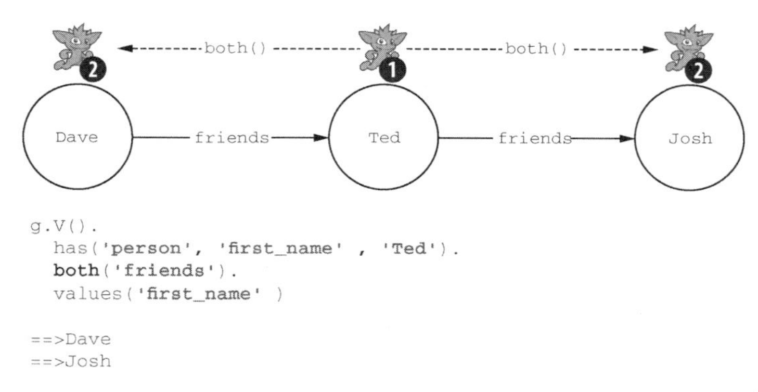

图 3-9　从 Ted 开始通过 friends 入边和出边遍历

3.2.5　使用值操作检索属性

遍历的最后一个操作（见图 3-6）是 values(keys...)操作，它返回元素属性的值。每个结果值单独显示为一行。如果元素有 *N* 个属性，那么输出将包含 *N* 行。如果指定了一个或多个键，则仅返回具有这些键的属性。

这是返回图中元素属性值的几种方法之一。另一个常用的操作是 valueMap(keys...)，它返回匹配这些键的属性（包括键和值）[①]。我们将在第 5 章更深入地了解如何使用这些方法来格式化结果。

① 类似于 values(keys...)，但是 values(keys...)只返回值，而 valueMap(keys...)则返回属性（包括键和值）。——译者注

通过这个相对简单的查询（见图 3-6），我们开始了解 Gremlin 的语法如何要求我们思考在图中移动的方式以检索数据。虽然这里用 Gremlin 演示这一点，但是所有图查询语言都普遍需要理解筛选及边的方向性才能在图中移动。我们需要理解沿着边移动的方向，以便理解所获得的数据。一旦从关系数据库转移到图数据库里这种根据当前位置来考虑遍历的思考方式，我们就养成了利用数据中关系的必备思维习惯。

3.3 递归遍历

到目前为止，我们已经掌握了找到某个特定顶点或者遍历到相邻顶点的方法，但这是触及表面。止步于此就像买了一辆跑车却只开着它在小区里转悠。是时候踩下油门，看看在宽阔公路上能做些什么了。本节将开始编写和运行图数据库最强大的功能之一：**递归遍历**，有时也称为**循环遍历**。

3.3.1 使用递归逻辑

我们使用递归遍历来处理需要连续多次执行遍历某些部分的问题。许多问题需要递归遍历，这里有几个例子。

- **物料清单**：标准物料清单由多个零件组成，每个零件又由多个零件组成，这些零件还是由多个零件组成。这样以此类推，级别数未知。

  查询示例：给定一件设备的 ID，遍历物料清单以查找构建设备所需的所有独立的项。
- **地图导航**：这是一个大多数人很熟悉并且经常（甚至每天）使用的例子。给定地图上的两个位置，提供从起始位置到结束位置的街道和转弯的列表。尽管这两个位置是相连的，但是无法提前预测所需的转弯次数。

  查询示例：给定两个位置，求从 A 点到 B 点的转弯列表。
- **任务依赖关系**：假设正在构建一个应用程序。因为我们都是优秀的开发人员，所以会首先列出完成项目所需的工作项。对于每一个项，都可以将其链接到任何它依赖的工作项，也就是说在图中将这些项连接到它们的依赖项，以此类推。

  查询示例：为删除对另一项的依赖关系，提供所需项的有序列表。

这些问题中的每一个都需要遍历未知数量的链接。在物料清单的例子中，链接代表零件的层次结构。在地图导航的例子中，链接代表路口之间的连接。在任务依赖关系的例子中，链接代表依赖关系树上的相关性。

当遇到需要遍历未知数量的边才能找到答案的问题时，我们就要使用递归遍历。在关系数据库中，这可能会通过递归 CTE 来处理，很难编码和维护。但是，由于图数据库是为处理高度互连的数据而优化过的，因此图数据库的查询语言和底层数据结构也经过优化，能快速执行递归查询。

让我们扩展上一节中的遍历，来看看递归查询的实际情况。这次不是寻找 Ted 的朋友，而是寻找 Ted 的朋友的所有朋友。这种“朋友的朋友”类型的问题在社交网络中很常见，类似于

Facebook、Twitter 或 LinkedIn 推荐潜在联系人的做法。如果想在社交网络图中实现这一点，需要执行以下操作。（注意：因为**每次**遍历都以图中的所有顶点为上下文开始，所以在规划遍历图时，我们不会明确声明这一点。）

(1) 找到所有的 `Ted` 顶点。

(2) 通过 `friends` 出边遍历到相邻顶点。

(3) 遍历到入顶点（此时，我们处于"Ted 的朋友"这些顶点上）。

(4) 通过 `friends` 出边遍历到相邻顶点。

(5) 遍历到入顶点（此时，我们处于"Ted 朋友的朋友"这些顶点上）。

(6) 返回 `first_name` 属性值。

为了重温操作(1) ~ (3)（已经在 3.2.2 节提到过），让我们看看图 3-10、图 3-11 和图 3-12。

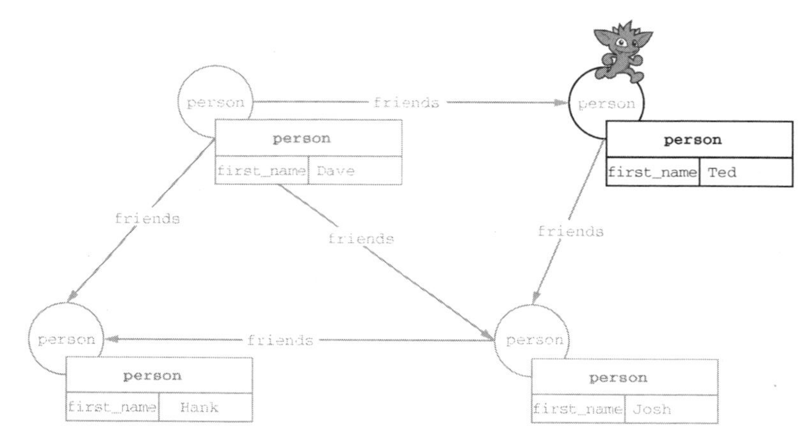

图 3-10　操作(1)：定位 `Ted` 顶点

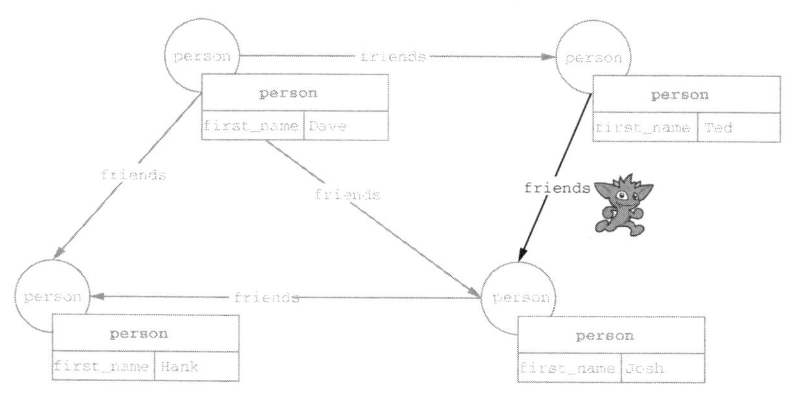

图 3-11　操作(2)：从 `Ted` 顶点遍历到相邻的 `friends` 出边

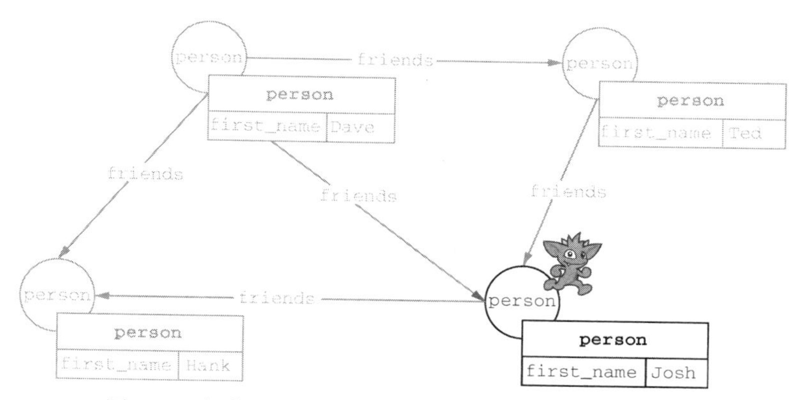

图 3-12 操作(3)：从相邻的 friends 边移动到相邻顶点

现在我们位于图中 Ted 的朋友 Josh 处，让我们看看随后两个操作是如何形成的。图 3-13 和图 3-14 展示了这种转变。

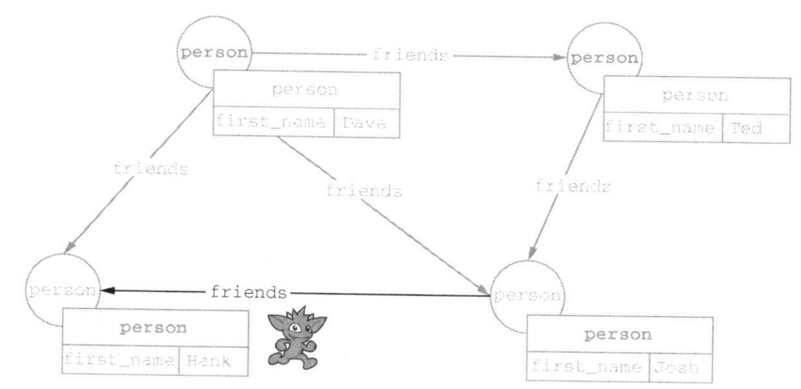

图 3-13 操作(4)：从 Ted 的朋友 Josh 顶点继续，遍历 Josh 的 friends 出边

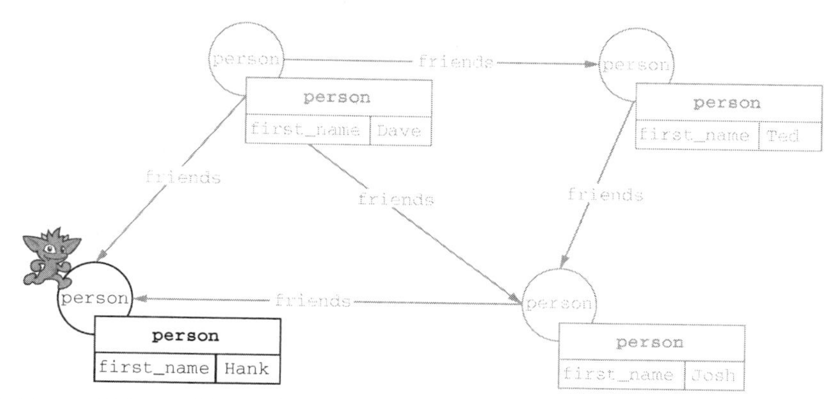

图 3-14 操作(5)：从 Ted 的朋友 Josh 顶点继续，遍历 Josh 的 friends 出边，然后移动到 Josh 的朋友

在检查文本和配图后，可以看到操作(4) ~ (5)只是对操作(2) ~ (3)的重复。这种重复操作就是我们所说的递归查询。在本例中，我们的操作只重复了一次，但许多实际用例要求多次重复查询的一部分，有时直到达到特定条件为止，这导致了重复次数不确定。

3.3.2 使用 Gremlin 编写递归遍历

现在，我们脑海里已经有一幅递归遍历如何运作的画面了，下面看看如何使用 Gremlin 来查找 Ted 朋友的朋友。回顾为 Ted 找到“朋友的朋友”所需的操作，我们注意到需要反复地遍历 friends 出边。可以通过添加另一个 out('friends')操作来扩展之前的遍历，如下所示。

```
g.V().has('person', 'first_name', 'Ted').
  out('friends').
  out('friends').
  values('first_name')

==>Hank
```

这是可行的，并且得到了正确的答案，但这仅仅是因为我们知道需要重复两次。在很多情况下，我们并不知道需要重复多少次。因此，需要一种方法来循环一系列已定义的 Gremlin 操作，直到满足一个条件并退出循环。在本例中，我们希望前面遍历的 out('friends')操作循环两次。为了在 Gremlin 中实现这一点，需要引入三个新操作。

- repeat(traversal)：重复循环遍历操作，直到接收到停止指示为止。traversal 参数表示要在循环中重复的一组 Gremlin 操作。
- times(integer)：repeat()循环的修饰符。integer 参数表示要循环执行的次数。
- until(traversal)：repeat()循环的修饰符。traversal 参数表示要为每次循环计算一遍的一组 Gremlin 操作。当 traversal 参数里的计算结果为 true 时，退出 repeat()操作。

Gremlin 的遍历参数

需要注意，repeat()和 until()操作与之前介绍的操作有一个重要的区别：之前介绍的操作接收标签、字符串或整数作为参数，repeat()和 until()操作则需要遍历(traversal)作为参数。将遍历作为参数意味着什么呢？

虽然 repeat()和 until()操作是我们对遍历参数类型的第一次介绍，但这是一种常见的模式，当我们将 Gremlin 操作都添加进工具袋后，会反复看到这种模式。当将遍历视为一个参数时，传递到操作中的是在该操作上下文中执行的一个或多个操作。对于 repeat()操作，遍历参数是要在循环中重复的一组操作。对于 until()操作，遍历参数是 repeat()操作的停止条件。

遍历参数类似于 Java 的 lambda 表达式。lambda 表达式允许提供方法参数，以在该函数的上下文中执行复杂的任务。Gremlin 的遍历参数使我们能够提供一系列 Gremlin 操作，它们可以在所传递操作的上下文里执行图中的复杂移动。如果想不断地遍历 friends 边，直到找到一个 first_name 为 Dave 的人，可以传递遍历 has('person','first_name','Dave') 到 until() 操作，如下所示。

```
g.V().has('person','first_name','Ted').
  repeat(
    out()
  ).until(has('person','first_name','Dave')).
  values('first_name')
```

注意，从 Ted 到 Dave 的遍历示例仅用于举例说明，并不会返回本章所使用示例数据的结果。好奇的读者可以查看前面的数据图来了解原因。至于懒惰的读者——好吧，这与图中边的方向有关。

有了这些新操作，就可以探索遍历“找到 Ted 朋友的朋友”是什么样子的了。

```
g.V().has('person', 'first_name', 'Ted').
  repeat(
    out('friends')
  ).times(2).
  values('first_name')

==>Hank
```

以上遍历用人类语言可以描述如下。

- 给出图中的所有顶点。
- 找到 first_name 为 Ted 的所有 person 顶点。
- 重复以下一个或多个操作。
- （重复块）通过 friends 出边走到相邻顶点。
- 执行重复块中的操作两次。
- 返回 first_name。

可以通过图 3-15 了解这些文本操作是如何与 Gremlin 的相应操作对应起来的。

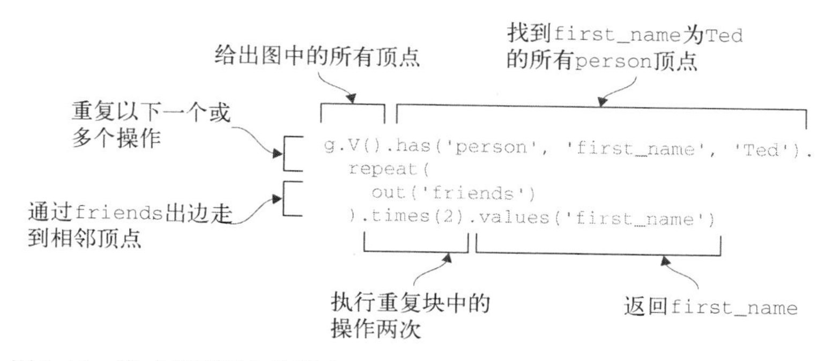

图 3-15 将“找到朋友的朋友”文本描述与 Gremlin 的相应操作对应起来

让我们在数据模型上遍历每个操作，看看是如何得到答案 Hank 的。遍历的第一个操作将查询筛选为顶点 `Ted` 上的单个遍历器，如图 3-16 所示。

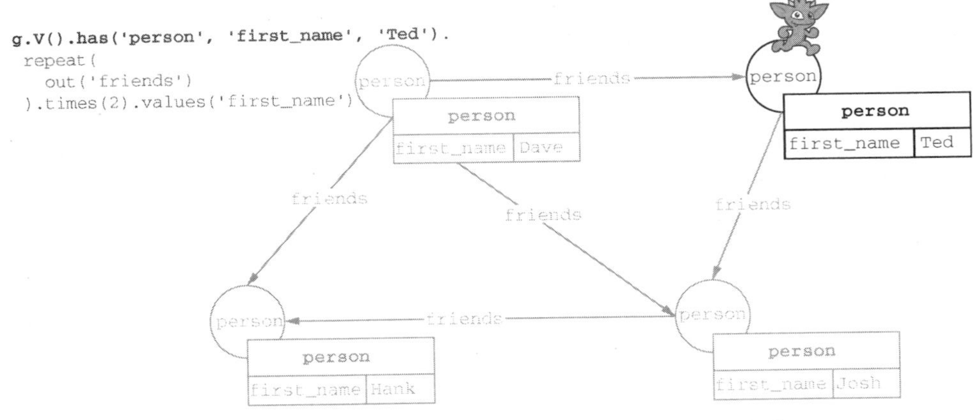

图 3-16　“找到朋友的朋友”Gremlin 遍历的第一个操作

对于遍历的第二个操作，进入 `repeat()`循环并第一次处理 `repeat()`的内部遍历，在本例中为 `out('friends')`。检查我们的图，发现只有一条 `friends` 出边。遍历后，它会把我们带到顶点 `Josh`，如图 3-17 所示。

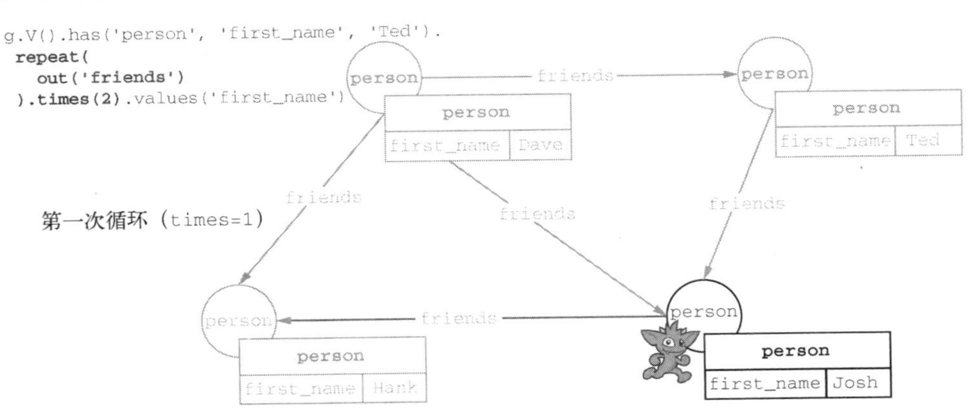

图 3-17　“找到朋友的朋友”Gremlin 遍历的第二个操作

对于遍历的第三个操作，我们再次处于 `repeat()`循环中。我们知道需要重复这个循环，因为使用 `times(2)`操作指定了想要重复这个循环两次。再次遍历所有 `friends` 出边到相邻顶点（只有一个），到达了顶点 `Hank`，如图 3-18 所示。

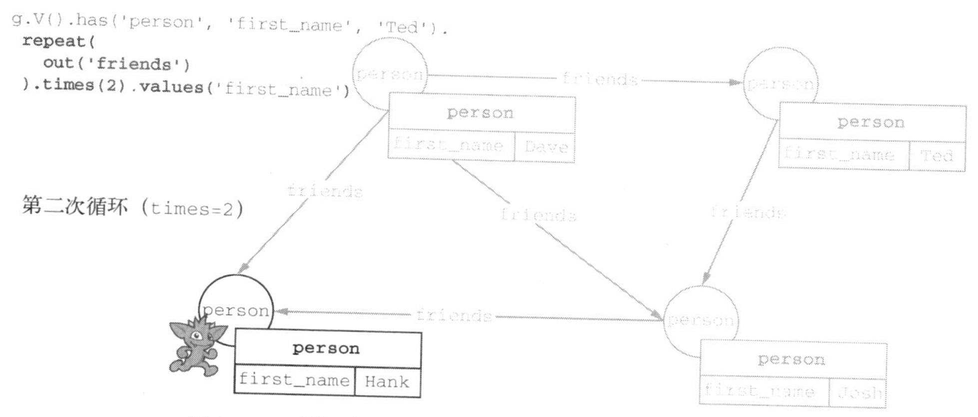

图 3-18 “找到朋友的朋友”Gremlin遍历的第三个操作

在我们的遍历中，指定通过 repeat()循环执行两次迭代。在迭代两次内部遍历之后，退出循环。遍历的最后一部分指定返回当前所处顶点的 first_name 值，在本例中为 Hank。

如果不知道需要重复多少次遍历才能从 Ted 找到 Hank，那该怎么办？假设想要继续循环，直到找到与一组特定条件相匹配的元素。对于这种不知道需要递归多少次的情况，使用 until()操作。until()操作允许持续循环，直到满足指定的条件为止。

重要提醒 使用 until()操作的查询可能会产生性能问题，因为遍历会一直运行到满足条件为止。如果条件从未满足，则继续执行，直到耗尽图中所有可能的路径。这种场景称为**无界遍历**。在使用 until()操作时，建议使用 times()操作指定最大迭代次数，或者使用 timeLimit()操作指定时间限制。

如果 until()操作在 repeat()操作之前，则循环作为 while-do 循环运行。如果 until()操作在 repeat()操作之后，则循环作为 do-while 循环运行。

do-while 与 while-do 循环

do-while 与 while-do（或者 while）循环是许多编程语言使用的编程结构。当指定的表达式为 true 时，这两个选项都连续执行一个语句块。在 Java 中，do-while 循环是这样的：

```
do {
  // 执行一些语句
} while (expression)
```

while 循环是这样的：

```
while(expression) {
  // 执行一些语句
}
```

两者的根本区别在于，do-while 循环在循环末尾才检查表达式，而 while-do 循环在循环开始就检查。这意味着，如果表达式计算结果为 false，则 do-while 仅执行一次，但 while-do 循环不会执行。换句话说，do-while 循环总是至少执行一次，而 while 循环则可能根本不执行。

如果想要编写一个遍历从顶点 Ted 查找顶点 Hank，而不知道到达该值所需要的循环次数，可以使用 until()操作，如下所示。

```
g.V().has('person', 'first_name', 'Ted').
  until(has('person', 'first_name', 'Hank')).
  repeat(
    out('friends')
  ).
  values('first_name')

==>Hank
```

尽管这个遍历返回了我们期望的数据，但它只提供了关于 Hank 的信息，没有包含如何从 Ted 遍历到 Hank 的信息。这只能说明两者连接着的。如果我们想看看 Ted 和 Hank 是怎么连接起来的呢?

为了找出中间操作，需要为 repeat()操作引入修饰符操作 emit()。emit()操作通知 repeat()操作在循环当前位置发送值到控制台。让我们将 emit()添加到遍历中，并检查结果。

```
g.V().has('person', 'first_name', 'Ted').
  until(has('person', 'first_name', 'Hank')).
  repeat(
    out('friends')
  ).emit().
  values('first_name')
==>Josh
==>Hank
==>Hank
```

有趣的是，我们在结果中发现了两个 Hank。记住，如果在重复之前使用 until()操作，就是一个 while-do 方法。当执行这个遍历时，会发生以下情况。

- 给出图中的所有顶点。
- 找到 first_name 为 Ted 的 person 顶点。
- 对 until()语句进行计算，检查当前是否处于 first_name 为 Hank 的 person 顶点（在这次迭代中为 false）。
- 通过 friends 出边遍历到相邻顶点。
- 发送当前顶点到控制台（在这次迭代中为 Josh）。
- 对 until()语句进行计算，检查当前是否处于 first_name 为 Hank 的 person 顶点（在这次迭代中还是为 false）。
- 通过 friends 出边遍历到相邻顶点。

- 发送当前顶点到控制台（在这次迭代中为 Hank）。
- 对 until()语句进行计算，检查当前是否处于 first_name 为 Hank 的 person 顶点（在这次迭代中为 true）
- 发送当前顶点的 first_name 属性（Hank）到控制台。

通过在遍历图时发送顶点到控制台，最终得到了三个顶点，其中两个是一样的。这个重复的顶点，一次是在循环中发送的，一次是作为最后的当前顶点发送的。这就是为什么结果里包含一个重复的 Hank。但是如果想把 Ted 作为结果的一部分呢？也许还能把那个多余的 Hank 处理掉？

注意 emit()操作与 until()操作类似，放在 repeat()操作之前或之后会影响它的行为。如果 emit()放置在 repeat()之前，会包含起始顶点。如果放置在 repeat()之后，则只会发送循环部分遍历的顶点。

为了让 Ted 成为结果的一部分，需要将 emit()操作移到 repeat()操作之前，如下所示。

```
g.V().has('person', 'first_name', 'Ted').
  until(has('person', 'first_name', 'Hank')).
  emit().
  repeat(
    out('friends')
  ).
  values('first_name')

==>Ted
==>Josh
==>Hank
```

为什么这个遍历会添加 Ted 并删除重复的 Hank 呢？让我们仔细看看它是如何工作的，看看能否发现为什么移动 emit()可以解决这两个问题。

- 给出图中的所有顶点。
- 找到 first_name 为 Ted 的 person 顶点。
- 对 until()语句进行计算，检查当前是否处于 first_name 为 Hank 的 person 顶点（在这次迭代中为 false）。
- 发送当前顶点到控制台（本例中为 Ted）。
- 通过 friends 出边遍历到相邻顶点。
- 对 until()语句进行计算，检查当前是否处于 first_name 为 Hank 的 person 顶点（在这次迭代还是为 false）。
- 发送当前顶点到控制台（本例中为 Josh）。
- 通过 friends 出边遍历到相邻顶点。
- 对 until()语句进行计算，检查当前是否处于 first_name 为 Hank 的 person 顶点（在这次迭代中为 true）。
- 发送当前顶点的 first_name 属性（Hank）到控制台。

通过将 `emit()` 放置在 `repeat()` 之前，遍历不仅返回了初始顶点（`Ted`），还避免了重复最终顶点（`Hank`）。这种根据 `emit()` 操作的位置来组合 `do-while` 和 `while-do` 功能的能力为定义递归查询返回的结果提供了巨大的灵活性。然而，这种灵活性是以增加复杂性为代价的。正如这个例子所示，仅仅更改 `emit()` 操作的位置也会修改递归循环的结果。

图遍历语言，尤其是 Gremlin，提供了一套丰富的工具，用于在单个遍历中遍历和循环遍历图结构。如果将在图中编写递归查询的简单性与在 SQL 中回答相同类型问题的复杂性进行比较，你会开始注意到为什么图数据库擅长回答这类问题。

在本章中，我们学习了许多关于遍历如何工作的基本构建块。第 4 章将用另一个强大的工具来扩展这些构建块——**路径**。路径允许返回这样的结果：不仅包括遍历的结束位置，还包括遍历图到达那里的路线。

3.4 小结

- 在图中移动的过程称为遍历图。定义如何遍历图的一组操作称为遍历（traversal）。
- 遍历图是通过一系列操作完成的。每个操作都从上一个操作结束的位置继续。
- 遍历图需要我们了解图的结构，我们任何时间在图中的位置，以及每个位置的相邻边、相邻顶点和可用属性。
- 了解我们想要从特定位置遍历边的方向是至关重要的，因为在编写遍历时需要它。
- 图遍历语言经过优化，可以使用已知或未知数量的循环来处理递归遍历。

第 4 章

寻路遍历与图变异

本章内容

- 编写遍历语句来添加、修改和删除顶点、边和属性
- 寻找连接两个顶点的路径
- 通过边和边的属性来优化寻路遍历

自从 GPS 设备和智能手机出现后，迷路这件事情就很少见了。停在本地服务站问路的经历也成了久远的记忆。尽管在现实世界中，恐怕我们的导航能力正在退化，但是在数据领域，图寻路算法将挽救这种能力，或者说把这种能力沉淀在数字化里。

第 3 章强调，始终知道你在图中的位置在编写遍历的过程中至关重要。本章将通过寻路算法把这一概念延展开来。**路径**（path）是在遍历中从开始顶点访问到结束顶点之间的所有顶点和边的列表。路径不仅告诉我们两个顶点是连接的，而且展示了它们之间的所有中间元素。路径是一张图中两个顶点之间的导航方向。但是在一个只含有四个顶点的图中，并没有很多的寻路选项，因此我们将首先通过添加更多的数据来使图变异。**变异**（mutation）可以简单地被理解为通过添加、修改或删除顶点、边和/或属性来改变图。

对图进行扩展之后，我们将使用寻路算法来扩展在第 3 章学到的递归遍历知识。我们将通过在边上进行筛选来优化寻路遍历，从而结束这段旅程。在本章结束时，你将知道如何在图中添加、编辑和删除元素，如何通过寻路算法扩展递归遍历，以及如何在边上进行筛选来优化这些算法。

如果你还没有下载本章的相应代码，可以从 ituring.cn/book/2889 下载，本章代码在 chapter04 文件夹里。所有例子都假设简单社交网络的数据集已经被加载。这实际上和第 3 章使用的数据集是一样的，但本章会为它添加更多的顶点和边。

打开一个终端窗口，导航到 Gremlin Console 的解压目录。在 macOS 或 Linux 系统中，运行含有以下参数的 Gremlin Console 命令：

```
bin/gremlin.sh -i $BASE_DIR/chapter04/scripts/4.1-simple-social-network.groovy
```

在 Windows 系统中，命令为：

```
bin\gremlin.bat -i $BASE_DIR\chapter04\scripts\4.1-simple-social-network.groovy
```

4.1　图变异

到目前为止，我们都是在一个准备好的小型数据集上工作。图 4-1 展示了当前的社交网络数据。

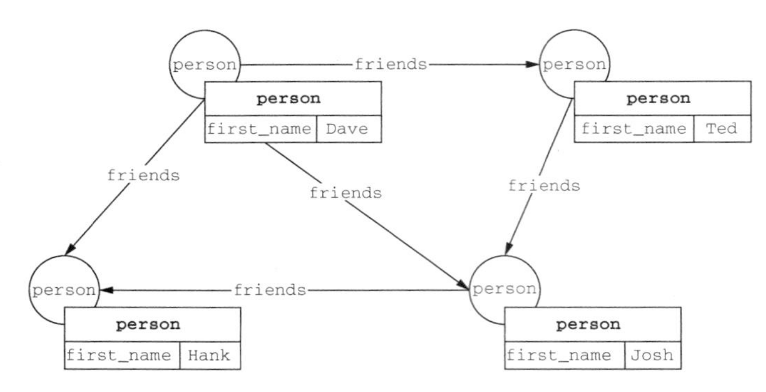

图 4-1　含有在第 3 章使用的小型社交网络数据集的图

尽管这个简单的图在第 3 章的基本遍历中表现良好，但是它的数据集实在太简单了。为了演示寻路算法，需要一个有更多数据的图，因此我们把它变成如图 4-2 所示。

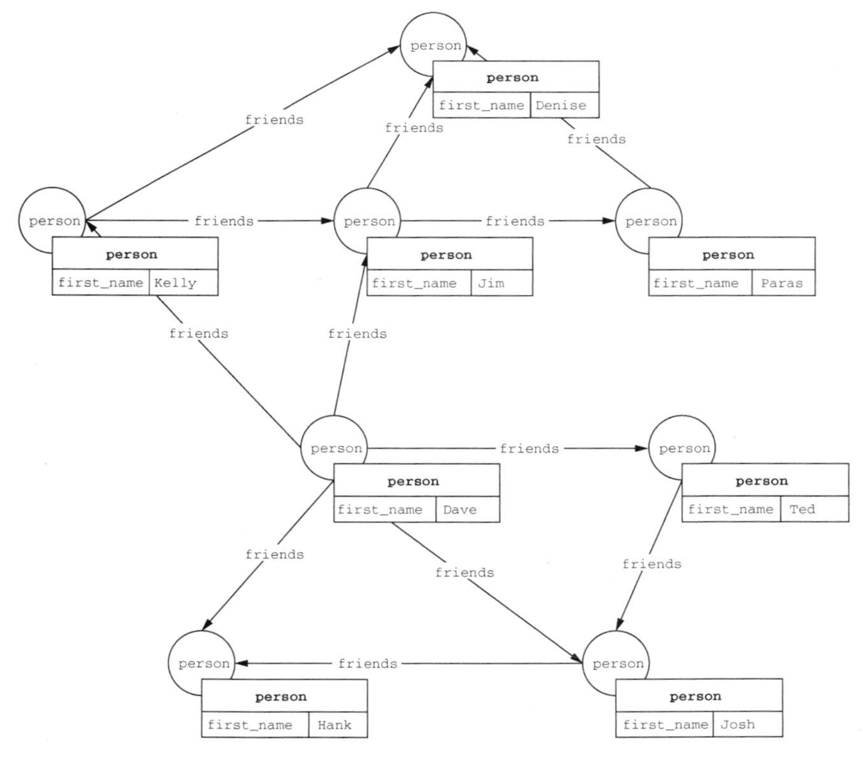

图 4-2　含有用于查找路径的更大的社交网络图

现在它开始有模有样，看起来像一张图了。但是有一个新的问题：我们是怎样帮这张图增加数据的呢？

4.1.1 添加顶点和边

在图数据库中创建实体的基本概念并非和关系数据库中截然不同。创建新的顶点包括添加适当的元素和属性。然而，创建新的边则更加复杂，因为需要为边的两端指定顶点。

1. 添加顶点

以在图中添加一个叫 Dave 的人为例。通过第 3 章的图遍历知识，我们能想到这样的添加顶点过程。

- ❑ 给定一个遍历源 g。
- ❑ 添加一个新的顶点，类型是 person。
- ❑ 在该顶点上添加一个属性，键是 first_name，值是 Dave。

好，这看起来很直接，也很简单。如果用 SQL 来表达的话，将会是这样的。

```
INSERT INTO person (first_name) VALUES ('Dave');
```

这个过程在图数据库中其实也差不多。我们看看 Gremlin 遍历的相应过程，如图 4-3 所示。

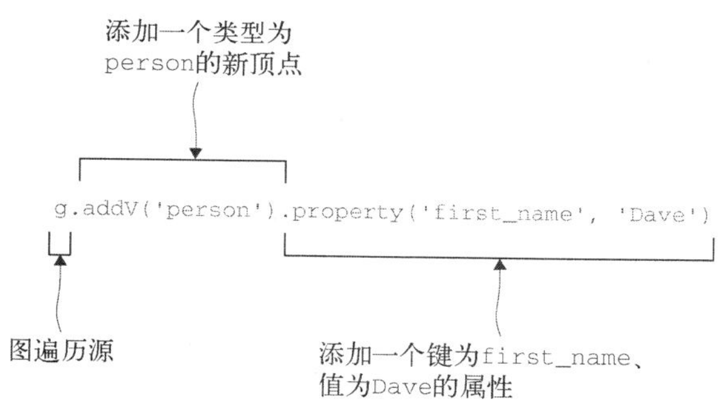

图 4-3 添加 Dave 顶点的相应 Gremlin 操作

通过这些操作，可以看到添加顶点的过程和在关系数据库中添加行有些相似。这个遍历也介绍了图变异的前两个操作。

- ❑ addV(label)：在图中增加一个类型为 label 的顶点并返回这个新增顶点的引用。
- ❑ property(key, value)：在顶点或边上增加一个属性。该属性包含指定的 key 和 value。这将返回对进入该操作的顶点或边的引用，作为一个副作用。

如果在 Gremlin Console 里运行这个遍历语句，将得到以下结果。

```
g.addV('person').property('first_name', 'Dave')

==>v[13]
```

有关变异和图操作要注意的地方

第 3 章提到了两个图操作：V()和 E()，它们是用来筛选遍历的。我们并没有用它们来使图发生变异。下面讨论一下为什么。

变异遍历或变异过程是在某种程度上改变图的内容或结构的操作。本章首先聚焦在这些操作上，从 addV()、addE()和 property()开始。

V()操作不仅代表图中的所有顶点，也会返回所有顶点。下一个操作将在上一步操作输出的每个元素上执行。如果在图中错误地执行 g.V().addV('person')，那么图中的每一个现有顶点都会被添加一个 person 顶点。

在某些情况下，这可能是我们想要的结果，但是我们质疑这种情况的普遍性。更多时候，只需要为每一个 addV()操作增加一个单一顶点，所以不需要包含 V()这个操作。

太好了，我们得到了这个顶点的唯一的识别码。在本例中，它返回了 v[13]。

注意　即使你运行这个遍历语句但不能得到相同的顶点 ID，也别担心。这个 ID 值是根据数据库的当前状态内部生成的。只要你能得到一个值，就可以了。

现在有了 Dave 顶点，让我们看看这个顶点是否如预期那样被添加到了数据库中。通过运行一个查找所有 first_name 为 Dave 的 person 顶点的遍历语句来验证。

```
g.V().has('person', 'first_name', 'Dave')

==>v[0]
==>v[13]
```

等等，为什么返回了两个顶点呢？在本章开头，我们的数据库中已经有了一个 first_name 属性值为 Dave 的顶点（如图 4-1 所示）。然后，运行 addV()遍历语句添加了第二个 first_name 属性值为 Dave 的顶点。这就相当于在关系数据库中插入同一行内容相同的数据，但主键值自动增加成了不同的数值。

顶点 ID 值：生成和用途

在前面的例子中，我们向图添加了一个顶点，而且它被自动分配了一个 ID 值 13：g.V(13)。这个 ID 值是由数据库自动生成的。不同数据库的生成机制不一样。有些数据库，像 Gremlin Server，在顶点上使用简单整数（32 位），在边上使用长整数（64 位）。其他图数据库引擎可能会使用 UUID 或 GUID——一段编码字符串或某类的哈希值。虽然可以在代码中运用这些值，但最佳实践是不去使用它们。

顶点的 ID 值应该被视为图数据库引擎的内部信息，而对数据库引擎等工具的内部信息，你应该保持足够的警惕。这些由引擎维护的内部信息在某种意义上说是引擎开发人员的宝物。但为了应用程序的需要而在应用代码中使用它们则是极其危险的。

知道了如何添加顶点，让我们来看看如何通过边来连接顶点吧。

2. 添加边

把顶点连接到边就像在一片新大陆上探险，因为关系数据库世界里并没有相关的概念。在关系数据库世界里，实体间的连接是通过外键隐式实现的。在图的世界里，这些连接需要通过边来显式添加。假设想在顶点 Ted 和顶点 Hank 之间添加一条 friends 边，过程如下。

- 给定一个遍历源 g。
- 添加一条标签为 friends 的边。
- 分配边的出顶点是键为 first_name、值为 Ted 的顶点。
- 分配边的入顶点是键为 first_name、值为 Hank 的顶点。

从这个过程可以看到，添加新顶点和新边的主要区别是：在添加边时，需要为它指定入顶点和出顶点。我们将运用在第 3 章学到的手段来筛选和定位这些顶点。看一下如何在 Gremlin 遍历中实现这一点，如图 4-4 所示。

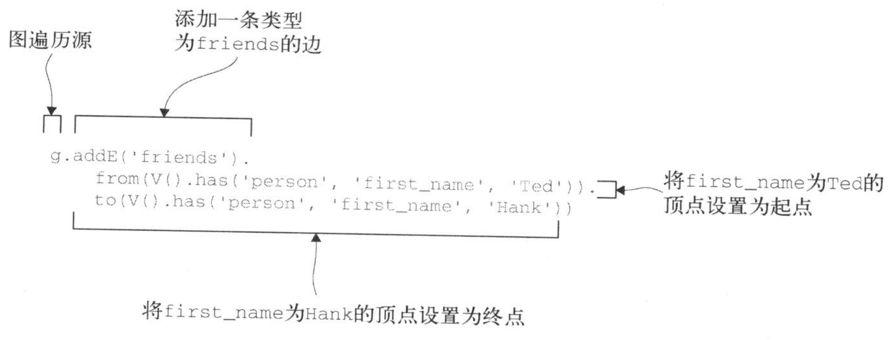

图 4-4　添加从 Ted 顶点到 Hank 顶点的边的 Gremlin 操作

从图 4-4 可以看到，添加时需要遍历语句先插入一条边，然后指定连接该边的入顶点和出顶点。要用 Gremlin 实现这个过程，需要使用一个新的操作和两个操作调节器。

- addE(label)：添加一条标签为 label 的边。
- from(vertex)：指定边从哪个顶点开始的调节器。
- to(vertex)：指定边在哪个顶点结束的调节器。

像 from()和 to()这样的操作调节器不能单独使用。我们利用它们为其关联的操作（在本例中为 addE()操作）提供配置。虽然术语**调节器**来源于 TinkerPop，但提供开始顶点和结束顶点的细节则是通用需求。不管使用哪种引擎或语言，创建边都需要知道开始顶点和结束顶点。

眼尖的朋友会发现，我们在遍历语句的中间用了一个 V()操作。这种在一个遍历中开启另一个图遍历的能力像极了 SQL 中在 SELECT 内执行另一个 SELECT。

```
SELECT * FROM table1 WHERE id = (SELECT id1 FROM table2);
```

让我们看看在 Gremlin Console 中运行图 4-4 所示代码的结果吧。在以下的例子中，我们强行在 from()调节器和 to()调节器之间增加了一些换行，来凸显子遍历。

```
g.addE('friends').
  from(
    V().has('person', 'first_name', 'Ted')
  ).
  to(
    V().has('person', 'first_name', 'Hank')
  )

==>e[15][4-friends->6]
```

再次欢呼吧，因为我们为图添加了一条边！知道了怎么往图里“添砖加瓦”，现在来看看怎样将其删除吧。

4.1.2　从图中删除数据

就像添加数据那样，从图中删除数据并不比在关系数据库中删除数据更困难。我们来研究一下怎样从图中删除顶点和边。

1. 删除顶点

从图中删除一个顶点和在关系数据库中删除一行数据很类似。删除顶点的过程如下。

- 给定一个遍历源 g。
- 找到一个 ID 为 13 的顶点。
- 删除这个顶点。

在关系数据库中，我们使用 SQL 语句来完成，比如以下代码。

```
DELETE FROM person WHERE person_id = 13;
```

来看看如何在 Gremlin Console 中实现同样的过程，如图 4-5 所示。

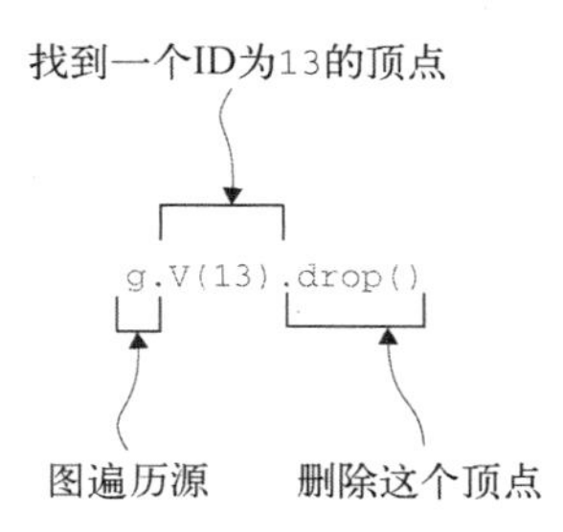

图 4-5　删除一个顶点的相应 Gremlin 操作

细看这个遍历语句，我们注意到有两个新的 Gremlin 操作。

- V(id)：返回 id 指定的顶点。这个 id 是由 Gremlin Server（其选择的数据库）分配和维护的内部 ID。
- drop()：删除任何经过它的顶点、边或属性。

让我们在 Gremlin Console 中运行图 4-5 所示的代码，看看结果如何。

```
g.V(13).drop()
```

没有任何返回结果。确定它真的执行了吗？我们来查看这个顶点是否还存在。

```
g.V().has('person', 'first_name', 'Dave')
==>v[0]
```

这个 drop 命令当然生效了，因为没有返回错误，而且现在只有一个 Dave 顶点了。（还记得之前有两个吗？）但是为什么 drop()操作没有返回任何结果呢？drop()操作和目前学到的其他 Gremlin 操作不一样。发挥作用之后，它不会向客户端返回任何消息。这有些出人意料，但它确实完成了删除顶点这项工作。第 6 章会创建一个遍历语句来报告受 drop()操作影响的顶点数量。

2. 删除边

从图中删除一条边有两种方式。第一种方式是，如果删除开始顶点或结束顶点，那么任何与该顶点关联的边也会被删除，这是图数据库版本的引用完整性体现。这和关系数据库类似，因为在关系数据库中，关系并不会被显式创建或破坏，而是通过外键来隐式表达。第二种方式是显式地删除它们，留下开始顶点和结束顶点。想通过第二种方式删除一条边，我们要做三件事。

- 给定一个遍历源 g。
- 找到一条 ID 为 15 的边。
- 删除这条边。

图 4-6 展示了这个过程对应的 Gremlin 遍历。

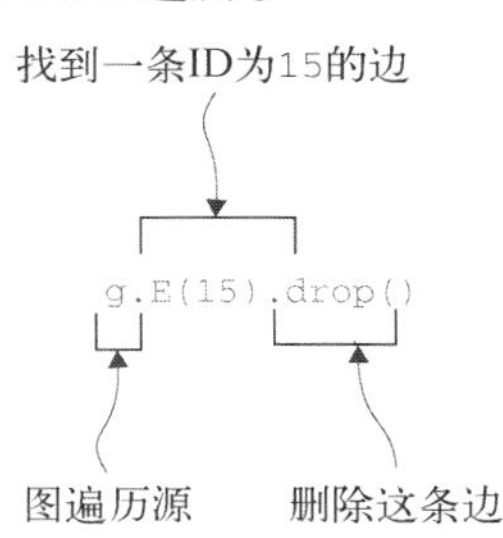

图 4-6 删除一条边的对应 Gremlin 操作

注意 在 TinkerPop 中，g.E()的默认实现需要一个类型为 Long 而不是 int 的参数，在 Java 中要留意这一点。

仔细查看这个遍历语句，我们注意到它几乎和删除顶点的语句一模一样。这种相似的语法也昭示了顶点和边在图数据库中同等重要。

还有一些不需要知道内部 ID 值也能删除顶点和边的方法，比如筛选出顶点并删除它们。第 6 章将详细探讨如何实现，现在先关注 drop()操作的基本用法。

4.1.3 修改图

到现在，我们知道了如何在图中添加和删除顶点和边。还有一个主要的变异操作：在图中修改属性。如果你能完全跟随我们的脚步，并完全正确地输入了所有文字，那么你做得很棒。但是，万一你在添加顶点时意外地把 Dave 打成了 Dav，该怎么办呢？怎样才能修正这个错误呢？要执行这类修改，我们要做以下三件事。

- 给定一个遍历源 g。
- 找到一个键为 first_name、值为 Dav 的顶点。
- 修改该顶点的属性，将其值改为 Dave。

在 SQL 中，这相当于执行以下语句。

```
UPDATE person SET first_name = 'Dave' WHERE first_name = 'Dav';
```

幸运的是，我们已经学过了设置属性值的操作。我们知道如何使用 has()查找含有指定属性的顶点，而且知道如何使用 property()设置属性值。

练习　用一分钟看看你是否可以写一个修改属性值的遍历语句。

希望你已经写出了自己的遍历语句。它看起来应该是这样的。

```
g.V().has('person', 'first_name', 'Dav').
      property('first_name', 'Dave')

==>v[18]
```

如果这个遍历是合理的，那么你将看到我们如何把图查询语言的基本操作合并成更复杂的操作。在本章开头，我们运行了一个添加数据到图里的脚本。请仔细观察那个脚本的每一个操作。这里只展现基本的 Gremlin 操作，忽略连接的逻辑或代码注释。

```
g.V().drop().iterate()

dave = g.addV('person').property('first_name', 'Dave').next()
josh = g.addV('person').property('first_name', 'Josh').next()
ted = g.addV('person').property('first_name', 'Ted').next()
hank = g.addV('person').property('first_name', 'Hank').next()

g.addE('friends').from(dave).to(ted).next()
g.addE('friends').from(dave).to(josh).next()
g.addE('friends').from(dave).to(hank).next()
g.addE('friends').from(josh).to(hank).next()
g.addE('friends').from(ted).to(josh).next()
```

1. 脚本变异

我们知道了如何一个一个地添加新的顶点和边，但如果想使这些操作更高效，并把它们集合成脚本或批量操作的一部分，那该怎么做呢？其实在本章开头，在 Gremlin Console 中运行脚本 4.1-simple-social-network.groovy 时，我们就是这么做的。这个脚本执行了一系列变异操作来加载数据到图中。我们来看看这个脚本是如何把一系列变异操作链接起来的。我们会跳过以:remote 开头的前五行，它们是配置 Gremlin Console 与 Gremlin Server 连接的，附录将介绍配置的细节。

Gremlin 代码的第一行是 g.V().drop().iterate()，用来清除图中的所有数据。这个语句确保该脚本是可以重复运行的，因为它在开始的时候总会清除所有现有数据。这个语句看起来很熟悉，除了 iterate()操作。iterate()操作和 next()操作类似，都会触发遍历。两者的主要区别是，iterate()操作不会返回结果，而 next()操作会返回遍历的结果。可以这样理解这一行："对于图中的每一个顶点，删除它而且不返回任何结果。"

稍后将更详细地讨论 next()操作和同类的终端操作。由于 drop()操作不返回值，因此这里使用 iterate()操作比 next()操作更合适。现在到了这个脚本的"重头戏"——添加数据的部分。来看看这一行。

```
dave = g.addV('person').property('first_name', 'Dave').next()
```

它和之前写的变异遍历不太一样。具体地说，这个 dave 的值是什么，又为什么会包含一个 next()操作呢？这行脚本创建了一些会被复用的元素。也就是说，要在添加边之前把相应的顶点创建好。我们需要 dave 的值和 next()操作来实现这个复用的需求。我们很快会进一步解释这一点，但首先尝试用自然语言来编写这个遍历，会得到以下内容（图 4-7 演示了这个过程怎么被编码为 Gremlin 操作）。

- 声明保存遍历结果的变量 dave。
- 给定一个遍历源 g。
- 添加一个含有标签 person 的新顶点。
- 为这个顶点添加一个键为 first_name、值为 Dave 的属性。
- 执行这些操作，返回迭代中的第一个（下一个）项作为结果。

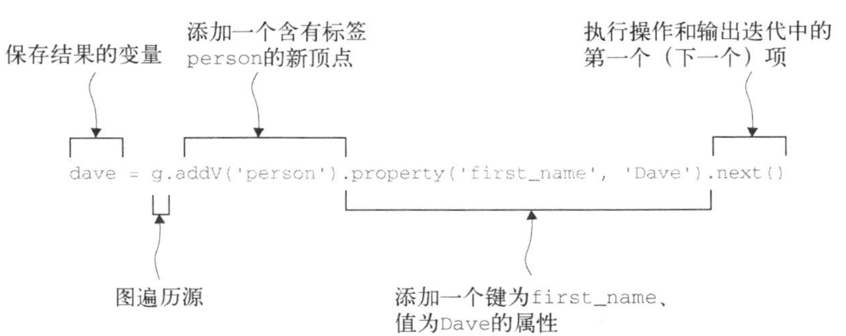

图 4-7 添加 first_name 为 Dave 的 person 顶点的对应 Gremlin 操作

首先，dave 是用来保存遍历输出的变量。在本例中，它是稍后会在脚本中使用的顶点的引用。

Gremlin Console 和 Groovy 语言

Gremlin Console 的一个特性是能和 Groovy 配合使用。Groovy 是 Java 编程语言的一个超集。从技术上说，Gremlin Console 就是 Groovy 交互式解释器（read-eval-print loop，REPL）。它既可以作为一个独立的程序运行，也可以很容易地在其他程序中作为整体程序的一部分使用。作为 Groovy 交互式解释器，它允许将赋值语句的输出分配到一个变量，而不需要事先声明该变量的数据类型。这是不是很有 Groovy 的风格？

变量是图世界中另一种差别的源头。其他查询语言，如 Cypher，不支持这种跨请求的查询，甚至在支持 TinkerPop 的图数据库间的支持程度都不一样。比如，不管是 Azure 的 CosmosDB 还是 Amazon Nepture，都没有这个功能，然而 JanusGraph 和 DataStax Enterprise Graph 则完全支持。如果查询语言和数据库支持变量的话，我们推荐使用它们，因为变量可以极大地简化某些操作，比如把添加顶点和边的操作串联在一起，正如在本章所做的。

图 4-7 所示脚本的第二个不同之处是 `next()` 操作。这是一个类似于 `iterate()` 的终端操作。可以把它想成一个强制遍历循环的操作，因此也可以放入我们的工具袋。

- `next()`：一个终端操作，它从上一个操作获得迭代遍历源，迭代一次，然后返回迭代中的第一个或下一个项。

由于 Gremlin 是懒求值的（lazily evaluated，因此只有当访问对象里的元素时，函数才会被调用），需要迭代遍历以获得结果。否则，只会得到一个含有期望结果的迭代集，但它在执行迭代前毫无用处。

Gremlin Console 和终端操作

由 Apache TinkerPop 项目提供的 Gremlin Console 是一个使用 Gremlin 语言的不错工具，它可以和内存中的图（如 TinkerGraph）或服务器（如 Gremlin Server）交互。事实上，它有助于**自动**迭代出结果。

在 Gremlin 中，每一个操作都先获取一个遍历源，这个遍历源就是一种迭代集。可以把迭代集想象成一个含有所有结果的数据包。我们需要的是里面的结果，但是得到的是含有结果的数据包。Gremlin Console 就是那个兴奋地打开礼品包装的小精灵，把里面的结果给我们。换句话说，Gremlin Console 自动地为我们迭代了结果。由于这一点很重要，因此要重申一次：**Gremlin Console 会自动地迭代结果**。

这非常好，直到我们不通过 Gremlin Console 使用 Gremlin 时（比如在第 6 章，当我们编写应用程序时）。在那种情况下，要自行打开数据包来获取结果。我们使用像 `next()` 这样的终端操作来实现。

在本章和后续章节中，我们将省略这些终端操作以增强可读性，而且 Gremlin Console 会自动地为我们迭代结果。然而，当要把结果赋值给一个变量时，则不得不包含终端操作。否则，整个迭代集会被分配到变量中，而不只是迭代集里的那些结果。

这个脚本在 Gremlin Console 启动后就执行了这个遍历，而且有两个结果：第一个是，图有了一个新添加的顶点；第二个是，Gremlin Console 现在有一个被以该遍历的输出赋值的变量 `dave`。在本例中，变量 `dave` 是新添加的那个顶点的引用。整个遍历可以被重新运行，但会创建另一个顶点，而且会被赋值到已有的那个 `dave` 变量里（这不是一个幂等的操作）。

```
dave = g.addV('person').property('first_name', 'Dave').next()

==>v[16]
```

只需要直接输入变量名，就可以查看 dave 变量的值。

```
dave

==>v[16]
```

现在，新增顶点的引用被保存在了变量中。看看这个脚本接下来的三行，能看到相同的模式应用在了其他顶点上。

```
josh = g.addV('person').property('first_name', 'Josh').next()
ted = g.addV('person').property('first_name', 'Ted').next()
hank = g.addV('person').property('first_name', 'Hank').next()
```

运行到此为止的脚本，会得到一个含有四个顶点但没有边的图，如图 4-8 所示。

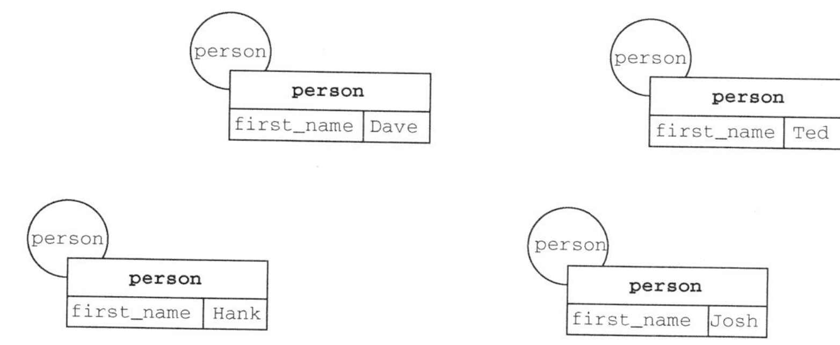

图 4-8 如果脚本在创建四个顶点后就停止的话，我们得到的图

让我们看看下一行，如何在添加边时利用这些变量。

```
g.addE('friends').from(dave).to(ted)
```

如果用自然语言描述，这个遍历如下所示。

- 给定一个遍历源 g。
- 增加一条标签为 friends 的边。
- 出顶点指向 dave 变量。
- 入顶点指向 ted 变量。

我们来看看如何将该过程编码为 Gremlin 语句，如图 4-9 所示。

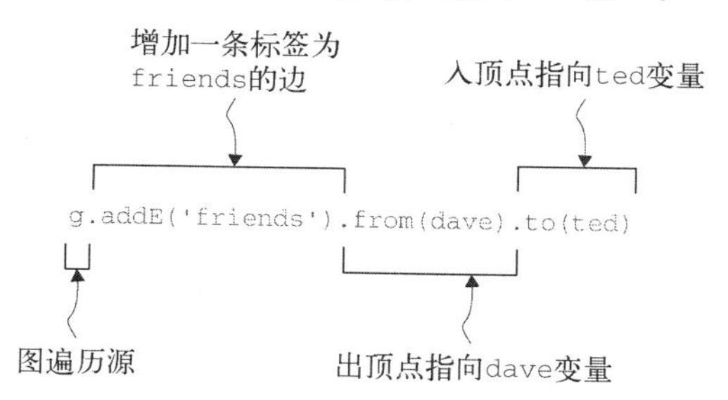

图 4-9 在变量 dave 和 ted 之间添加边的对应 Gremlin 操作

这看起来很像之前写的 addE() 的遍历，只不过没有寻找 Ted 和 Hank 顶点，而是引用了在脚本前面赋过值的变量。这种在脚本后面引用顶点的能力更清晰地说明了为什么要在前面创建这些变量。而且，在更大的图中，利用内存中的变量也比重复地查找和搜索更具有性能优势。最后，脚本的剩余部分添加了如图 4-10 所示的图最后需要的边。

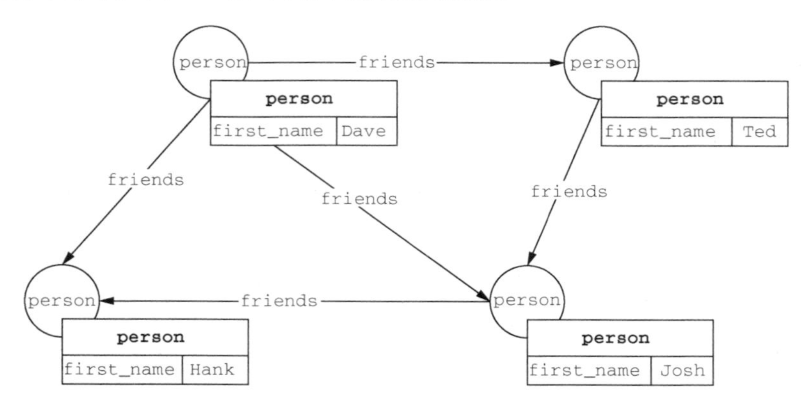

图 4-10　由脚本 4.1-simple-social-network.groovy 生成的图

我们可以通过写脚本来同时添加更多数据。然而，这仅适合支持变量的数据库。怎样才能在不支持变量的数据库里实现同样的目标呢？

2. 链式变异

在图数据库中，变异可以链接在一起，以同时执行多个变更。在上一节中，我们看到了如何通过脚本分别执行多个变异遍历来创建图。选择这种方式只是为了教学目的而简化脚本。如果有需要，完全可以通过一个遍历把多个变异链接在一起来添加所有的边。

在不同的数据库之间，甚至支持 TinkerPop 的数据库里，变异遍历的操作方式取决于产品的具体实现。在某些数据库中，链式变异允许被原子式地执行，也就是说作为一个独立的逻辑操作来执行。这就像关系数据库中的一个事务，要么所有变异都被执行，要么全都不执行。在其他数据库中，每个变异都会被单独处理，即使它们在一个遍历中被链接在一起。请查看数据库产品说明书来理解具体的工作机制。让我们看看怎样通过把所有变异链接在一个遍历中来添加边。

```
g.addE('friends').from(dave).to(josh).
  addE('friends').from(dave).to(hank).
  addE('friends').from(josh).to(hank).
  addE('friends').from(ted).to(josh).iterate()
```

如果用自然语言描述，这个遍历如下所示。

- 给定一个遍历源 g。
- 添加一条从 dave 到 josh 的标签为 friends 的边。
- 添加一条从 dave 到 hank 的标签为 friends 的边。

- 添加一条从 josh 到 hank 的标签为 friends 的边。
- 添加一条从 ted 到 josh 的标签为 friends 的边。
- 应用以上所有变更，不返回任何结果。

我们通过一个遍历来实现这个过程，并为每个操作提供注释，如图 4-11 所示。

```
g.addE('friends').from(dave).to(josh).                    添加从dave到josh的边
  addE('friends').from(dave).to(hank).                    添加从dave到hank的边
  addE('friends').from(josh).to(hank).                    添加从josh到hank的边
  addE('friends').from(ted).to(josh).iterate()            添加从ted到josh的边，
                                                          并迭代整个遍历
```

图 4-11 在 Gremlin 中链接多个变异操作

在图 4-11 中，我们注意到每一行（除了最后一行）都以句点结束。这些 addE()操作都被链接在了一起，都在一个同源的遍历中执行。

重要提醒 要在一个语句中包含复杂的操作，链接操作是 Gremlin 中的基本策略，正如在其他查询语言中那样。这个概念是，每一个操作从上一个操作的输出获取数据，并在处理后将该数据交给下一个操作。Gremlin 之所以可以这么做，是因为在每一个操作上，它都把迭代集 GraphTraversal 作为输入，然后把每一个操作的结果输出到 GraphTraversal。对于熟悉函数式编程的朋友来说，这一切都似曾相识。

据我们所知，这种把多个语句链接成一个查询语句的能力在 SQL 和像 Cypher 这样的其他图查询语言中并非不可能。在关系数据库中，这相当于在一个语句中执行多个 INSERT 操作，或者运用多个 CTE 来合并多个复杂的操作。在 SQL 中，当一次性提交多个以分号分隔的语句时，它们会被按顺序逐一执行。再看看图 4-11 所示的 Gremlin 语句：它是一个遍历，包含多个会被同时执行的变异。

4.1.4 扩展图

本章开头提到，需要在开始路径方面的工作之前扩展图，增加数据。到目前为止，我们学习了创建顶点、边和属性。然而，我们只添加了和第 3 章中相同的四个顶点和五条边。由于已经有了往图里添加数据的所有工具，我们把它们放在一起使用。图 4-12 突出展示了那些在开始理解路径之前需要添加的数据。

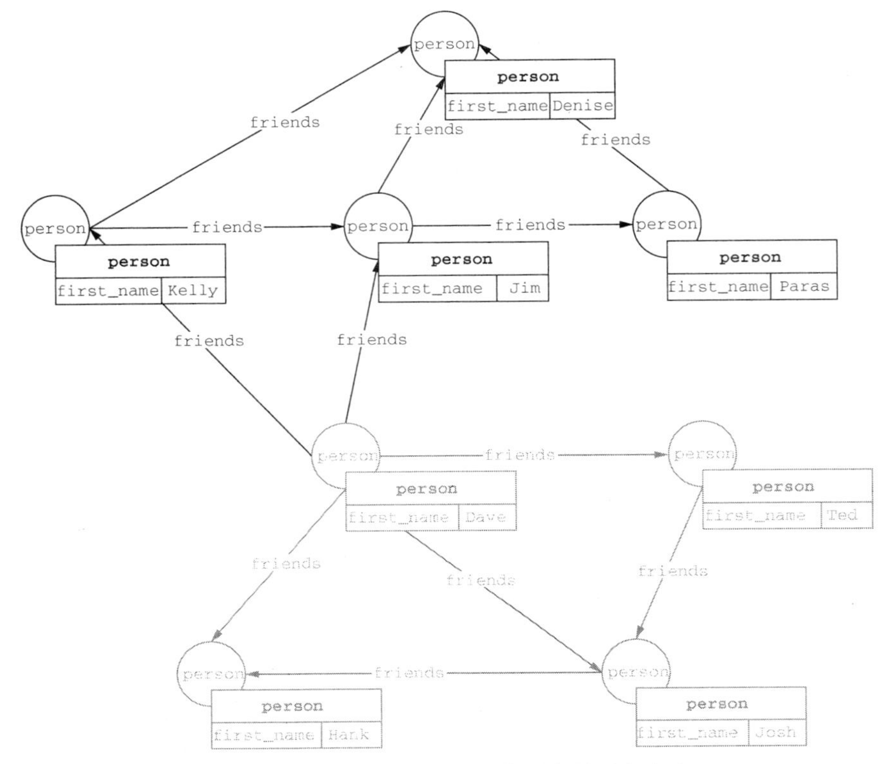

图 4-12　需要添加到社交网络图中的顶点和边

练习　编写一个 Gremlin 遍历，将图 4-12 突出展示的数据添加到图中。

希望你在看答案之前，能花一些时间来尝试独立完成上面的练习。我们写了两种方式来把必要的元素添加到图中。既可以通过在 Gremlin Console 中重新执行以下脚本：

```
chapter04/scripts/4.2-complex-social-network.groovy
```

又可以通过以下命令来添加数据。

```
// 添加一个名为 Kelly 的 person 顶点，并将其保存在变量中
kelly = g.addV('person').property('first_name', 'Kelly').next()

// 添加一个名为 Jim 的 person 顶点，并将其保存在变量中
jim = g.addV('person').property('first_name', 'Jim').next()

// 添加一个名为 Paras 的 person 顶点，并将其保存在变量中
paras = g.addV('person').property('first_name', 'Paras').next()

// 添加一个名为 Denise 的 person 顶点，并将其保存在变量中
denise = g.addV('person').property('first_name', 'Denise').next()
```

```
// 添加新的 friends 边
g.addE('friends').from(dave).to(jim).
  addE('friends').from(dave).to(kelly).
  addE('friends').from(kelly).to(jim).
  addE('friends').from(kelly).to(denise).
  addE('friends').from(jim).to(denise).
  addE('friends').from(jim).to(paras).
  addE('friends').from(paras).to(denise).iterate()
```

图 4-13 展示了执行过这些遍历之后的图。

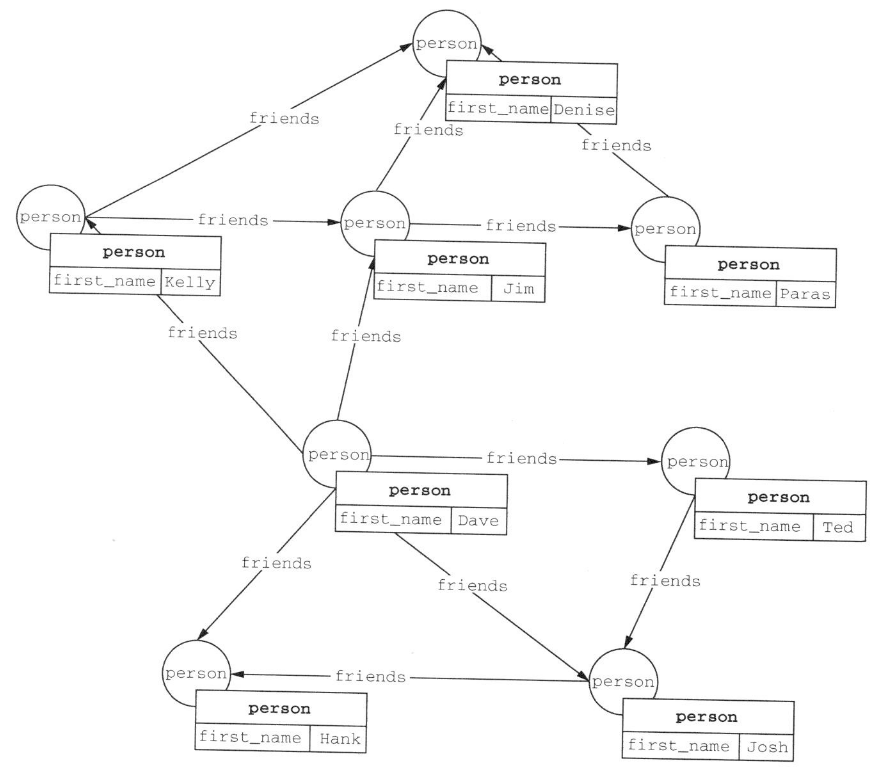

图 4-13　添加了额外信息的社交网络图（一共有 8 个顶点和 12 条边）

我们花了不少时间把所有需要的数据添加到图里。现在图中终于有了足够的数据，让我们扩展从第 3 章学到的知识，通过路径来在图中“航行”吧。

下一节将使用图 4-13，所以要确保将其加载到数据库中。如果你紧随我们的步伐而且输入正确的话，就已经完成了这一步。如果没有，或者想确保你的图是正确的，可以通过`:q` 命令退出 Gremlin Console，然后执行以下命令。

```
bin/gremlin.sh -i $BASE_DIR/chapter04/scripts/4.2-complex-social-network.groovy
```

4.2 路径

本节会深入探讨路径。路径描述了从开始顶点到结束顶点的一系列遍历操作。这意味着我们不仅能发现两个顶点是相互连接的（如第3章所示），而且能确定如何从起点到达终点。可以把图中的路径想象成地图应用中的GPS导航路线：我们输入起点和终点，然后得到从起点到终点的一系列转弯指示。

当使用路径算法时，我们从指定开始顶点、结束顶点和遍历这两个顶点的边开始。该遍历会返回从开始顶点到结束顶点的所有可能的方向集。图4-14展示了一个简单的图路径示例。

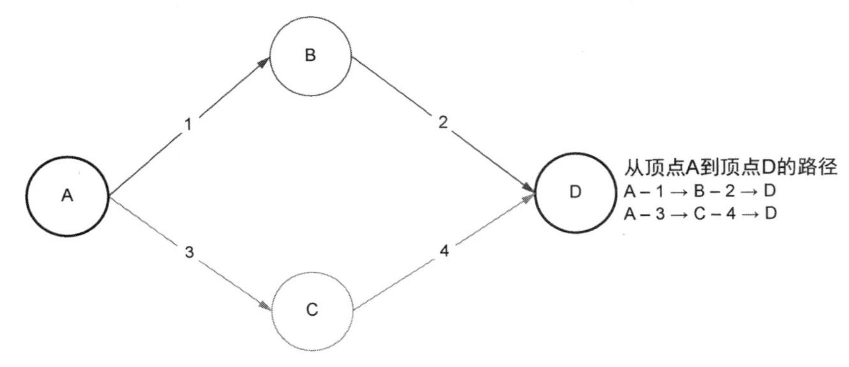

图4-14 这个简单的例子展示了图中从顶点A到顶点D的所有路径

假设需要查找从 `Ted` 到 `Denise` 之间的朋友集。为了完成这项任务，需要：

(1) 找到 `Ted` 顶点；

(2) 遍历所有的进和出方向的 `friends` 边；

(3) 看看我们所在的顶点是否 `Denise` 顶点；

(4) 重复操作(2) ~ (3)，直到找到 `Denise` 顶点；

(5) 返回路径——从 `Ted` 遍历到 `Denise` 的所有顶点和边。

这看起来像极了在第3章写的递归循环遍历。运用这个知识，让我们写一个递归循环遍历，在图中从 `Ted` 移动到 `Denise`。这似乎解决了操作(1) ~ (4)，但又引起了其他问题。

当针对高度连接的数据编写第一个递归循环时，经常会发现数据有更多的连接。这样，下一个遍历就会产生错误。我们将在解决另一个缺陷后解释这个错误。

```
g.V().has('person', 'first_name', 'Ted').
  until(has('person', 'first_name', 'Denise')).
  repeat(
    both('friends')
  )
```

这个遍历没有提供从 `Ted` 到 `Denise` 的顶点和边的清单，或者说**路径**。为了获取这些信息，需要引入以下操作。

- `path()`：当遍历执行时，返回指定遍历器访问顶点（某些时候还有边）的历史。

注意　在 Gremlin 中使用 path() 操作会增加服务器的资源消耗，因为每个遍历器都需要维护自己访问的所有历史记录。基于这个理由，只在需要所有路径数据时使用 path()。

在遍历末尾增加 path() 操作后，它会变成这样。

```
g.V().has('person', 'first_name', 'Ted').
  until(has('person', 'first_name', 'Denise')).
  repeat(
    both('friends')
  ).path()
```

在 Gremlin Console 里运行这个遍历，会返回以下信息。

```
Script evaluation exceeded the configured 'scriptEvaluationTimeout' threshold
     of 30000 ms or evaluation was otherwise cancelled directly for request
     [g.V().has('person', 'first_name', 'Ted').
  until(has('person', 'first_name', 'Denise')).
  repeat(
    both('friends')
  ).path()]
Type ':help' or ':h' for help.
```

糟糕，这个遍历超时了，但是为什么呢？我们意外地在图中生成了一个环。不仅如此，你很有可能会听到笔记本计算机的风扇在疯转，甚至连 Gremlin Console 也崩溃了。（Gremlin Console 也许是被线程“杀掉”的。情况急转直下。）

使用 Gremlin Console 的一些技巧

如果忘记了括号，或者在 Gremlin Console 的提示符下没有响应，尝试使用 :clear 命令清除缓存并重新启动遍历。

如果你的 Gremlin Console 无法响应，那很遗憾。但我们想指出的是，由于 Gremlin Server 还在运行，数据并没有丢失。只需要重新启动 Gremlin Console 并重新连接到 Gremlin Server 即可。你可以在 Gremlin Console 中使用以下两个 :remote 命令。要连接正在运行的服务器，输入：

```
:remote connect tinkerpop.server conf/remote.yaml session
```

要连接 Gremlin Server 和发送命令到服务器，输入：

```
:remote console
```

如果留意了本章中的脚本，你会发现它们都是以这两个命令开始的。现在让我们回到主题——路径。

4.2.1　图中的环

引发所有这些致命破坏（或者耗电增加和风扇疯转等小问题）的根源是**环**（cycle）。环是图论中的一个概念，指的是图中顶点和边的路径包含一个或多个能到达自己的顶点，如图 4-15 所示。

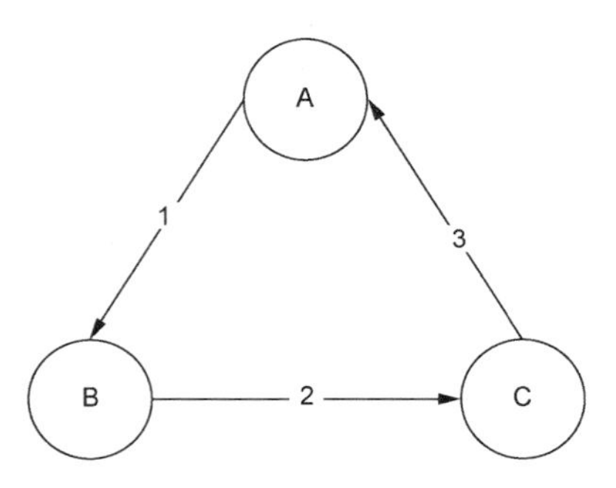

图 4-15　这个简单的图含有从顶点 A 回到顶点 A 的环

从图 4-15 展示的例子可以看到，通过遍历所有的边，每个顶点（A、B 和 C）都能到达自己：顶点 A 通过遍历[A → 1 → B → 2 → C → 3 → A]或[A → 3 → C → 2 → B → 1 → A]到达自己，顶点 B 和顶点 C 通过类似的遍历也能到达自己。通过对图 4-13 所示的图运用这个知识，我们看到在图中有若干个环，其中一个在图 4-16 中突出展示。

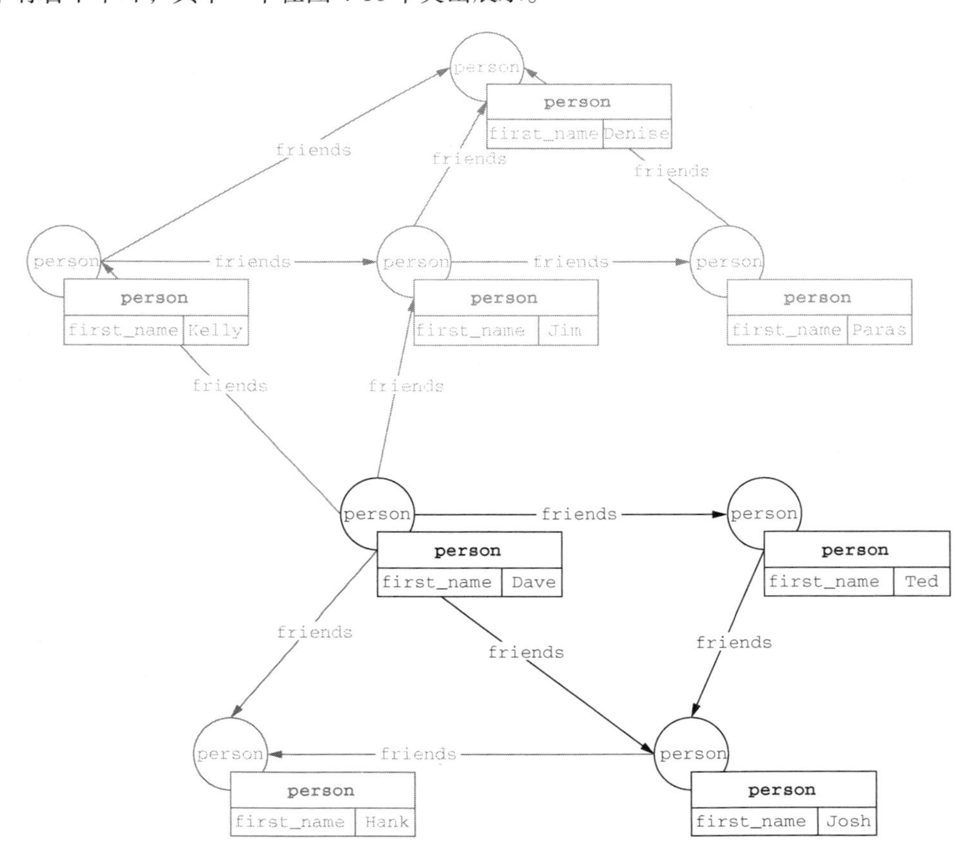

图 4-16　在我们的社交网络图中突出展示在 Ted、Dave 和 Josh 之间的一个环

我们看到在 Ted、Dave 和 Josh 之间有一个循环。这没什么，在图中有循环很常见。然而，正如我们展示的，如果不谨慎对待，环就会在遍历过程中引起问题。一些遍历器会陷入无限循环，导致超时。那么怎样才能写出避免这类无限循环的遍历呢?

4.2.2 查找简单路径

在图论中，有一个概念叫**简单路径**，指的是不会在任何一个顶点上重复的路径。这意味着，在简单路径中只会得到非环的结果。在查找两个顶点之间的简单路径时，每个遍历器会维护它访问的所有项的历史。当碰到一个曾经访问过的项时，它就知道这个元素在环中，并把它剔除。只有那些不含环的遍历器会继续完成遍历工作。

这看起来正是找到从 Ted 到 Denise 的路径，又不消耗更多 CPU 资源的做法。要修改遍历以找到简单路径，我们来介绍另一个 Gremlin 操作。

- simplePath()：筛选掉遍历中被重复访问的顶点。

通过这个操作，就可以修改遍历来找到 Ted 和 Denise 之间的简单路径了。我们在 repeat() 操作里增加 simplePath()操作来实现这一点，并在 Gremlin Console 里运行它。

```
g.V().has('person', 'first_name', 'Ted').
  until(has('person', 'first_name', 'Denise')).
  repeat(
    both('friends').simplePath()
  ).path()

==>path[v[4], v[0], v[15], v[19]]
==>path[v[4], v[0], v[13], v[19]]
==>path[v[4], v[2], v[0], v[15], v[19]]
==>path[v[4], v[2], v[0], v[13], v[19]]
==>path[v[4], v[0], v[15], v[17], v[19]]
==>path[v[4], v[0], v[15], v[13], v[19]]
==>path[v[4], v[0], v[13], v[15], v[19]]
==>path[v[4], v[2], v[6], v[0], v[15], v[19]]
==>path[v[4], v[2], v[6], v[0], v[13], v[19]]
==>path[v[4], v[2], v[0], v[15], v[17], v[19]]
==>path[v[4], v[2], v[0], v[15], v[13], v[19]]
==>path[v[4], v[2], v[0], v[13], v[15], v[19]]
==>path[v[4], v[0], v[13], v[15], v[17], v[19]]
==>path[v[4], v[2], v[6], v[0], v[15], v[17], v[19]]
==>path[v[4], v[2], v[6], v[0], v[15], v[13], v[19]]
==>path[v[4], v[2], v[6], v[0], v[13], v[15], v[19]]
==>path[v[4], v[2], v[0], v[13], v[15], v[17], v[19]]
==>path[v[4], v[2], v[6], v[0], v[13], v[15], v[17], v[19]]
```

为什么是在 repeat()操作里增加 simplePath()操作，而不是把 simplePath()加在整个语句最后呢？为了了解我们是否处在一个环中，需要评估在当前位置以及在每一次循环迭代结束时图的历史路径。如果把 simplePath()放在遍历末尾，它就在循环逻辑之外了，遍历器会被困在环里，无法离开。这就像在 Java 里创建一个 for 循环，但把计数器变量放在 for 循环之外。通过添加这个操作，我们得到了从 Ted 到 Denise 的所有不同的简单路径。

我们留意到，现在只会看到连接开始顶点和结束顶点的顶点。之前提到，路径会返回开始顶点和结束顶点之间的**顶点和边**。下一节会展示怎样在结果中包含边，但首先必须介绍遍历边的一些额外功能，这些功能也能提供筛选边的新手段。如果你对所返回路径中顶点的细节（比如，名字）感兴趣，可以查看第 5 章，其中还包括其他的格式功能。

4.3　遍历和筛选边

要获得路径中边的信息，我们从顶点走到边，再从边走到顶点。必须显式遍历到边，并显式从边离开。一些遍历操作已经在第 3 章介绍过：in()、out() 和 both()。现在介绍需要的其他操作。

尽管简化的社交网络图只包含普通朋友关系，但是我们的社交圈通常也会有职场人脉。本节先把“友聚”应用程序的模型放在一边，讨论如何遍历和筛选边。我们在图中临时增加一些边来演示这些概念。在本节结束时，返回的路径中会包含边的信息。

本节将使用一张特定的图，如图 4-17 所示。为了确保你本地的图含有正确的数据，请通过 :q 命令退出 Gremlin Console，然后通过以下命令重新启动它。

```
bin/gremlin.sh -i $BASE_DIR/chapter04/scripts/4.3.1-complex-social-network-with-
    works-with-edges.groovy
```

这样加载的图不仅包含与之前相同的 8 个顶点和 friends 边，而且包含额外的 works_with 边。

4.3.1　遍历边的 E 操作和 V 操作

假设图中有很多人曾在某时一起工作过。为此建模的一种方法就是在人们之间增加一个新的 works_with 关系，并赋予它属性来跟踪起止年份。通过引入这些边，将得到图 4-17 所示的图。

假如被问到：在开始 2019 年的工作之前，Dave 是和谁一起工作的？基于新版本的图，怎样查找这个信息呢？

- 给定一个遍历源 g。
- 找到键为 first_name、值为 Dave 的顶点。
- 遍历 end_year 小于或等于 2018 的 works_with 边。
- 遍历到邻近的顶点。
- 返回 first_name。

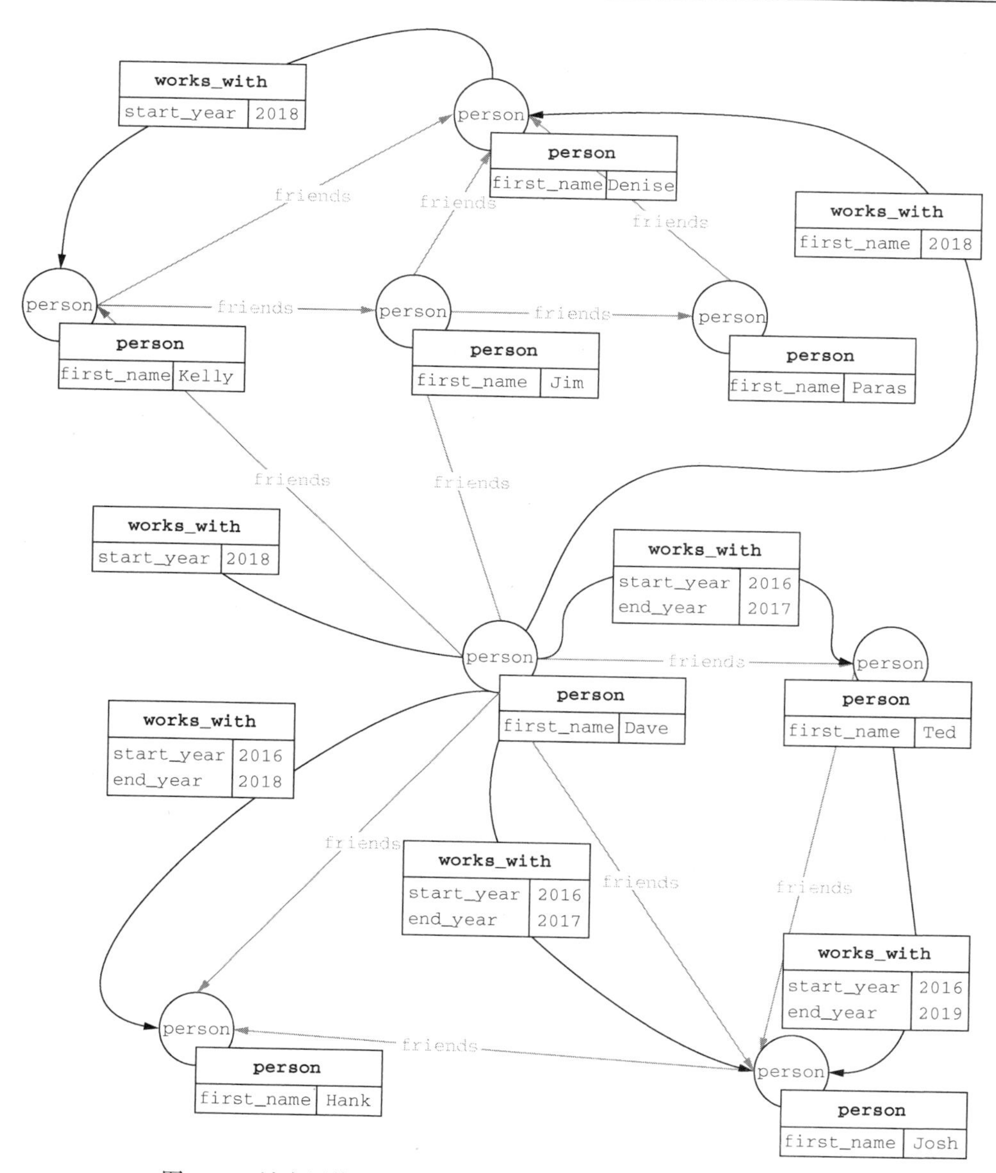

图 4-17 社交网络图的扩展版本，突出显示了 works_with 边

我们已经知道怎样完成其中的一些操作，特别是前两个操作和最后一个操作。但是如何从一个顶点开始遍历，停留在边上并基于边的属性进行筛选，然后移动到相邻的顶点呢？这里的关键点不是从一个顶点遍历到相邻的顶点，而是停留在边上、环视四周，然后遍历到下一个顶点。图 4-18 展示了如何把这个过程映射为相应的 Gremlin 操作。

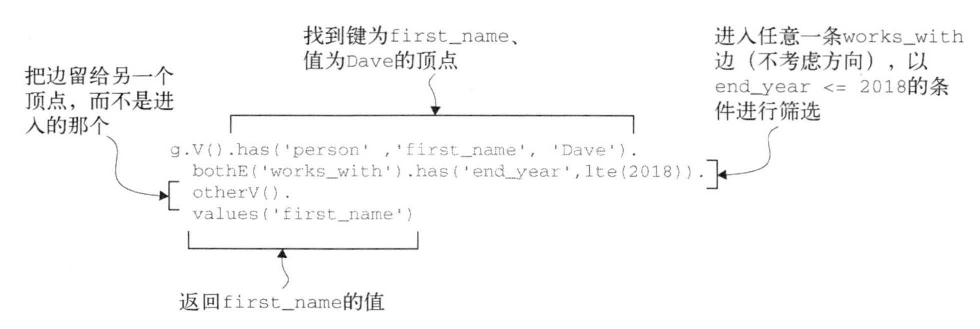

图 4-18 与筛选和遍历边的文字描述对应的 Gremlin 操作

在图 4-18 所示的遍历中，我们看到特意创建了一些 Gremlin 操作来对边进行处理，这些操作全部以 `E` 结尾。下面就是这三个 E 操作。

- `InE(label)`：从当前顶点遍历到相邻的入边。如果指定了标签，只遍历到符合筛选条件的边。
- `outE(label)`：从当前顶点遍历到相邻的出边。如果指定了标签，只遍历到符合筛选条件的边。
- `bothE(label)`：从当前顶点遍历到相邻边，不考虑方向。如果指定了标签，只遍历到符合筛选条件的边。

每个 E 操作都从一个顶点开始，遍历到一条边，然后停留在这条边上。这些操作都结束于边，而不是相邻的顶点，因此与 `in()`、`out()` 和 `both()` 等在第 3 章学到的遍历操作略有不同，如图 4-19 所示。

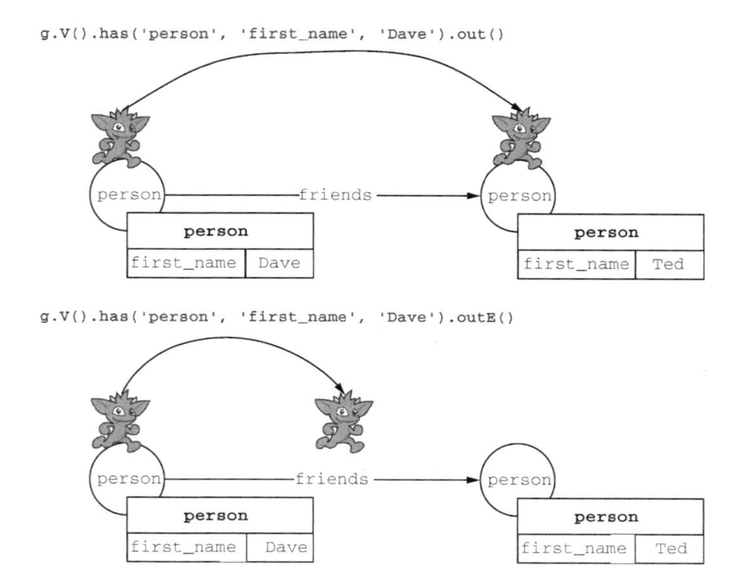

图 4-19 比较 `out()` 操作（结束在顶点上）和 `outE()` 操作（结束在边上）

操作停留的位置是 out()和 outE()的主要区别。这留给我们另一个问题：如何回到顶点上呢？Gremlin 提供了相应的 V 操作，以配合 E 操作。

- inV()：从当前边遍历到入顶点。通常和 outE()操作搭配使用。
- outV()：从当前边遍历到出顶点。通常和 inE()操作搭配使用。
- otherV()：遍历到不是出顶点的那个顶点（如另一个顶点）。通常和 bothE()操作搭配使用。
- bothV()：从当前边遍历到两个相邻的顶点。极少用到。

我们留意到，每个 V 操作都没有输入或修改。这是因为它们是为配合 E 操作而设计的，而且通常与相反的 E 操作配合。比如，用 inE()和 outV()组合或 outE()和 inV()组合来完成到相邻顶点的遍历。

对于 bothE()，你可能会想当然地使用 bothV()，但这是错误的。如果使用 bothV()，最终会得到两个遍历器：一个在开始顶点上，另一个在结束顶点上，如图 4-20 所示。

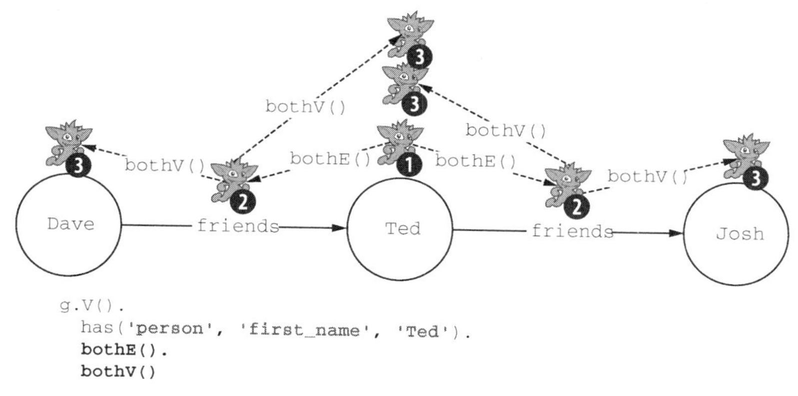

图 4-20 bothE()和 bothV()组合停留在边的开始顶点和结束顶点上

bothE()的最佳搭档是 otherV()，它把我们轻松地带到“另一个顶点”上，不是遍历出发的那个顶点，如图 4-21 所示。

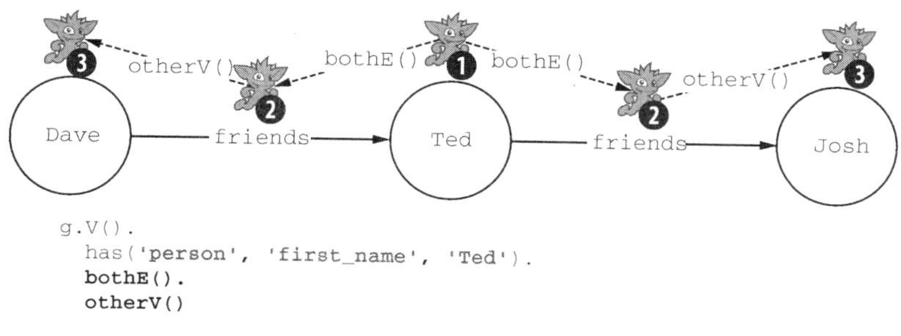

图 4-21 演示 bothE()和 otherV()组合停留在边另一头的顶点上

注意 尽管使用 otherV()是常事，但是要注意它会引起一定的性能开销，因为每个遍历器需要保留包含来源顶点的状态。如果对于遍历来说性能是关键的因素，而且能以其他方式编写，那么最好避免使用 otherV()。

现在把这些概念投入实践，并获取图中 Dave 所有同事的名字。为此，使用以下遍历。

```
g.V().has('person','first_name','Dave').
  bothE('works_with').otherV().values('first_name')

==>Ted
==>Josh
==>Hank
==>Kelly
==>Denise
```

由于没有在边上做任何动作，因此使用以下语句更为简洁。

```
g.V().has('person', 'first_name','Dave').
  both('works_with').values('first_name')

==>Ted
==>Josh
==>Hank
==>Kelly
==>Denise
```

如果可以通过 in()、out()和 both()操作来做所有事情，那为什么要使用 E 操作和 V 操作（在 Apache TinkerPop 里称为**顶点操作**）呢？我们发现，E 操作和 V 操作有三个常见用例，将在下一节讨论。

- 用从第 3 章学到的 has()筛选方法来通过属性筛选边。
- 在 path()的结果中包括边。
- 实现边的计数和反规范化。

4.3.2　通过属性筛选边

通过属性筛选边通常可分为两类：基于时间的筛选和基于权重的筛选。通过额外的 works_with 边，我们创建了一张简单的图，可以基于输入时间来遍历边。基于权重的筛选是另一个常用的模式，用于进行全图分析并执行其中的算法。

为了达到目的，我们使用基于时间的筛选找出了 Dave 在开始 2019 年的工作之前是和谁一起工作的。看看图 4-17，似乎 Dave 在 2018 年更换了工作，所以我们查找 end_year 小于或等于 2018 的所有情况。我们把这个遍历拆分成以下操作。

- 找到 Dave 顶点。
- 不考虑方向，遍历到 works_with 边。
- 以 end_year 属性值小于或等于 2018 进行筛选。
- 通过 otherV()操作完成边到邻近顶点的遍历。

- 在邻近的顶点上，返回属性 first_name 的值。

让我们编写这个遍历语句。图 4-22 展示了如何把这个过程转换成 Gremlin 能理解的语言。

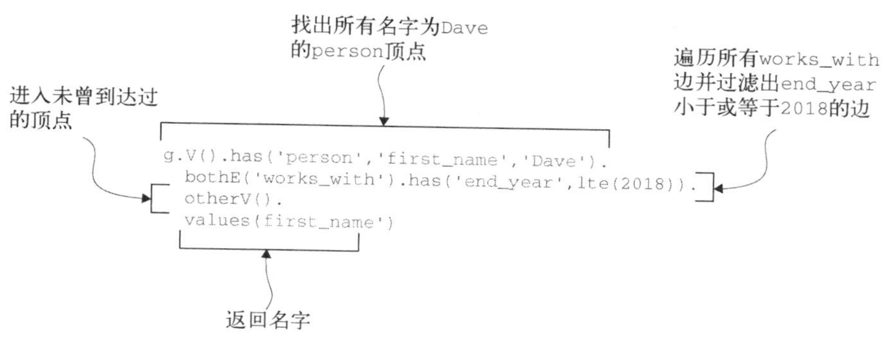

图 4-22 为 Gremlin 遍历的代码添加筛选边的操作

当运行这个遍历时，会得到以下结果。

```
g.V().has('person','first_name','Dave').
  bothE('works_with').has('end_year',lte(2018)).
  otherV().
  values('first_name')

==>Josh
==>Ted
==>Hank
```

不仅可以基于边的属性进行筛选，还可以使用一些断言操作，如代表“小于或等于”的 lte()。对于比单值匹配更复杂的操作，断言操作是非常好用的管理工具。你可以在 Apache TinkerPop 的网站上找到断言操作的完整清单。

4.3.3 在路径结果中包括边

回到 4.2.2 节中还没有回答的问题：当使用 path()操作时，怎么才能把遍历过的边也包括进来呢？我们需要使用 bothE().otherV()遍历模式来显式地遍历到边上。让我们找出从 Ted 到 Denise 的路径，但仅限于用到 works_with 边的路径。

```
g.V().has('person', 'first_name', 'Ted').
  until(has('person', 'first_name', 'Denise')).
  repeat(
    bothE('works_with').otherV().simplePath()
  ).path()

==>path[v[4], e[29][0-works_with->4], v[0], e[33][0-works_with->19], v[19]]
==>path[v[4], e[29][0-works_with->4], v[0], e[32][0-works_with->13], v[13],
     e[34][19-works_with->13], v[19]]
==>path[v[4], e[30][2-works_with->4], v[2], e[28][0-works_with->2], v[0],
     e[33][0-works_with->19], v[19]]
==>path[v[4], e[30][2-works_with->4], v[2], e[28][0-works_with->2], v[0],
     e[[32][0-works_with->13], v[13], e[34][19-works_with->13], v[19]]
```

正如我们期望的，以上代码和结果展示了从 Ted 到 Denise 的四条路径，并且每个结果都不仅包括遍历过的顶点，还包括遍历过的边。当边包含重要的领域细节时，这种对 path()操作的运用会很常见。航空交通路线就是一个很好的例子：顶点代表机场，边代表机场间的航班。在这些案例中，返回航班的细节（如航空公司、航班号、出发时间和到达时间）至关重要。

4.3.4 实现边的计数和反规范化

我们经常认为性能优化应该放在实现核心功能之后。所谓**实现**，就是功能可以工作，有良好的测试覆盖率，并能与类似生产环境中的数据集一起部署。因此，我们这里仅概述，第 10 章将详细地讨论性能优化。

第 3 章从概念的角度描述了一个坐在顶点上的小精灵，就像在玩如下“密室逃脱”游戏一样。

- 有一个抽屉柜，每个抽屉上都有标签：这些是顶点的属性。
- 还有一系列带标签的门：这些是相邻的边。
- 每扇门本身也有带标签的抽屉：这些是边的属性。

我们用这个类比来强调顶点的属性、边和边的属性其实是一个顶点的本地属性，因此使用它们几乎没有额外的开销。但访问这个房间以外的所有东西只能通过遍历边（在我们的思维模型中，就像通过一扇门）到达另一个顶点来实现。取决于具体的实现方法，访问房间以外的东西可能需要访问缓冲、磁盘甚至网络调用。

由于这种额外的开销，尽量不要通过遍历一条边到达另一个顶点。这意味着如果停留在当前的房间（比如，保持在当前顶点上），就可以避免这些额外的缓冲、磁盘和网络访问。E 操作允许我们这样做。使用 E 操作相当于看到门但没有通过门。以下遍历就用了这样的操作。

```
g.V().bothE().count()
```

但是通过 both()操作来计数通常代价更高昂。

```
g.V().both().count()
```

在第一个语句中，我们从顶点房间去看并数门（边）的数量。在第二个语句中，我们穿过每一扇门到另一边来数房间（顶点）的数量。由于在门（边）和其他房间（顶点）之间有一对一的对应关系，因此数门和数房间得到的结果是一样的。

第 7 章会更全面地讨论反规范化，但是这里为了讨论，先简单介绍一下。图中的**反规范化**（denormalization）就是把经常访问的顶点属性复制到相邻的边上。这样，当要读取某个属性时，就不需要完整遍历的开销了。它对于某些以读为主的活动类型特别有帮助。是的，这会带来维护同一个属性值的两份副本的开销。但是维护数据的多个副本就是反规范化，不管使用关系数据库还是图数据库，反规范化都会带来这种额外的开销。上面简单介绍了使用 E 操作和 V 操作实现的性能优化。请记住，第 10 章将更详细地讨论性能优化。

本章首先讨论了如何从图中返回路径，以及如何避免图中的环引起的无限查询，最后回顾了 E 操作、V 操作和怎样通过边属性实现筛选。现在我们知道了怎样在图上执行必要的遍历，下一章将探索怎样操作结果，以及遍历返回的数据有哪些类型。

4.4 小结

- 在图中添加顶点相当于在关系数据库中添加实体。
- 在图中添加边的时候，不仅需要添加边，还要添加或确定边两端的顶点。
- 图遍历中的变异操作允许把多个变异操作链接成一个操作，而 SQL 做不到这一点。
- 图中的路径代表一系列连接两个元素的顶点和边。
- 图中的环指的是含有重复顶点的路径，通常会在图遍历过程中引起长时间运行的循环与寻路查询。
- 简单路径就是图中不含重复顶点的路径。
- 边可以直接被遍历和筛选，不需要遍历到相邻的顶点。

第 5 章

格式化结果

本章内容

- ❑ 从顶点和边检索值
- ❑ 对顶点和边建立别名，供以后在遍历中使用
- ❑ 通过组合静态值和计算值来创建自定义结果对象
- ❑ 排序、分组和限制结果记录数量

在图中查找数据是一项技能，但是高效地返回数据则是一种全新的挑战。虽然完全可以向客户端发送无组织的原始数据，但在大多数情况下，最好在数据库层尽可能多地对数据进行处理。客户端应用程序处理用户交互就够忙的了。

本章将重点介绍在数据库级别收集、格式化和输出遍历结果的不同方法。我们将回顾第 3 章介绍的值操作，并说明为什么需要这些操作；然后讨论如何从位于遍历中间的元素返回值，以及创建自定义对象；最后演示如何排序、分组和限制结果，以与客户端应用程序进行高效通信。

如果你还没有下载本章的相应代码，可以从 ituring.cn/book/2889 下载，本章代码放在 chapter05 文件夹里。所有例子都假设已经加载了我们简单的社交网络数据集。你可以运行以下命令加载这个数据集：

```
bin/gremlin.sh -i $BASE_DIR/chapter05/scripts/5.1-complex-social-network.groovy
```

5.1 回顾值操作

首先回顾第 3 章介绍过的最常见格式化工具：`values()`和 `valueMap()`操作。但是在讨论这些之前，需要看看 TinkerPop 的默认行为。大多数遍历示例返回元素的 ID。看看下面的遍历，ID 值 4 作为 `toString()`构造的一部分返回。

```
g.V().has('person', 'first_name', 'Ted')

==>v[4]
```

用关系数据库术语来说，这相当于运行了以下 SQL 查询。

```
SELECT ROWID FROM person WHERE first_name = 'Ted';
```

我们很少希望只返回 ID。在大多数情况下，目标是返回属性的全部或者一部分。因此，如果常规用例是检索属性值，为什么不默认返回所有属性呢？

原因相当实际。如果数据库默认返回所有属性，那么将会传输大量不需要的数据。通常，我们希望只传输需要的数据，因此大多数数据库要求指定要返回的特定属性。我们知道在 SELECT 子句中使用通配符（*）是 SQL 中的一种常见做法（非常遗憾），如下所示。

```
SELECT * FROM person WHERE first_name = 'Ted';
```

但最佳方法是像下面这样指定列名。

```
SELECT first_name FROM person WHERE first_name = 'Ted';
```

那么，这个 SQL 对应的图遍历是什么呢？假设想要返回图中顶点 Hank 的所有属性。我们已经知道了基本操作。

(1) 给定一个遍历源 g。

(2) 找到 first_name 为 Hank 的 person 顶点。

(3) 返回该顶点的属性（在本例中只有一个，就是 first_name）。

到这个阶段，我们已经是处理前两个操作的老手了。回到第 3 章，我们使用了 values() 操作并讨论了 valueMap() 操作（通常用在遍历结束时），用来检索顶点的属性。valueMap() 和 values() 操作都返回顶点或边的属性值。你应该还记得，values() 操作只返回属性的**值**。valueMap() 操作返回一个 map，即指定属性的键–值对集合。（在一些编程语言中，map 被称为字典。两者的概念相同。）

5

为什么使用 values() 而不是 value()？

尽管采用了单词的复数形式，但是 values() 最常用于返回标量，特别是单个属性的值。因为它仅返回属性的值部分，而没有键或标签，所以请求代码必须知道调用的是哪个属性。采用复数形式因为 values() 被设计为处理一个或多个属性，并且能将其与很少使用的 value() 操作区分开。

让我们通过返回图中 Hank 的所有属性来看看这两个值操作之间的差异。首先使用 values()。

```
g.V().has('person', 'first_name', 'Hank').values()

==> Hank
```

然后使用 valueMap()。

```
g.V().has('person', 'first_name', 'Hank').valueMap()

==>{first_name=[Hank]}
```

可以看到，虽然接收了相同的基本数据，但返回的格式略有不同。valueMap() 操作不同于 values() 操作，因为前者以键–值对（或者说 map）的形式返回数据，而不仅仅返回值。一般来说，使用带属性值的键可以更容易地处理结果。此外，valueMap()操作为每个遍历器返回一行，而values()操作为每个遍历器的每个属性返回一行。在工作中，我们通常更喜欢 valueMap()操作。

空 values()操作

注意，在示例遍历中，并没有在 values()操作中指定要返回的属性。例如：

```
g.V().has('person', 'first_name', 'Hank').values()
```

使用空 values()操作通常是个坏主意。它相当于运行使用通配符的 SQL SELECT 查询，如下所示。

```
SELECT * FROM person WHERE first_name = 'Hank';
```

与 SQL 一样，尽管这在图遍历中是被允许的，但是有潜在的重大缺点。

- 接收到的值会随着时间的推移而改变。当一个新属性被添加到这些顶点上时，它会被自动包含在结果中。
- 不能保证图数据库对属性进行排序。
- 最终得到的数据可能远远超过所需的数据，从而减慢应用程序的速度。

出于这些原因，与 SQL 一样，最好的做法是始终使用逗号分隔的属性键列表指定要返回的属性，如下所示。

```
g.V().has('person', 'first_name', 'Hank').values('first_name')
```

现在我们已经回顾了 values()和 valueMap()操作，为什么需要它们呢？既然在 SQL 中不需要做任何额外的事情来获取值，那么为什么需要对图数据库做这些呢？这之所以在图数据库中是必要的，是因为图数据库引擎处理遍历的方式与 SQL 引擎处理查询的方式之间存在一个关键的区别。

- 在图数据库中，只检索当前顶点或边的值。
- 在关系数据库中，所有联接表（joined table）的所有值都可以包含在结果中。

这种差异源于引擎处理查询方式的差异。了解这种差异对于创建有效和高效的图查询至关重要。为了演示，我们看看关系数据库是如何处理查询的，并将其与图遍历的工作原理进行比较。

让我们以一个订单处理系统为例，它由订单和产品组成。我们很可能熟悉关系模型中这种简单的层次关系。如果用关系数据库为这个系统的简化版本建模，我们将设计两个表：Orders（订单）和 Products（产品）。这两个表通过一个链接表 ProductsInOrder 来链接。图 5-1 展示了这些关系。

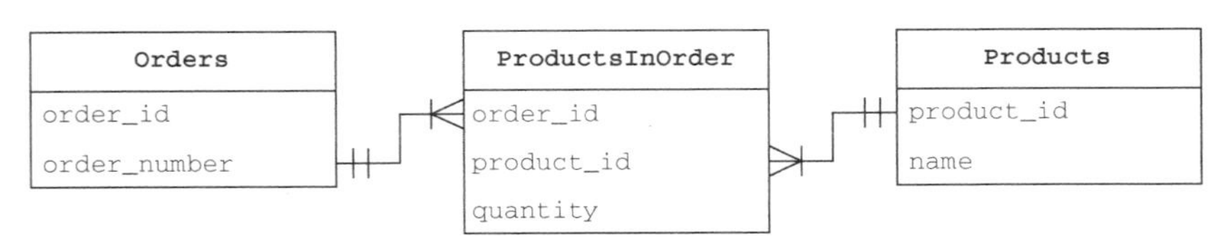

图 5-1　订单处理系统示例的实体关系图（ERD），其中包含 Orders 和 Products 这两个表，用一个外键链接在一起

然后用一些示例数据填充这些表，得到如图 5-2 所示的结果。

Orders	
order_id	order_number
1	ABC123
2	DEF234

ProductsInOrder		
order_id	product_id	qty
1	1	5
1	2	10
2	2	4
2	3	6

Products	
product_id	name
1	widget 1
2	widget 2
3	widget 3

图 5-2 订单处理系统的关系数据库模型示例，包含示例数据

对于我们的关系数据库系统而言，需要回答的一个常见问题是：订购的所有订单和产品有哪些？为了回答这个问题，我们将 Orders 表和 Products 表通过 ProductsInOrder 表连接起来，如以下 SQL 查询所示。

```
SELECT *
FROM Orders
  JOIN ProductsInOrder ON ProductsInOrder.order_id = Orders.order_id
  JOIN Products ON Products.product_id = ProductsInOrder.product_id;
```


当运行这个查询时，SQL 引擎通过匹配 order_id 值和 product_id 值来合并 Orders、ProductsInOrder、Products 表的行来生成表格输出。输出信息如表 5-1 所示。

表 5-1 SQL 引擎生成的输出

order_id	order_number	order_id	product_id	qty	product_id	name
1	ABC123	1	1	5	1	widget 1
1	ABC123	1	2	10	2	widget 2
2	DEF234	2	2	4	2	widget 2
2	DEF234	3	3	6	3	widget 3

需要注意的关键点是，结果集包含了联接操作涉及的两个表的数据。如果 SQL 查询包含额外的 join 子句，由于使用了通配符，来自额外表的列也会默认包含在结果集中。

现在看看如何在图数据库表示相同的订单处理系统。利用第 2 章学到的知识，我们创建了如图 5-3 所示的模式。它由两个顶点（order 和 product）和一条边（contains）组成。

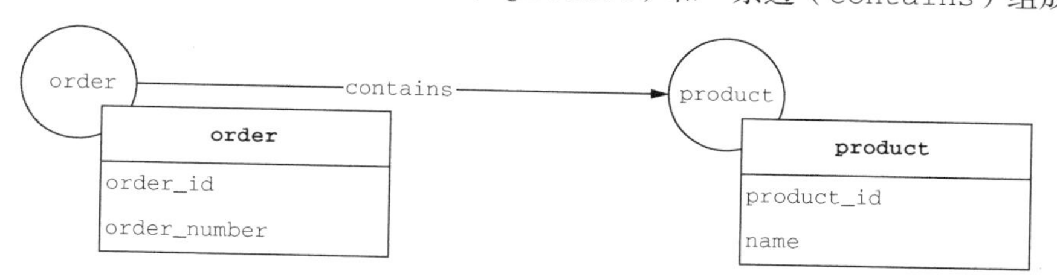

图 5-3 我们订单处理系统的图模式，包含两个顶点（order 和 product）和一条边（contains）

如果使用 SQL 表中的数据填充我们的图，将得到如图 5-4 所示的图。

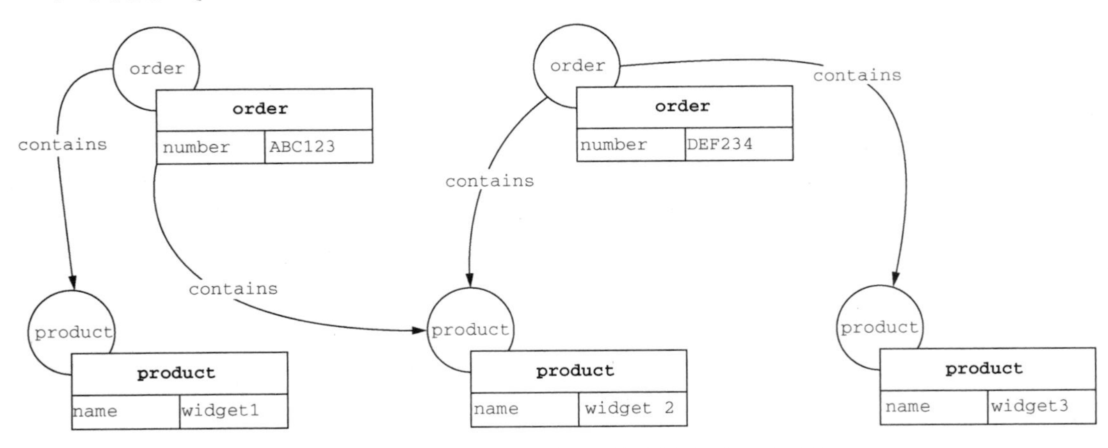

图 5-4　填充了与 SQL 示例中相同数据的订单处理系统图

运用所学关于图遍历工作原理的知识，我们知道第一个操作是找到图中的所有有序顶点，如图 5-5 所示。

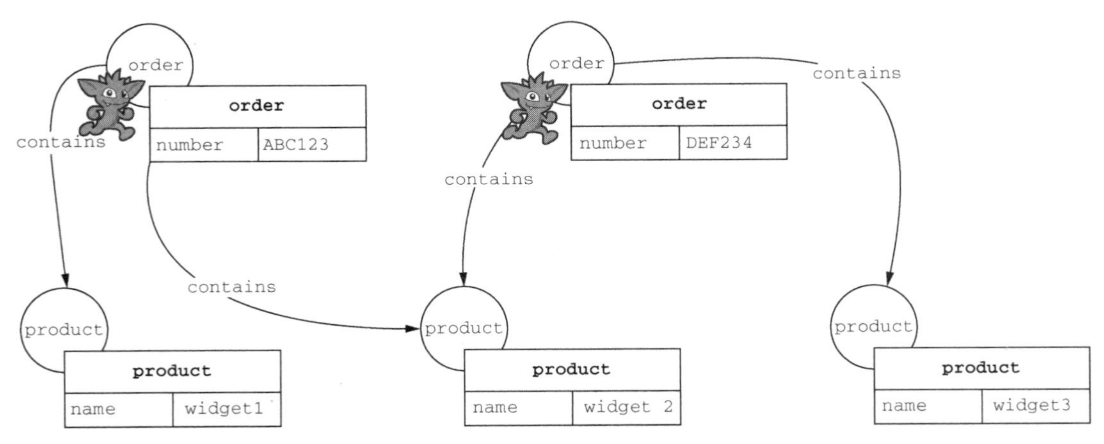

图 5-5　我们的遍历在订单处理系统图中查找所有 order 顶点

下一个操作是遍历出所有从 order 顶点到相邻 product 顶点的 contains 边，如图 5-6 所示。

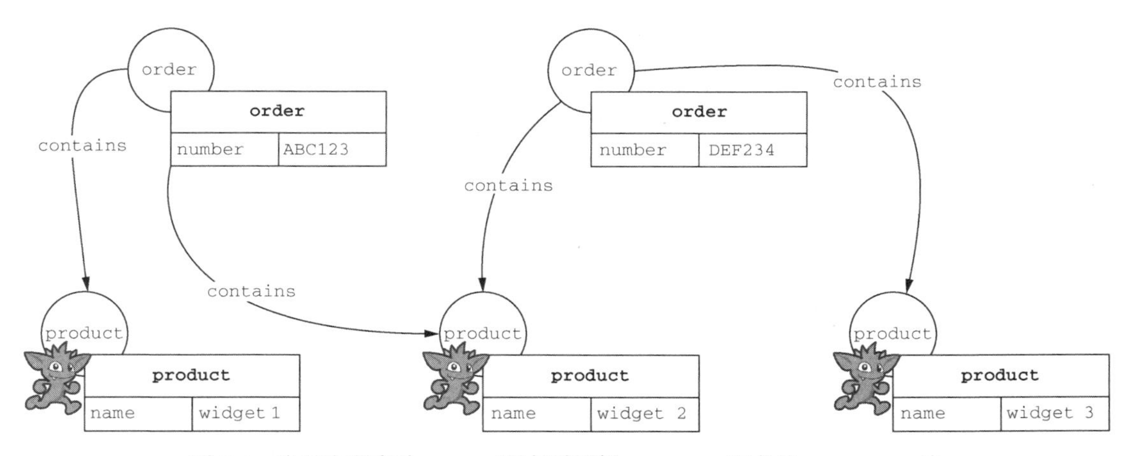

图 5-6 遍历出所有从 order 顶点到相邻 product 顶点的 contains 边

在 Gremlin 中，我们会像下面这样编写遍历。

```
g.V().hasLabel('order').out('contains')
```


如果将图遍历的最终位置与 SQL 查询的最终结果集进行比较，我们会注意到，尽管 SQL 结果同时包含了关于订单和产品的信息，但是图结果只包含了产品顶点的属性。这体现了查询关系数据库和遍历图之间的根本区别。此外，在关系数据库中，join 操作的输出结果是所有联接表的组合。在图数据库中，遍历中任何操作的输出都是当前顶点或边的集。那么如何用图数据库同时返回订单和产品信息呢？

5.2 构建结果

为了同时返回 order 顶点和 product 顶点，我们在 order 顶点上使用别名（alias）。图数据库中的**别名**是对操作的特定输出（顶点或边）的标记引用，可以被后面的操作引用。在订单处理图中，获取订单/产品组合结果的操作如下。

(1) 找到图中的所有 order 顶点。

(2) 给这些顶点起一个标记为 o 的别名。

(3) 通过 contains 边遍历到 product 顶点。

(4) 给这些顶点起一个标记为 p 的别名。

(5) 从标记为 o 的元素返回所有属性，并从标记为 p 的元素返回所有属性。

我们不仅给 order 顶点起了别名，而且给 product 顶点起了别名，这看起来可能很奇怪。这是因为当返回别名元素时，所有这些元素都必须有别名，而不仅限于中间遍历元素。如果在完成操作(1) ~ (2)之后查看订单处理图（如图 5-7 所示），就会得到一个所有 order 顶点都标记为 o 的图。

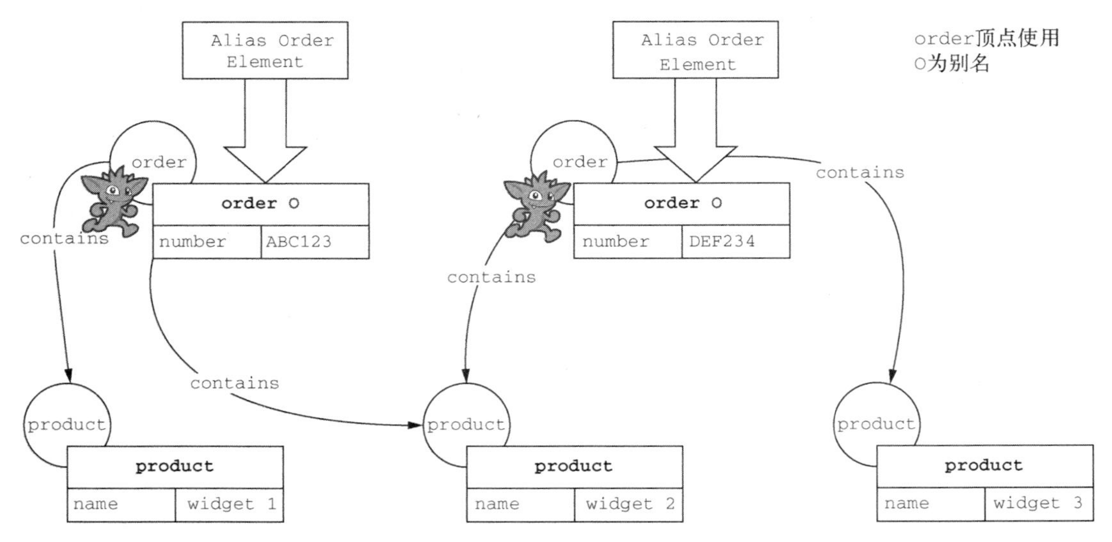

图 5-7　所有 order 顶点都标记为 O 的订单处理图

现在可以遍历 contains 边并给相邻的 product 顶点起别名了（操作(3) ~ (4)）。这样就得到了一个图，其中的所有 order 顶点都有别名 O，所有 product 顶点都有别名 P。图 5-8 展示了遍历的这一部分。

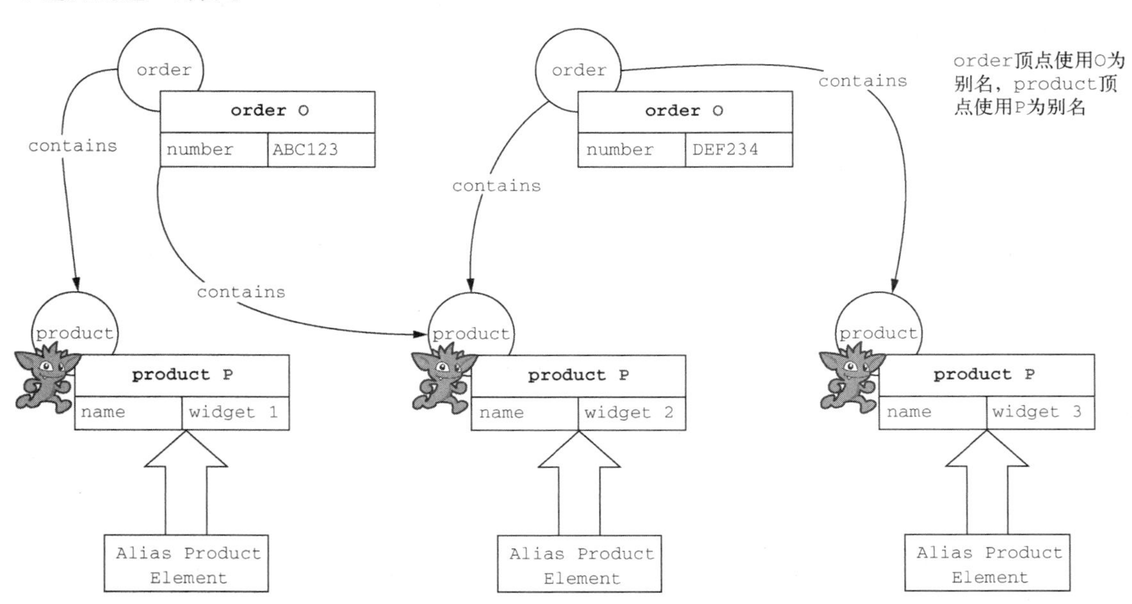

图 5-8　我们的订单处理图，其中 order 顶点标记为 O，product 顶点标记为 P

到目前为止，方向似乎是对的。我们对 order 和 product 顶点都有引用（操作(5)）。接下来，将选择 O 顶点和 P 顶点并返回它们的属性。要检索这些值，我们将引用想为每个所需属性返回的别名和属性。虽然这在概念上是讲得通的，但还是先深入研究一个具体的例子，来看看这一切是如何在社交网络图示例里工作的。

5.2.1 在 Gremlin 中应用别名

在介绍了别名的概念之后，让我们将其应用到在第 3 章构建的“朋友的朋友”遍历中。3.3 节构建了如下遍历。

```
g.V().has('person', 'first_name', 'Ted').
  repeat(
    out('friends')
  ).times(2).
 values('first_name')
```

在示例图中，顶点 Ted 只有两个连接，因此并没有很多结果。让我们移动到图的中间，搜索 Dave 的朋友的朋友，而不是 Ted 的。另外，不仅要返回朋友的朋友的名字，还要返回朋友的名字。我们的结果应该是一个对象列表，每个对象都有一个朋友的名字和一个朋友的朋友的名字。作为练习的开头，我们首先回顾一下社交网络图是什么样子的，如图 5-9 所示。

说明 在图 5-9 中，顶点仅使用 first_name 属性进行标记，以简化可视化表示。

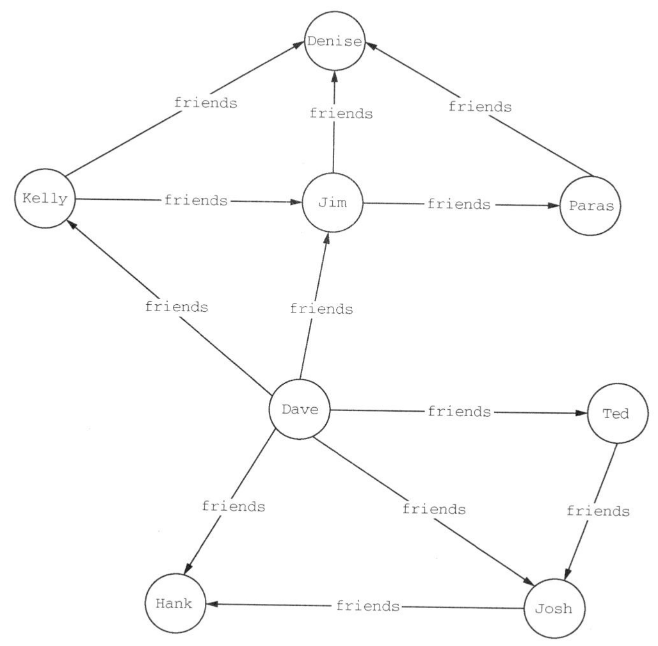

图 5-9 简化的社交网络，其中 person 顶点被标记为该人的名字

运用所学知识，我们提出了以下操作来回答“Dave朋友的朋友”这个问题。

(1) 找到顶点 Dave。

(2) 遍历 friends 边。

(3) 当前顶点是 Dave 的朋友，所以用标签'f'作为别名。

(4) 继续遍历 friends 边。

(5) 当前顶点是 Dave 朋友的朋友，所以用标签'foff'（代表 friends-of-friends）作为别名。

(6) 对于每个结果，返回标签为'f'元素的 first_name 属性和标签为'foff'元素的 first_name 属性。

图 5-10 展示了社交网络图的外观。在这个图中，我们识别出了 Dave 的朋友，显示为实曲线的结束顶点（体现了操作(1)～(3)），而 Dave 朋友的朋友显示为虚曲线的结束顶点（体现了操作(4)～(5)）。

以这种方式遍历图将返回一个基于图 5-10 中实曲线箭头进行遍历的 6 个值。因为图中有 5 个实曲线箭头，其中一些朋友顶点（Jim 和 Kelly）指向了同一个顶点（在结果中重复的 Denise）。注意，还有一个实曲线箭头指向 Hank 但是没有实曲线箭头从 Hank 指出。我们不应该期望在“朋友”范畴中找到 Hank，而应该期望在“朋友的朋友”范畴中找到 Hank，因为有实曲线箭头从 Josh 指向他。

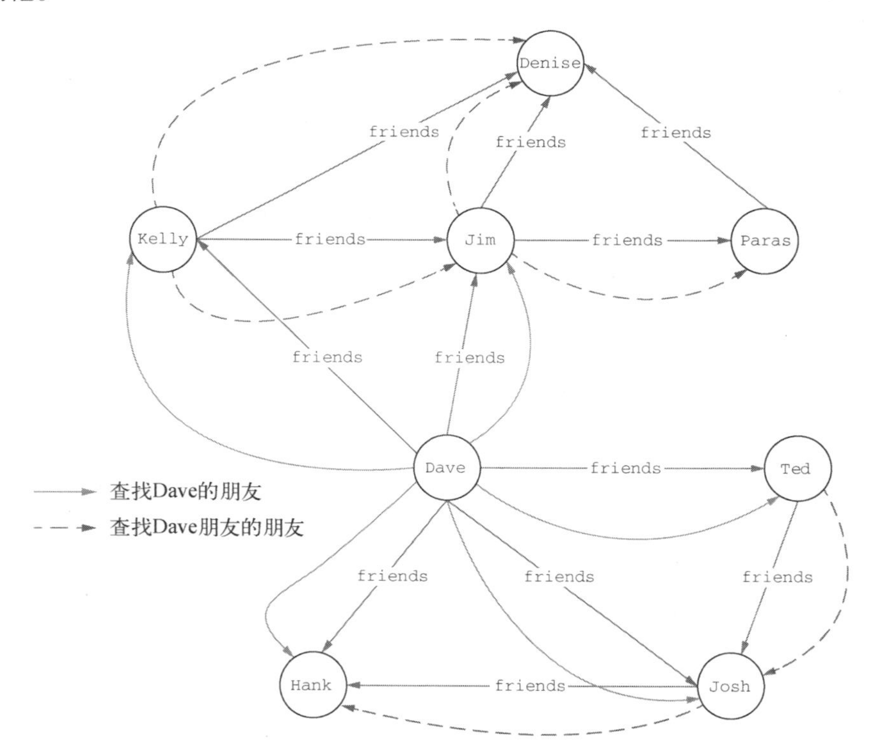

图 5-10　在我们的社交网络图中，Dave 的朋友显示为实曲线的结束顶点，Dave 的朋友的朋友显示为虚曲线的结束顶点

因为 Hank 顶点没有 friends 出边，所以没有从 Dave 的朋友 Hank 这条路径得到“朋友的朋友”结果。换句话说，没有顶点满足模式 Dave -> Hank -> ???。这是一个很好的例子，说明了边的方向有时如何以意想不到的方式影响结果。让我们参照 3.3 节的“朋友的朋友”遍历开始编写遍历，但是将 Ted 替换为 Dave。

提示 最好将代码分成小块编写，并尽早、经常地进行测试。

```
g.V().has('person', 'first_name', 'Dave').
  out().
  out().
  values('first_name')

==>Denise
==>Denise
==>Paras
==>Jim
==>Josh
==>Hank
```


将这个遍历的结果与我们对图的预期结果进行比较，可以确认结果是匹配的。但是，这个图只返回了“朋友的朋友”的名字。我们想要的是“朋友”和“朋友的朋友”顶点的组合。要获得缺失的部分，需要两个新代码段：第一，在遍历过程中给元素起别名；第二，在后面的遍历过程中使用别名元素来选择属性。

1. 在遍历过程中使用 as() 给对元素起别名

这第一个新概念使我们能够检索朋友的名字。我们使用一个新的 Gremlin 操作，即 as() 调节器。

- as()：为上一个操作的输出分配一个（或多个）标签，这些标签可以在同一遍历中被后面的操作访问。

可以将 Gremlin 的 as() 看作类似于在 SQL 中为表分配别名。例如，以下 SQL 语句：

```
SELECT alias_name.* FROM table AS alias_name;
```

在 Gremlin 中表现为：

```
g.V().hasLabel('table').as('alias_name')
```

这两种方法都使用关键字 as 来给数据的特定部分起别名（在 SQL 中，它是一个表；在图中，它是对元素的引用），便于以后可以简单地引用。让我们在每个 out() 操作之后添加 as() 操作来给顶点起别名。然后，图 5-11 分离了在遍历中给顶点起别名的这一部分，并进行了描述。

```
g.V().has('person', 'first_name', 'Dave').
  out().as('f').
  out().as('foff')
```

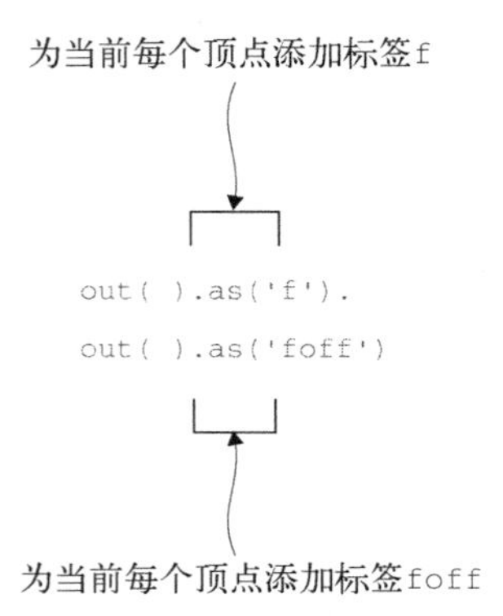

图 5-11　在遍历中，从开始顶点之后的每一个操作都给顶点起别名的部分

在遍历每条 `friends` 边之后，每个顶点都被赋予了别名，如图 5-12 所示。

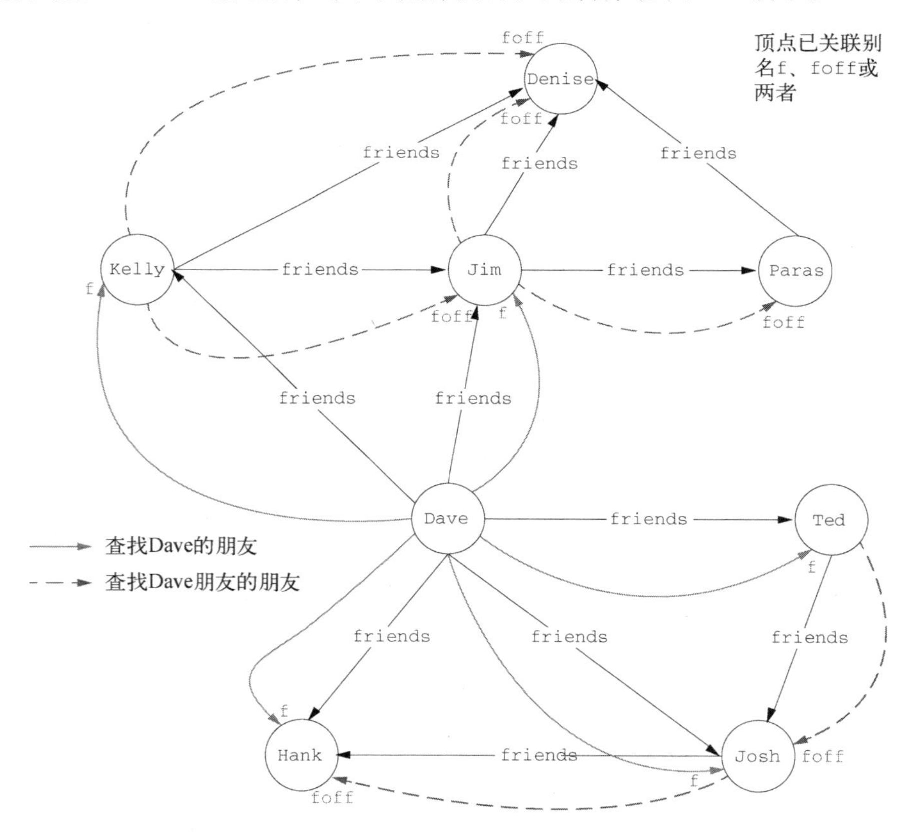

图 5-12　我们的社交网络图显示，对于遍历的每一个操作，每个顶点都被起了别名 f 或 foff

虽然给遍历的每个操作分配一个 as()可能很诱人，但使用它是有代价的。当每个遍历器在图中移动时，它将携带对每个别名元素的引用。创建的别名越多，遍历器需要跟踪的附加操作就越多。因此，最佳做法是只给计划在后面遍历需要检索的操作起别名。现在我们已经把如何在遍历中给元素起别名装进脑海里了，下面来研究第二个新概念：检索别名元素。

2. 返回别名元素

在遍历中检索别名元素需要两个不同的操作。首先需要指定检索哪些别名元素，其次指定返回每个别名元素的哪些属性。在“朋友的朋友”遍历例子中，我们做了以下事情：

(1) 返回所有标签为'f'的元素；

(2) 返回所有标签为'foff'的元素；

(3) 对于每个返回的元素，返回 first_name 属性。

要返回别名元素，需借助一个新的 Gremlin 操作。

- select(string[])：选择先前遍历中的别名元素。该操作总是回顾遍历中的先前操作以找到别名。

select()操作接收一个字符串数组，这些字符串就是要检索的别名。在本例中，指定 select('f', 'foff')来在结果中使用这两个顶点集。为了指定要返回的属性，我们引入了另一个新的 Gremlin 操作，更准确地说是引入了另一个调节器——by()。就像 from()、to()和 as()调节器一样，by()调节器只作用于另一个操作的上下文。在本例中，它将作用于 select()操作（尽管它也可以作用于其他操作，我们将在后面看到）。

- by(key)：指定属性的键，以从相应的别名元素返回值。
- by(traversal)：指定要对相应别名元素执行的遍历。

by()有两种形式。第一种形式接收属性键，然后从标记元素返回相应属性的值。这是一个 Gremlin 语法糖，因为 by(key)等价于 by(values(key))。第二种形式接收遍历，允许我们对标记元素执行额外的操作，例如 valueMap()或 out().valueMap('key')。还可以在 by()调节器内使用复杂的遍历来格式化结果，后续章节将演示更复杂的用法。

by()调节器指定如何处理 select()等操作中相应的别名元素。在本例中，应用第一个形式来指定我们想要来自 select()操作引用的每个别名的 first_name 属性。将 select()和 by()操作放到前面的“朋友的朋友”遍历中，如下所示。

```
g.V().has('person', 'first_name', 'Dave').
  out().as('f').
  out().as('foff').
   select('f', 'foff').
     by('first_name').
     by('first_name')

==>{f=Jim, foff=Denise}
 ==>{f=Jim, foff=Paras}
 ==>{f=Kelly, foff=Jim}
 ==>{f=Kelly, foff=Denise}
 ==>{f=Ted, foff=Josh}
 ==>{f=Josh, foff=Hank}
```

通过这两个概念，可以组合在遍历中来自不同点的元素来创建复杂的结果。在本例中，这意味着不仅包括 Dave 朋友的朋友的名字，还包括他们连接到 Dave 的哪个朋友。我们的遍历产生了预期的 6 个结果，顶点 Jim 和 Kelly 作为朋友被引用了两次。此外，顶点 Hank 也没有包含在“朋友”中，因为 Hank 没有返回相应的“朋友的朋友”顶点。这太棒了，但是为什么会有两个 by()操作呢?

使用 by()语句令人困惑的一个方面是，在 select()语句里指定的每个别名元素都应该有一个对应的 by()语句，以指示要对其执行的操作。此外，by()操作的顺序还要对应于指定别名的顺序。

在本例 select('f', 'foff')中，遍历必须有两个 by()语句。第一个 by()对标记为'f'的元素执行操作，第二个 by()对标记为'foff'的元素执行操作。图 5-13 演示了在例子中 by()操作是如何关联的。

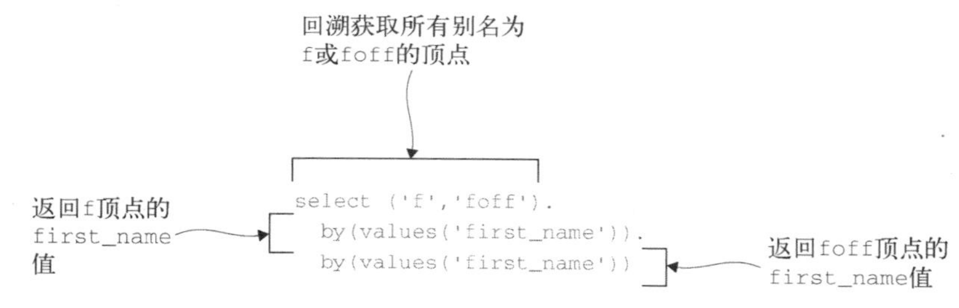

图 5-13　展示选择标记顶点的遍历部分的示意图

说明　严格来说，by()语句的数量可能比引用的元素多，也可能比引用的元素少。在这些情况下，会以循环方式使用 by()语句。这可能会导致混乱，因此应该始终将 by()语句的数量与别名元素的数量进行匹配，以明确对于每个别名应该做什么。

经过检查，在图 5-13 中，我们注意到第一个 by()语句从标记为'f'的顶点返回 first_name 属性，第二个 by()语句从标记为'foff'的顶点返回 first_name 属性。

5.2.2　投射结果而不应用别名

有时，与其在遍历中回溯以获取之前的结果，不如从当前元素向前投射结果。投射结果与以前检索结果的方式不同，是一种简单而微妙的方式。当检索（或选择）数据时，只能获取已经遍历、有别名的信息。当投射结果时，则会创建新的结果，可能会延伸分支到尚未遍历的项。首先对投射与选择进行对比。

- **选择是使用顶点、属性或其他遍历表达式来返回先前标记操作结果的过程。**选择总是回溯到遍历的之前部分。
- **投射是使用顶点、属性或其他遍历表达式来创建从输入到当前操作的结果的过程。**投射总是向前移动，以输入的数据为起点。

了解二者的区别是至关重要的。选择通常用于组合遍历中先前遍历元素的结果。投射通常用于从图中当前位置开始对数据进行分组或聚合（例如，查找一组顶点每个成员的 degree 属性，将在本节稍后部分介绍）。

下面用之前的订单处理图进行说明。对于订单处理图这个例子，让我们回答这样一个问题：订单 ABC123 中的每种产品各被订购过多少次？根据在上一节学到的关于选择结果的内容，使用以下过程。

(1) 找到 order 顶点 ABC123。

(2) 通过 contains 边遍历到每个 product 顶点，别名为 p。

(3) 遍历出所有 contains 边，别名为 c。

(4) 返回一个包括 p 的名称和 c 的计数的选择。

完成操作(1)后，遍历器将位于 order 顶点上。图 5-14 演示了这一操作。

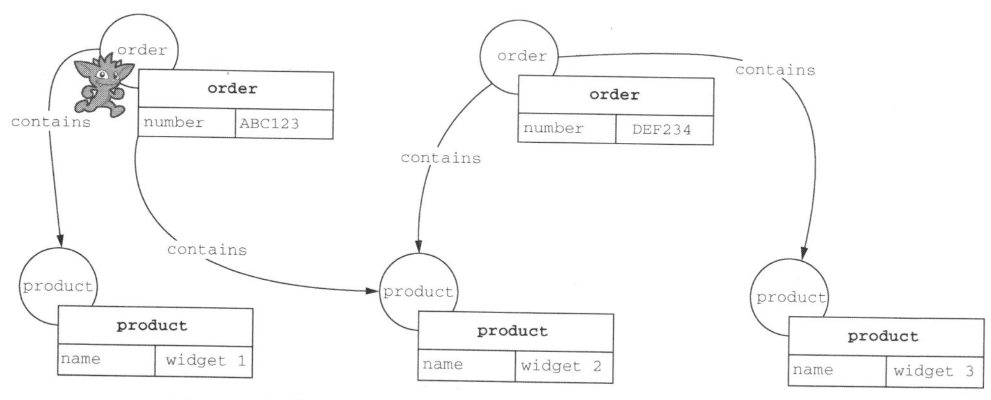

图 5-14 操作(1)之后的订单处理图，遍历器位于 order 顶点上

继续移动，完成操作(2)后将有两个遍历器，每个相邻的 product 顶点上各一个。图 5-15 演示了这一操作。

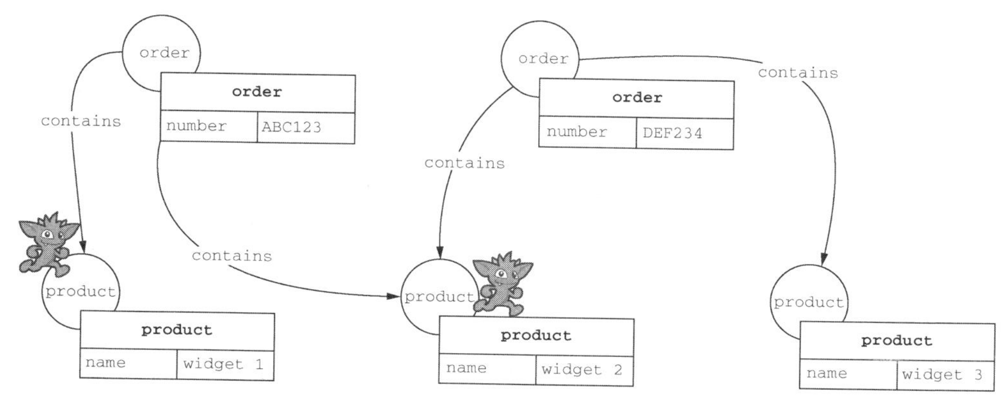

图 5-15 操作(2)之后的订单处理图，遍历器位于 product 顶点上

对于倒数第二个操作（操作(3)），遍历器将位于 contains 边上。图 5-16 演示了这一操作。

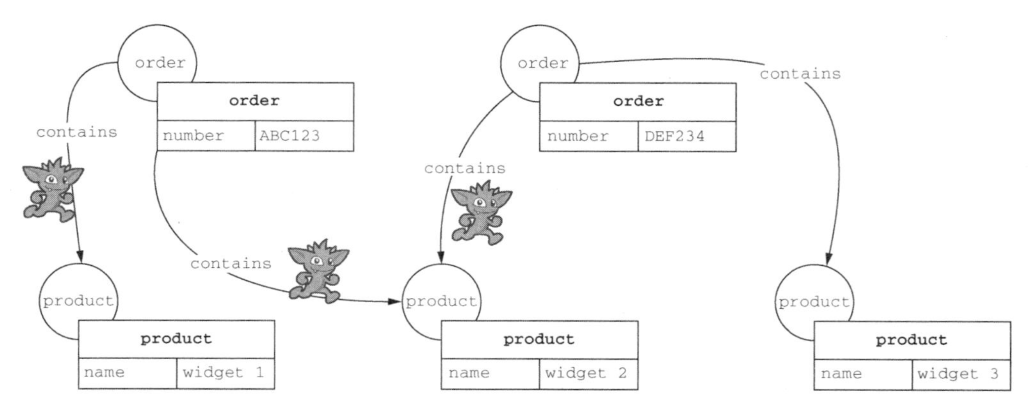

图 5-16 操作(3)之后的订单处理图，遍历器位于 contains 边上

根据所学的关于使用别名和返回结果的知识，这是思考该问题的正确方法。但是，如果数数图 5-16 中的小精灵，会看到有三个。每个小精灵都会根据它知道的情况返回自己的结果。它们知道各自的来源以及占据的边数。这种方法返回了以下结果。

```
{name: widget 1, count: 1}
{name: widget 2, count: 1}
{name: widget 2, count: 1}
```

这是三个小精灵的结果。但是我们想要的是这样的结果。

```
{name: widget 1, count: 1}
{name: widget 2, count: 2}
```

为什么遍历没有返回预期的结果？为什么最终有三个小精灵和三个结果，而且每个结果的计数都是 1？以前，遍历返回值是通过选择先前遍历和标记的元素值生成的。在先前的订单处理遍历中，最终得到了三个遍历器。那该怎么办呢？上述操作大部分是有效的，但需要做一些调整。

(1) 找到 order 顶点 ABC123。

(2) 通过 contains 边遍历到每个 product 顶点。

(3) 遍历出所有 contains 边。

(4) 返回一个包含产品名称和相邻 contains 边计数的投射。

研究这两个过程之间的区别，我们会注意到一些细节。

- 当遍历这些元素时，不再起别名。
- 不需要第二次遍历 contains 边。

在示例遍历中，使用投射来结束特定 product 的 contains 边计数，因为我们希望去 product 顶点的逻辑分支。

我们知道这难以理解，所以看看这在社交网络图的实际例子中是什么样子的。假设用同样的概念来解决疑问“找到图中每个 person 顶点的 degree 属性”，需要执行以下操作。

(1) 找到图中的所有 person 顶点。

(2) 创建一个包含 name 键和 degree 键的新 result 对象。

(3) 对于 name 键，返回该 person 的 first_name。

(4) 对于 degree 键，返回该 person 所有边的数量。

我们还需要一个新的操作，即 project()操作。

- project(string[])：将当前对象投射到由 by()调节器中的标准指定的一个或多个新对象。

让我们应用所学的 by()调节器和投射。图 5-17 展示了应该从中得到的遍历。

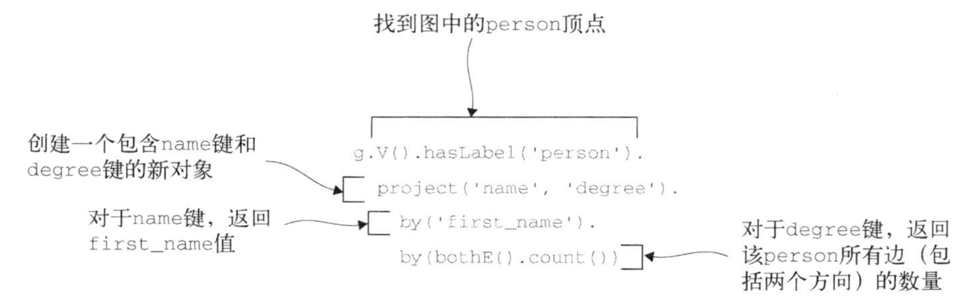

图 5-17　展示描述 project()操作的遍历部分的示意图

就像使用 select()一样，我们将使用 by()调节器指示 project()操作如何返回结果。

重要提醒　在这个遍历中，我们没有在第二个 by()语句中指定属性名，而是指定了其他遍历操作。这个 by()语句将接收传入元素（在本例中为 person 顶点），然后从图中当前点执行其他遍历操作。在 by()操作中指定额外遍历操作的能力并不是 project()独有的。可以用 select()或其他 Gremlin 操作去指定这些子遍历。这非常强大——能够在遍历或操作内执行复杂操作。

当在复杂的社交网络图上运行该遍历时，会得到以下结果。

```
g.V().hasLabel('person').
  project('name', 'degree').
    by('first_name').
    by(bothE().count())

==>{name=Dave, degree=5}
==>{name=Paras, degree=2}
==>{name=Josh, degree=3}
==>{name=Denise, degree=3}
==>{name=Ted, degree=2}
==>{name=Hank, degree=2}
==>{name=Kelly, degree=3}
==>{name=Jim, degree=4}
```

温故而知新，让我们总结一下选择和投射这两种方法的区别。图 5-18 对其进行了比较。

- **选择使用 `select()` 操作，基于先前遍历的图元素创建结果集。**为了使用 `select()` 操作，用 `as()` 操作为每个元素别名，以供后面使用。
- **投射使用 `project()` 操作，从图中当前位置发出分支并创建新对象。**在目前的例子中，有一个元素保持不变，那就是人的名字，但是需要通过进一步遍历图来计算其他元素以返回朋友的数量。

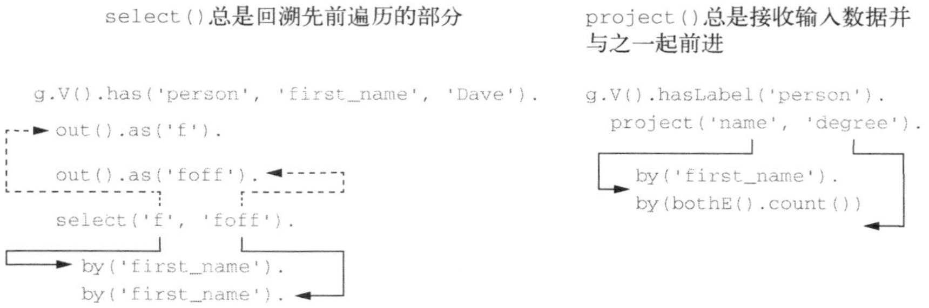

```
select()总是回溯先前遍历的部分

g.V().has('person', 'first_name', 'Dave').
  out().as('f').
  out().as('foff').
  select('f', 'foff').
    by('first_name').
    by('first_name').
```

```
project()总是接收输入数据并
与之一起前进

g.V().hasLabel('person').
  project('name', 'degree').
    by('first_name').
    by(bothE().count())
```

图 5-18　select()操作回溯到之前别名的操作，而 project()操作将接收输入数据并与之一起前进

即使你觉得很难马上掌握该技能去处理结果，也不用担心。经验告诉我们，与许多强大的软件概念一样，要掌握技术去得出预期的结果是需要一些实践的。通过经常练习，你将能更加自然地掌握该技术。**经常练习**是指不断试错，直到得到预期的结果。现在，我们知道了如何构造复杂的结果结构，那么如何以可预测的方式返回这些结果结构呢？

5.3　对结果进行组织

本节将研究另外两种处理结果的机制：排序和分组。大多数客户想要漂亮、干净、有序的数据。但是，与大多数关系数据库一样，图数据库在默认情况下不能保证结果的顺序。这就引出了组织结果数据的三个最常见的需求：

- 对结果排序；
- 对结果分组；
- 限制结果记录的数量。

5.3.1　对图遍历返回的结果排序

客户端通常希望返回的数据按一个或多个属性排序。例如，当按名字显示图中的每个人时，人们通常希望看到按字母顺序排列的结果。这留给我们两个选项。

第一个选项是把所有名字返回给客户端，然后在应用程序内存中对这些数据进行排序。这虽然行得通，但是不可取。例如，假设我们的应用程序只显示（可能）100 个名字中的前 10 个。在

客户端对所有数据进行排序意味着要返回所有 100 个值，然后对这些值进行排序并选择前 10 个值。这很低效，不仅增加了客户端的负载，而且增加了数据库和网络的负载。虽然在某些情况下这可能是有意义的，例如要缓存应用程序中的所有名字以重复利用，但是我们通常希望减少不必要的工作。

因此只有第二个选项了：首先在服务器端对名字进行排序。这是关系数据库经常采用的方法，在图数据库中也很常见。在 SQL 中，使用如下 ORDER BY 子句。

```
SELECT *
FROM person
ORDER BY first_name;
```

图数据库的语法是类似的。实际上，要在 Gremlin 排序结果，我们使用以下操作。

- order()：将遍历到此点为止的所有对象收集到一个列表中，该列表根据附带的 by() 调节器排序。

这个新操作与 by() 调节器一起使用，指定如何排列数据以及使用哪个属性对结果排序。例如，要按 first_name 对图中每个 person 顶点的名字进行排序，可以使用以下遍历。

```
g.V().hasLabel('person').values('first_name').
  order().
    by()

==>Dave
==>Denise
==>Hank
==>Jim
==>Josh
==>Kelly
==>Paras
==>Ted
```

order() 操作默认按升序排列。要按降序排列，则在 by() 操作中指定 decr 参数，如下所示。

```
g.V().hasLabel('person').values('first_name').
  order().
    by(decr)

==>Ted
==>Paras
==>Kelly
==>Josh
==>Jim
==>Hank
==>Denise
==>Dave
```

虽然按升序或降序排列很常见，但我们有时希望随机地对数据排序，例如在采样时。为此，在 by() 操作中使用 shuffle 参数。

```
g.V().hasLabel('person').values('first_name').
  order().
    by(shuffle)

==>Dave
==>Jim
==>Ted
==>Paras
==>Kelly
==>Hank
==>Denise
==>Josh
```

排序可能是格式化数据最常见的需求，另一个典型需求是对组中的项进行分组或计数。

5.3.2 对图遍历返回的结果分组

如果回到前面的“朋友的朋友”遍历，客户可能希望返回的列表按他们是 Ted 哪些朋友的朋友来分组。在这种情况下，我们面临与对数据排序相同的选择：要么在客户端的应用程序中执行工作，要么在服务器端的数据库中执行工作。

我们有一个自然的愿望，也是一个应该鼓励的愿望，那就是尽量将这项工作推向尽可能接近数据的地方。在 SQL 中，我们通过使用 `GROUP BY` 子句实现这一点。

```
SELECT f.person_id, count(foff.*)
FROM person
 INNER JOIN friends AS f ON f.person_id = person. id
 INNER JOIN friends AS foff ON foff.person_id = f.friend_id
WHERE person.first_name = 'Ted'
GROUP BY f.person_id;
```

与对数据排序类似，图数据库在 Gremlin 中的分组语法很像上述语句。要执行这些分组操作，可以使用以下任一操作。

- `group()`：根据指定的 `by()` 调节器对结果分组。使用一个或两个 `by()` 调节器来对数据分组。第一个 `by()` 调节器指定分组的键。第二个 `by()` 调节器如果存在，将指定值；如果不存在，则将传入数据收集为与分组键相关联的值列表。
- `groupCount()`：根据指定的 `by()` 调节器对结果分组和计数。需要一个 `by()` 调节器来指定键。值总是通过 `count()` 操作进行聚合。

接下来，应用这些操作将 Dave 所有朋友的朋友按他的其朋友分组。

```
g.V().has('person', 'first_name', 'Dave').
  both().
  both().
  group().
    by('first_name')

==>{Denise=[v[19], v[19]], Ted=[v[4]], Hank=[v[6]], Paras=[v[17]], Josh=[v[2],
    v[2]], Dave=[v[0], v[0], v[0], v[0], v[0]], Kelly=[v[13]], Jim=[v[15]]}
```

可以看到，遍历返回一个 `Map`，包含了每个名字的顶点数组。因为没有指定第二个 `by()` 调节器，所以它只是将顶点的引用收集到一个列表中。为了更容易阅读，让我们使用 unfold() 操作。

- unfold()：将一个可迭代或 map 结果的各个组成部分展开。

对结果应用 unfold() 操作，将其展开为每个名字的单独记录。例如：

```
g.V().has('person', 'first_name', 'Dave').
  both().
  both().
  group().
    by('first_name').
  unfold()

==>Denise=[v[19], v[19]]
==>Ted=[v[4]]
==>Hank=[v[6]]
==>Paras=[v[17]]
==>Josh=[v[2], v[2]]
==>Dave=[v[0], v[0], v[0], v[0], v[0]]
==>Kelly=[v[13]]
==>Jim=[v[15]]
```

如果只对 Dave 的哪个朋友最受欢迎感兴趣，而不是返回每个名字的实际顶点呢？要进行聚合分组，需要按名字对组进行计数，因此使用 groupCount() 操作：

```
g.V().has('person', 'first_name', 'Dave').
  both().
  both().
  groupCount().
    by('first_name').
  unfold()

==>Denise=2
==>Ted=1
==>Hank=1
==>Paras=1
==>Josh=2
==>Dave=5
==>Kelly=1
==>Jim=1
```

groupCount() 操作只是一个小语法糖，最常用于 group() 操作——聚合计数。为了进行快速比较，以及很好地演示如何在 by() 调节器中使用遍历的，下面展示 groupCount() 操作的 group() 版本。

```
g.V().has('person', 'first_name', 'Dave').
  both().
  both().
  group().
    by('first_name').
    by(count()).
  unfold()
```

```
==>Denise=2
==>Ted=1
==>Hank=1
==>Paras=1
==>Josh=2
==>Dave=5
==>Kelly=1
==>Jim=1
```

注意我们如何在第二个 by()调节器中使用了一个操作（count()操作）的遍历。group()操作由 by()应用于共享相同 first_name 值的所有入顶点。如这些示例所示，图数据库的分组和排序结果与在关系数据库使用的过程类似。

5.3.3　限制结果记录的数量

对结果进行组织的最后一个主题是返回数据的子集。这通常用于最小化结果数量或分页功能。例如，假设想要返回图中所有人的名字，但是图中包含 100 万人。有应用程序能同时显示这 100 万个名字吗？通常我们希望限制初始结果的数量，然后允许用户以记录组的形式遍历数据集。这种方法是许多类型应用程序使用的标准方法。

与分组或排序一样，仍然存在问题：是在客户端还是在服务器端执行？对于这种情况，在将数据返回给客户端之前，限制服务器上的数据数量几乎总是更佳的。这将大大减少从数据库到网络、再到应用程序整个栈的资源消耗。在 SQL 中，使用如下 LIMIT 子句。

```
SELECT *
FROM person
LIMIT 10;
```

与前面一样，图数据库的语法是类似的。但是，Gremlin 有三个不同的操作，取决于所需的不同结果：数据集的前 X 个结果、后 X 个结果或者中间的 X 个结果。

- limit(number)：返回数据集的前 number 个结果。
- tail(number)：返回数据集的后 number 个结果。
- range(startNumber, endNumber)：返回数据集中从第 startNumber 个（包含第 startNumber 个，从 0 算起）到第 endNumber 个（不包含第 endNumber 个）结果。

这三个操作通常与排序操作搭配使用，因为图遍历默认不能保证返回数据的顺序。假设我们只想返回图中按 first_name 排序的前三个名字。如果扩展在排序部分构建的遍历，添加 limit()操作，则会得到如下所示的遍历。

```
g.V().hasLabel('person').values('first_name').
  order().
    by().
  limit(3)

==>Dave
==>Denise
==>Hank
```

如果想反过来，返回最后三个名字呢？我们将如何完成这项任务？

练习 花些时间想想你学到的对结果进行组织的知识。你会怎么回答这个问题？

有两种方法可以做到这一点。第一种方法是使用之前的遍历，但是按降序（而不是升序）排列名称，然后将结果限制在前三个。第二种方法是使用 `tail()`操作（而不是 `limit()`操作），如下所示：

```
g.V().hasLabel('person').values('first_name').
  order().
    by().
  tail(3)

==>Kelly
==>Paras
==>Ted
```

这两种方法都实现了同一个目标。因此，你可以自行决定选择。

要讨论的最后一个需求是对结果分页。假设希望结果按名字排序，但一次只返回三个结果。我们将使用 `range()`操作指定要返回的第一个和最后一个结果编号。

```
g.V().hasLabel('person').values('first_name').
  order().
    by().
  range(0, 3)

==>Dave
==>Denise
==>Hank
```

通过操纵 `startNumber` 和 `endNumber` 的值，就可以对结果分页了。例如，如果想移动到结果的第二页，可以通过将 `range` 操作的值递增到 `range(3, 6)`来实现。

5.4 将操作组合成复杂的遍历

基于所有这些操纵数据的方式，我们将分享最后一个例子，将这些概念组合在一起来回答问题：Dave 的哪三个朋友有最多的连接？我们将从答案开始，然后将其分解为各个组成部分。首先，回答这个问题的遍历如下。

```
g.V().has('person', 'first_name', 'Dave').
  both().
  both().
  groupCount().
    by('first_name').
  unfold().
  order().
    by(values, desc).
    by(keys).
```

```
  project('name', 'count').
    by(keys).
    by(values).
  limit(3)

==>{name=Dave, count=5}
==>{name=Denise, count=2}
==>{name=Josh, count=2}
```

当你习惯于最多只有 5 个操作的遍历时，上面的遍历理解起来就有些难了。这个遍历有 9 个操作加 5 个调节器。第 8 章将介绍一种用于开发更复杂遍历（比如上面这个）的方法。对于本章这最后一个示例，我们将基于已写过的遍历来逐步讲解。

第一步是弄明白遍历作者的意图。在本例中，我们知道遍历是为了回答特定的问题：Dave 的哪三个朋友有最多的连接？当我们看别人写的遍历时，可能并不总能明白他们的意图。考虑到有一天可能有其他开发人员需要维护你所写的遍历，我们建议使用描述性的方法名（例如 `getTop3FriendOfFriendsByEdgeCount`）或在代码中包含有帮助的注释。本节稍后将讨论如何添加注释。

第二步是确定遍历的起点。起点是一个顶点或者一种类型的顶点。我们通过查看开头的**所有**筛选操作来弄明白到底是一个还是一种。记住，像 `has()` 这样的筛选操作可以被高效地链接在一起。在本例中，遍历从单个顶点 `Dave` 开始，然后再遍历到图的其他部分。

```
g.V().has('person', 'first_name', 'Dave')
```

接下来，我们希望按顺序讲解每个操作或操作集合。在讲解这些操作的过程中，我们希望你理解自己在图中的各个位置。有时，我们发现在代码中添加注释作为笔记很有帮助。例如，在前几个操作中，可以添加如下注释。

```
g.V().has('person', 'first_name', 'Dave'). // single person: Dave
  both().                                  // friends
  both()                                   // friends of friends
```

这有助于跟踪每个操作的输出。唯一的问题是，并非所有遍历处理器都支持这样的内联注释。例如，虽然 IDE 将其识别为有效的 Groovy 代码，但如果试图运行它，Gremlin Console 会给出一个错误。为了能够在 Gremlin Console 中运行这段代码，需要将注释改为以下形式。

```
// single person: Dave
g.V().has('person', 'first_name', 'Dave').
  // friends
  both().
  // friends of friends
  both()
```

但这使得遍历变得冗长，而且益处不大。在这些情况下，我们倾向于在 IDE 或编辑器中保留两个版本的遍历：一个带有注释，另一个用于测试。不管怎样，可以看到前三行把我们带到了 Dave 朋友的朋友那里。在 Gremlin Console 中测试得到：

```
g.V().has('person', 'first_name', 'Dave').
  both().
  both()

==>v[19]
==>v[17]
==>v[0]
...
```

让我们看看下一组操作：groupCount()（by()调节器）和 unfold()。可以通过 Gremlin Console 运行这些操作并查看结果。

```
g.V().has('person', 'first_name', 'Dave').
  both().
  both().
  groupCount().
    by('first_name').
  unfold()

==>Denise=2
==>Ted=1
==>Hank=1
==>Paras=1
==>Josh=2
==>Dave=5
==>Kelly=1
==>Jim=1
```

由此可以看到，我们得到了一系列键–值对，其中键是“朋友的朋友”顶点的 first_name，值是它在结果中出现的次数。回到开始所讲的问题，输出结果包括 Dave 朋友的朋友和他们的连接数量。groupCount()操作处理所需的分组(按朋友的朋友的名字来分)和计数聚合。unfold()操作用于简化排序，接下来是：

```
g.V().has('person', 'first_name', 'Dave').
  both().
  both().
  groupCount().
    by('first_name').
  unfold().
  order().
    by(values, desc).
    by(keys)

==>Dave=5
==>Denise=2
==>Josh=2
==>Hank=1
==>Jim=1
==>Kelly=1
==>Paras=1
==>Ted=1
```

排序语句变得有趣了。首先，按值的降序排列，然后按键排序。按键排序是一种打破僵局的好方法，可以确保得到相对确定的结果。我们不确定按名字的字母顺序排列是否是最好的方法，但它确实可以确保一致性。现在，让我们重新格式化这些结果，以便更容易地用客户端程序进行解析。

```
g.V().has('person', 'first_name', 'Dave').
  both().
  both().
  groupCount().
    by('first_name').
  unfold().
  order().
    by(values, desc).
    by(keys).
  project('name', 'count').
    by(keys).
    by(values)

==>{name=Dave, count=5}
==>{name=Denise, count=2}
==>{name=Josh, count=2}
==>{name=Hank, count=1}
==>{name=Jim, count=1}
==>{name=Kelly, count=1}
==>{name=Paras, count=1}
==>{name=Ted, count=1}
```

然后使用 project()操作为结果的属性添加清晰的标签。如果在单个遍历中处理数据，这可能没有必要，但是在将结果返回给另一个程序时，这是一个很好的做法。现在，剩下的唯一操作是限制结果的数量。

```
g.V().has('person', 'first_name', 'Dave').
  both().
  both().
  groupCount().
    by('first_name').
  unfold().
  order().
    by(values, desc).
    by(keys).
  project('name', 'count').
    by(keys).
    by(values).
  limit(3)

==>{name=Dave, count=5}
==>{name=Denise, count=2}
==>{name=Josh, count=2}
```

这个例子演示了如何将本章中的概念和构造结合起来为客户端软件格式化结果。另外，我们还介绍了如何一步一步地检查遍历以理解其操作。第 6 章将结合前几章中的技能来构建一个可工作的应用程序。

5.5 小结

- 默认情况下，图数据库不返回元素属性，因此必须显式请求这些属性。在 Gremlin 中，我们使用 `values()`和 `valueMap()`等操作以所需的形式检索值。
- 遍历中的别名允许在后面的操作中引用前面操作的结果，从而支持组合强大的遍历。
- 选择操作和投射操作从多个顶点或边创建复杂的结果，从而允许组成复杂的结果结构。
- 选择操作基于先前遍历的图元素创建结果集。为了使用 `select()`操作，我们使用 `as()`操作给元素起别名，以便在后面的操作中使用。
- 投射操作从图的当前位置运行，并创建具有静态或计算属性的新对象。
- 使用 `order()`、`group()`和 `groupCount()`操作进行排序、分组或按组计数是转换结果的常用方法。
- `limit()`操作可以限制结果的数量，`tail()`操作用于返回最后 *X* 条记录，`range()`操作允许对结果分页。
- 在将结果返回给客户端之前，可以组合不同的操作来对数据库中的遍历结果执行复杂的操作和转换。如果使用得当，可以提高数据库、跨网传输数据和应用程序本身的性能。

第 6 章

开发应用程序

本章内容

- ❑ 建立一个项目
- ❑ 选择数据库驱动并连接到数据库
- ❑ 把递归和寻路遍历转换成 Java 方法
- ❑ 在应用程序内处理遍历结果

第 3、第 4 和第 5 章讨论了怎样编写遍历，但这只是创建应用程序的一部分。应用程序还需要处理诸如连接到数据库、管理用户输入以及把遍历结果变成可用形式等任务。虽然处理这些任务的过程和在关系数据库环境下类似，但还是有一些关键差别，让我们来看看在图数据库环境下如何处理这些任务吧。

本章将使用在前几章编写的遍历来演示如何将其转换成用 Java 编写的应用程序。我们会从建立项目开始，包括选择正确的图数据库驱动；接下来讲解如何连接到图数据库；最后展示怎样把 Gremlin 遍历转换成等价的 Java 代码和处理结果。在本章结束时，我们会有一个基于“友聚”社交网络、功能齐全的应用程序。

注意 如果你还没有下载本章的相应代码，可以从 ituring.cn/book/2889 下载，本章代码放在 chapter06 文件夹中。

以下所有示例都假设我们的复杂社交网络数据集已经被加载。要在 macOS 或 Linux 系统上完成这一点，运行以下命令：

```
bin/gremlin.sh -i $BASE_DIR/chapter06/scripts/6.1-complex-social-network.groovy
```

在 Windows 系统上，则运行：

```
bin\gremlin.bat -i $BASE_DIR\chapter06\scripts\6.1-complex-social-network.groovy
```

chapter06/java 文件夹里有三个不同版本的应用程序。每个版本都放在一个独立的目录中。

- ❑ skeleton（骨架版本）：不含任何代码的应用程序骨架，只有为方法预留的桩（stub）。适合想自己编写代码的读者。

- commented（注释版本）：项目所需的所有代码都已经写好，但被注释掉了。适合不想敲代码但又想了解代码的读者。
- completed（已完成版本）：完整的、可用的应用程序版本。适合只想检视最终产品的读者。

我们推荐读者阅读每个版本目录里的 README.md 文件，因为它包含了环境准备的细节以及构建、运行应用程序的具体操作。为了循序渐进地理解本章的内容，最好的方式就是在你的 IDE 里建立两个项目，每个都有自己的实例或窗口。比如，在左边的窗口显示已完成版本作为参考，在右边的窗口打开骨架版本，进行编程。

6.1 开始项目

对于一个基于数据的软件开发项目，首先必须处理一堆基础任务。不管我们的基础数据库是关系数据库还是图数据库，每个项目都需要解决以下问题。

- 选择工具：开发语言和数据库。
- 建立软件项目。
- 选择合适的数据库驱动。
- 准备数据库服务器实例。

每个问题都需要一个框架来编写和测试代码。由于我们的最终目标是构建一个基于“友聚”社交网络、功能完整的应用程序，本节会讨论要为这个图数据库项目所做的决定。虽然这个过程和在关系数据库环境下相似，但我们会突出一些关键差别。

如果你有做这些设置工作的丰富经验，可以直接查看 6.2 节和代码的骨架版本。经验丰富的 Java 开发人员应该可以粗略浏览这个版本并在数分钟内自行完成设置工作。熟悉其他语言的开发人员则可能需要更仔细地阅读本节来比较 Java 生态系统和其他软件开发语言环境的差异。

6

6.1.1 选择工具

为任何基于数据的应用程序选择开发工具，都有两点需要考虑：使用什么开发语言和基于什么数据库。本节将分别讨论这两点。

1. 使用 Java 作为开发语言

考虑到流行度，我们选择了这对最佳搭档——常年位居排行榜前茅的编程语言 Java（版本号为 8）和常用的构建工具 Maven（版本号为 3.5）。这也是使用图数据库时最常用的一对搭档。

注意 即使你不是 Java 程序员，也不用绝望。几乎所有图数据库都支持各种主流开发语言，而且本章讨论的很多概念都能迁移到不同的语言中，只有一些语言特定的小区别。

---

2. 使用 Gremlin Server 作为数据库实现

市场上有很多商用图数据库，而且不少提供了与 Apache TinkerPop 兼容的接口。为简单起见并减轻本地开发的负担，我们决定使用 Apache TinkerPop 引用实现，称为 Gremlin Server。你可以在附录中找到它的安装和配置指南。虽然它可能不是你选择的数据库，但我们有信心这里的代码和示例可以被轻松地迁移到任何 Apache TinkerPop 兼容的图数据库。

如果选择了非 Apache TinkerPop 直接兼容的图数据库，就可能较难直接使用我们提供的代码和示例。本章讨论的概念几乎都是通用的，但其他数据库会有自己的方法来完成像连接数据库、运行遍历和处理结果这样的任务。

6.1.2 设置项目

针对不同的编程语言，建立开发项目的过程是不一样的。在本例中，我们选择了 Java 和 Maven，所以项目中会有一个目录包含用来指定依赖和构建指令的 pom.xml 文件，以及展示源代码的 App.java 文件。作为一种好的开发习惯，我们还应该保留 README.md 文件来描述构建指引，以及.gitignore 文件来让代码控制器保持整洁。

6.1.3 选择驱动程序

开发应用程序的一个首要任务就是指定一个合适的驱动程序来连接数据库。这不是一种独特的需求，只要使用数据库，不管是关系数据库还是图数据库，任何应用程序都需要驱动程序。在本例中，我们使用 Apache TinkerPop Gremlin Driver 来连接 Gremlin Server。由于选择了用 Maven 来构建 Java 应用程序，需要在 pom.xml 文件里通过以下配置来增加对 Apache TinkerPop Gremlin Driver 的引用。

```
<dependency>
    <groupId>org.apache.tinkerpop</groupId>
    <artifactId>gremlin-driver</artifactId>
    <version>3.4.6</version>
</dependency>
```

注意　可以在 Maven Repository 网站中找到 Gremlin Driver。

对于 C#项目，我们会使用像 NuGet 这样的工具增加对 Apache TinkerPop Gremlin.Net 驱动程序的依赖。这个过程具体如何，取决于你选用的语言和构建工具的“规范”。让我们确保项目的基本构建是可以工作的。在终端窗口里，在应用程序所在的目录下，可以通过使用以下命令达成目标。

```
mvn clean compile
```

这个构建的结果会显示 `BUILD SUCCESS` 作为输出。

```
[INFO] Scanning for projects...
[INFO]
[INFO] ----------------< com.diningbyfriends:diningbyfriends >-------------
[INFO] Building diningbyfriends 1.0
[INFO] --------------------------------[ jar ]-----------------------------
```

```
[INFO]
[INFO] --- maven-clean-plugin:2.5:clean (default-clean) @ diningbyfriends -
[INFO]
[INFO] --- maven-resources-plugin:2.6:resources (default-resources) @ ga --
[INFO] Using 'UTF-8' encoding to copy filtered resources.
[INFO]
[INFO] --- maven-compiler-plugin:3.8.1:compile (default-compile) @ ga ---
[INFO] Changes detected - recompiling the module!
[INFO] Compiling 1 source file to chapter06/skeleton/target/classes
[INFO] ------------------------------------------------------------------
[INFO] BUILD SUCCESS
[INFO] ------------------------------------------------------------------
[INFO] Total time: 2.962 s
[INFO] Finished at: 2019-12-07T15:18:39-06:00
[INFO] ------------------------------------------------------------------
```

成功的构建输出文本

如果你没有得到 BUILD SUCCESS 的结果，请检查设置或与骨架版本比较一下。

6.1.4 准备数据库服务器实例

开发应用程序的最后一项准备工作是配置需要使用的数据库。在关系数据库管理系统中，写代码之前要创建一个新的数据库，并显式地定义模式（schema）或数据模型元素（如表、列、视图、键、索引等）。Apache TinkerPop Gremlin Server 不需要预先定义图的模式，虽然其他图数据库厂商可能需要。

由于使用 Gremlin Server，我们可以在不预先定义图的模式或数据模型的情况下开始写代码。当然，你需要如本章之前说明的那样把数据加载好。如果想验证你的服务器能否正常启动和运行，可以在 Gremlin Console 里使用 g 命令，如下所示。

```
         \,,,/
         (o o)
-----oOOo-(3)-oOOo-----
plugin activated: tinkerpop.server
plugin activated: tinkerpop.utilities
plugin activated: tinkerpop.tinkergraph
gremlin> g

==>graphtraversalsource[tinkergraph[vertices:8 edges:12], standard]
```

请记住，g 就是我们的 GraphTraversalSource（图遍历源）。数据加载脚本使用在 Gremlin Server 中预先配置好的 g。以上命令的返回信息告诉我们，服务器的图有 8 个顶点和 12 条边。

在本章的余下部分，我们会通过应用程序的代码来和服务器进行所有互动。如果需要，可以让 Gremlin Console 保持运行。我们在编程的时候经常这么做，因为这能帮助我们以更具交互性的方式检查数据。这就像我们在使用 IDE 编程的同时运行 Toad®、Microsoft 的 SQL Server Management Studio 或 Oracle 的 Developer 工具一样，便于检查数据的状态或调试应用程序。一切就绪，可以开始构建应用程序了。

6.2 连接数据库

现在，我们的项目已经配置好了合适的驱动程序，也有了待连接的服务器，下一步就是编写代码来连接我们的图数据库。在这个应用程序中，和大多数情况一样，我们通过一个网络访问节点来连接数据库，类似于 JDBC 驱动程序连接关系数据库的方式。连接图数据库需要以下两个操作。

- 建立数据库配置对象，称为 `Cluster`。
- 建立 `GraphTraversalSource`。

6.2.1 集群配置

连接图数据库首先要建立的东西类似于关系数据库的 JDBC 连接字符串。在支持 TinkerPop 的图数据库中，这叫作集群配置（cluster configuration）。该配置指定了应用程序与图数据库服务器连接的服务器和端口。

我们逐行来看这个创建集群配置的过程。如果你一直在跟踪代码，本节会演示 `connectToDatabase()` 方法的构造。我们从创建集群配置所需的导入类入手。

```
import org.apache.tinkerpop.gremlin.driver.Cluster;
```

Java 程序员应该相当熟悉这一行，它从 Gremlin 驱动库中导入了需要的 `Cluster` 类。就像 JDBC 的 `Connection` 对象一样，我们使用 `Cluster` 对象向数据库发出遍历指令。观察 `connectToDatabase()` 方法的第一行，我们看到它创建了一个 `Cluster.Builder` 实例。

```
Cluster.Builder builder = Cluster.build();
```

`Cluster.Builder` 实例就是配置连接数据库参数的载体。`Cluster` 对象用建造者（builder）设计模式一步一步地构造复杂的配置。下两行展示了如何使用建造者模式添加服务器地址和端口。

```
builder.addContactPoint("localhost");
builder.port(8182);
```

第一行指定了我们要连接的服务器的监听地址——localhost。第二行指定了连接端口是 8182，即 Gremlin Server 的默认端口。就像其他数据库那样，集群建造者还有很多其他配置，比如指定用于验证的用户名和密码。为了保持简单，这里仅定义这两个连接所需的必需配置。

不指定要连接的图吗？

你可能会感到惊奇：为什么不需要在连接配置中指定一个数据库（或图）的名字呢？在关系数据库中，指定数据库的名字是非常普遍的做法，因为一台关系数据库服务器常常有多个数据库。然而，对于绝大多数图数据库服务器，每个实例仅支持一个图。由于只有一个图，就不需要指定使用哪个。

有几个图数据库的服务器支持多个图。在这些数据库中，必须使用官方提供的驱动程序。这些驱动程序需要额外的配置参数，如图的名字。

我们的代码现在有一个正确配置的 Cluster 对象了，但还没有连接到服务器。连接服务器是通过在 builder 实例上调用 create()方法来实现的。

```
builder.create();
```

把这些代码整合起来，就得到了以下方法。

```
import org.apache.tinkerpop.gremlin.driver.Cluster;

public static Cluster connectToDatabase() {
    Cluster.Builder builder = Cluster.build();
    builder.addContactPoint("localhost");
    builder.port(8182);

    return builder.create();
}
```

设置服务器的位置

导入需要的类

创建 Cluster 建造者实例

指定连接数据库的端口

连接数据库

太好了，现在可以连接到服务器了，这是正确方向上的重要一步！

6.2.2 建立 GraphTraversalSource

随着配置的完成和服务器连接的建立，离运行遍历只有最后一步了：建立所需的遍历源。正如在第 3 章讨论的，遍历源是所有遍历的操作对象。在 Java 里，GraphTraversalSource 类就是遍历源的代表。换句话说，GraphTraversalSource 就是 g.V()和 g.E()里的 g。

前面的章节使用 Gremlin Console 中预定义的遍历源作为启动脚本的一部分。要在 Java 里实现同样的功能，我们在应用程序中创建一个 GraphTraversalSource 类。本节会演示使用 getGraphTraversalSource 来构造这个类。

第一步是实例化 GraphTraversalSource 来建立 Traversal 类。在 Java 里，使用 traversal.AnonymousTraversalSource 类里的静态函数 traversal()。当它被调用时，它会返回一个 GraphTraversalSource 类。

由于要连接到网络，我们需要使用 Traversal 对象的 withRemote()方法来指定创建一个远程连接。要实现这一点，把前一节创建的 cluster 对象传递给静态方法 DriverRemoteConnection.using()，如下所示。

```
traversal().withRemote(DriverRemoteConnection.using(cluster));
```

把它们整合起来，得到以下代码。

```
public static GraphTraversalSource getGraphTraversalSource(Cluster cluster) {
  return traversal().
    withRemote(
      DriverRemoteConnection.using(
          cluster)
    );
}
```

创建一个静态 Traversal 实例

指定我们需要创建一个远程连接

指定我们需要使用的主机名和端口号

传递前面创建的 cluster 对象

太好了！这个方法返回了 GraphTraversalSource 对象，可以用作所有遍历的起点。我们知道这显得有些陈旧。实际上，有一些不同的方法来建立和配置遍历源的远程连接，而且某些产品厂商有时会提供其产品的指定用法。

GraphTraversalSource 的模式：远程/分离式或嵌入式/API

GraphTraversalSource 的 toString 输出有点令人费解。要记住的是，我们已经把 GraphTraversalSource 配置成了远程连接。在 TinkerPop 的世界，有时这叫作“分离式”。“分离式”的意思是图数据库不与驱动程序和应用程序在相同的处理和内存空间。请记住，TinkerPop 能以两种模式运行。

- **嵌入模式**：图在应用程序的内存和处理空间中操作，而不是作为外部资源被访问。这种配置需要添加额外的库到项目中。本书不会采用这种方式。
- **网络模式**：图数据库作为外部资源操作，通过网络连接。在使用其他类型的数据库时，我们最常想到的就是这种模式。市场上的所有图数据库都支持这种方式。

本书由始至终使用网络模式，因为它能和所有支持 Apache TinkerPop API 的主流图数据库产品配合。

把两个方法（connectToDatabase 和 getGraphTraversalSource）放在一起，可以得到如下简单程序，用于配置和连接启用网络的图数据库并打印一些基本信息。

```
public static void main( String[] args ) {
    Cluster cluster = connectToDatabase();
    System.out.println("Using cluster connection: " + cluster.toString());
    GraphTraversalSource g = getGraphTraversalSource(cluster);
    System.out.println("Using traversal source: " + g.toString());
    cluster.close();
}
```

请记住，基于惯例，我们使用变量 g 代表 GraphTraversalSource，但这其实是一个随意的约定。像 gts、traversal 或 graphSource 这样的术语也是合适的。我们比较保守，所以坚持使用 g。运行程序，会得到以下信息。

```
$ mvn -q clean compile exec:java -Dexec.mainClass="com.diningbyfriends.App"
Using cluster connection: localhost/127.0.0.1:8182
Using traversal source: graphtraversalsource[emptygraph[empty], standard]
```

太棒了！基于这些结果，可以看到程序成功连接到了数据库。

关于 GraphTraversalSource 和 TinkerPop 策略的更多细节

你可能已经从前面的结果中发现，遍历源是空的，而且它有个第二参数 standard。这是什么意思？

我们提到 GraphTraversalSource 是一个知道如何在数据仓库（比如，图）里导航的进程。在图里，有很多查找数据的方法，其中两个最常用的遍历手段分别是深度优先和广度优先。另外，有很多其他的优化方式可以运用，取决于具体的图数据库实现。

Apache TinkerPop 把这些不同的手段叫作**策略**，而且开发了多种策略作为 TinkerPop 的一部分。当 GraphTraversalSource 被创建时，会发生两件事情。

- 它被关联到图数据库的一个指定实例。
- 它建立一组策略，优化查找关联图中的数据。

对于后者，在默认情况下，GraphTraversalSource 会运用标准的策略集。关于策略可以展开的话题有很多，但不在本书的讨论范围内。最重要的是要理解每个数据库产品都有自己的策略，允许它们基于自己的实现优化图遍历过程。

现在可以和数据库通信了，让我们开始在“友聚”应用程序的社交网络图上进行遍历吧。然而，在开始之前，有关于 GraphTraversalSource 的最后一个提醒：建立它是一个昂贵的过程，就像建立一个 ODBC/JDBC 连接到数据库那样。因此，最佳实践是创建一个 GraphTraversalSource 对象并对应用程序的每个遍历复用同一个对象。

6.3 获取数据

现在已经配置完毕，是时候写 Java 代码来遍历图了。在很多开发场景中，开发遍历和把遍历添加到应用程序里是同步的。然而，为了减轻学习负担，我们决定把整个过程拆分为三个模块：数据建模（第 2 章已完成）、编写遍历（第 3 ~ 5 章已完成）和现在的应用程序开发。

通用实现过程

虽然本章的重点是用 Java 代码实现 Gremlin 遍历，但仍需要对每一个遍历做基础的探究。在这里，我们简要地勾勒出在应用程序中实现每一个特性所需要的变更，然后借助第一个例子详细说明。随后，本章的剩余案例只会聚焦在 Gremlin 实现上，因为那些细节都是应用程序开发的基本关注点，和图数据库没有特别的关系。每个特性的实现都需要以下变更。

- 在 showMenu() 中增加一个菜单入口。
- 在 displayMenu() 中插入一个分支（switch）判断。
- 增加一个生成图遍历和返回结果的方法。

如果你在使用代码的骨架版本，需要跟随本章的内容开发相应的代码。如果你在使用代码的注释版本，需要跟随本章的内容去除相应代码的注释。最后，如果你在使用代码的已完成版本，那么需要的一切都已经存在了，只需紧跟步伐即可。既然知道了通用的手段，就一起来完成我们的例子吧。

6.3.1 获取一个顶点

正如我们在第 3 章所做的，从最简单的遍历开始——获取一个顶点。由于你已经是创建这类遍历的“老手”了，以此为起点允许我们着重演示在代码中实现它所特有的一面，也就是演示如何通过代码遍历我们的图并处理从图中返回的数据。首先，要从应用程序中找到 Ted，需要以下操作。

(1) 连接到数据库。

(2) 创建 GraphTraversalSource。

(3) 执行遍历，找到 Ted。

(4) 处理结果。

幸好，我们在上一节已经完成了前两个操作。既然已经有了连接数据库和创建 GraphTraversalSource 的代码，下一个问题是如何执行遍历来找到 Ted。幸运的是，我们已经知道怎样编写遍历了。

```
g.V().has('person', 'first_name', 'Ted').valueMap()
```

但是，怎样才能在 Java 代码中执行它呢？如果要写一个基于关系数据库的应用程序，我们的代码会是下面这样的。

```
Statement stmt = conn.createStatement();
ResultSet rs = stmt.executeQuery("SELECT * FROM person WHERE first_name='Ted'");
while(rs.next()) {
    // 处理结果
}
```

基于图数据库的应用程序又会是什么样的呢？实际上，在代码中执行这个遍历和 Gremlin 语句非常像。在 Java 中该遍历的等价实现如下。

```
// 这返回属性的列表
List properties = g.V().
        has("person", "first_name", name).
         valueMap().toList();
```

就是这样，仅仅这样一行简单的 Java 代码就取代了关系数据库应用程序的整段代码。我们的等价 Java 代码不仅执行了遍历，还返回了结果。在本例中，结果是一个对象列表，其中每个元素都包含了每个属性的键-值对。很神奇，对吗？这可能是本书第一次用比关系数据库中更少的工作和更直白的方式来应对图数据库问题。比较两段代码示例，我们注意到两个不同点。

- 遍历是通过 Java 函数构建的，而不是字符串。
- 遍历以 toList()操作结束，而不是 ResultSet。

这就对了！我们使用 TinkerPop 驱动程序提供的 Java 函数构建遍历。这取代了操作和提交字符串的过程，而这些字符串通常就是 JDBC 或 ODBC 里的 SQL 语句。使用函数取代字符串是 Gremlin 特有的特性，被称为 Gremlin 语言变体（Gremlin Language Variant，GLV）。想知道更多细节，请参阅 TinkerPop 文档中的“Gremlin Drivers and Variants”一节。

注意 下一节会讨论作为 Gremlin 指定构造的 GLV。这个构造在其他查询语言（如 Cypher）中没有可比较的替代方案。如果你没有使用支持 TinkerPop 的数据库，可以选择跳过下一节，因为这个概念不适用于你的数据库。

6.3.2 使用 Gremlin 语言变体

GLV 是 TinkerPop 独有的特性，提供 TinkerPop 的特定语言实现。Gremlin 之所以被创建，就是为了被嵌入多种编程语言中，并使用该语言的构造来表示遍历。这允许用户使用函数构成一个遍历，而不是操作字符串，虽然后者是其他图数据库和关系数据库的标准。GLV 提供特定语言实现的意思是，我们可以借助 IDE 的代码编译功能，并能将类型对象作为遍历和结果的一部分。

如果你熟悉.NET，GLV 看起来就像在其生态系统中流行的语言集成查询（Language Integrated Query，LINQ）组件。在编写本书之时，GLV 已覆盖了 Java、Groovy、JavaScript、Python 和.NET。从实践的角度说，这意味着图应用程序中的遍历是一系列函数串在一起，而没有采取大家熟悉的通过拼接字符串来构建 SQL 查询的范式。

请注意，在 Gremlin 也可以使用拼接字符串的方式。我们可以简单地创建遍历的一个字符串并使用客户端对象把它提交到集群，而不是建立自己的 `GraphTraversalSource`，如以下例子所示。

```
Cluster cluster = Cluster.open();
Client client = cluster.connect();
ResultSet results = client.submit("g.V().hasLabel('person')");
```

这种方式有几个名称：字符串提交、Groovy 脚本或脚本提交。它可以是参数化的，而且 `submit()`方法可以被重载来处理多个请求选项。然而，我们不推荐这种方式，理由如下。

- 字符串的序列化和反序列化会产生额外的开销，而且这种开销可能很大。这也是为什么推荐在 SQL 中使用预编制语句（prepared statement）。
- 使用字符串拼接导致你的代码面临 SQL 注入（也许应该叫“Gremlin 注入”）攻击的风险，除非持续使用参数化。我们都知道小 Bobby Tables 或他的表弟 Jimmy G dot V Drop Iterate 把姓氏的法定拼写篡改成；`g.V().drop() .iterate()`的危害。（这是有关 Bobby Tables 的 XKCD[①]式小幽默。）该代码能把图中的所有数据删除！
- 无法使用现代 IDE 的代码验证和自动补全能力。
- `ResultSet` 的结果还是必须被强制转换成类型对象，但通过 GLV，返回结果是自动强类型的。

① XKCD 是兰道尔·门罗（Randall Munroe）的网名，也是他所创作漫画的名称。他给作品的定义是一部“关于浪漫、讽刺、数学和语言的网络漫画”，被网友誉为深度宅向网络漫画。——译者注

我们发现，使用 GLV 具有大大简化开发过程的显著优势。它确实需要我们根据所选择的编程语言（比如 Gremlin Console）转换每一个遍历。这种转换在 Java 中是最简单的，因为通常意味着增加一个像 `next()`或 `toList()`这样的终点操作，并能恰当地处理强类型的返回结果。

我们相信使用 GLV 得到的好处能抵消把字符串转换成本地语言的额外工作。另外，关于 TinkerPop 将来是否依然支持基于字符串的遍历，现在也并不明朗。有鉴于此，我们强烈建议你尽可能使用 GLV 风格的遍历。然而，就在我们写作本书之时，并非所有支持 TinkerPop 的数据库都支持基于 GLV 的遍历。有一些仅支持基于字符串的遍历，这就是为什么我们也提供了相应的示例。

6.3.3　增加终点操作

回到 6.3.1 节中提到的例子的其他不同点，在应用程序实现中，我们增加了 `toList()`操作。这个操作是第 4 章讨论过的另一个终点操作。

注意　在为应用程序编写遍历时，必须以一个终点操作作为遍历的结束（参见 TinkerPop 文档中的“Terminal Steps”一节）。我们再怎么强调这个要求都不为过。Gremlin 是一种懒求值（lazily evaluated，只有当访问对象里的元素时，函数才会被调用）的语言，所以如果不以终点操作来结束遍历，遍历便不会返回结果。

使用 Gremlin Console 时，它会自动增加终点操作来强制求值。然而，在编写应用程序时，就需要我们自己来增加终点操作了。如果不这么做，会得到一个 `GraphTraversal` 对象，这对我们得到数据的需求没有帮助。

重要提醒　在遍历中忘记强制求值是我们在调试应用程序时遇到的一个常见问题。这类疏忽甚至会不时烦扰最有经验的人。

Gremlin 操作中“总是把 `GraphTraversal` 作为输入，总是把返回 `GraphTraversal` 作为输出”的特性带来了组装复杂语句的强大灵活性。然而，它确实需要我们额外告诉它：我们完成了遍历，需要得到结果。举个例子，以下两段代码执行了相同的操作并产生了相同的结果。

```
return g.V().count().next();
```

和

```
GraphTraversal t = g.V();
t = t.count();
return (Long)t.next();
```

在第二段代码中，第一行创建了一个 `GraphTraversal`（称为 `t`），并用顶点操作 `V()`给它赋值。然后 `t` 被用 `count()`操作重新赋值。最后，代码返回了结果，通过 `next()`操作迭代，并强制转换成了一个 `Long` 值。

这种串联多个语句中不同 `GraphTraversal` 对象的能力非常有用。我们可以利用这个手段在 Gremlin 遍历中间纳入一个基于一定条件的筛选操作。但我们发现，在 Java 代码中处理一定的分支和流控来为复杂用例构造一个简单遍历，要比编写相应的 Gremlin 来处理应用程序所需的每一种可能排列自然得多。在使用关系数据库时，我们也经常要做这样的选择：是在应用程序中编写业务逻辑，还是把一些逻辑放在 SQL 里？这取决于具体用例的需求。

你还需要知道其他一些终点操作，因为它们能提供便利的机制，使你的遍历返回更易于使用的数据。

- hasNext()：返回一个布尔值，其中 true 代表有结果，false 代表没有结果。
- tryNext()：一个由 hasNext() 和 next() 操作组合而成的便捷方法，在有结果的情况下执行遍历。它返回一个 Java Optional 类，仅在基于 JVM 的语言（如 Java 和 Groovy）中可用。
- toList()：以 Java List 的形式返回遍历的结果。
- toSet()：以 Java Set 的形式返回遍历的结果。

注意 不是所有这些终点操作都在非 Java 的 GLV 中可用。

6.3.4 在应用程序中创建 Java 方法

看过创建遍历的 Java 方法所需要的部件，再来看看如果想在应用程序中创建一个方法来查找 Ted，需要做些什么。为了演示这个方法的创建过程，我们创建一个名为 getPerson() 的方法，它通过一个人的名字（如 Ted）来查找顶点。这个方法需要完成以下操作。

(1) 传入我们的 GraphTraversalSource。

(2) 获取要找的人的名字（Ted）。

(3) 运行遍历，找到 Ted。

(4) 处理结果。

从这些操作可以看出，为了创建这个 Java 方法，我们传入了 GraphTraversalSource，因为想在应用程序的生命周期内复用它。然后需要一些样板代码从命令行中获取我们要找的人的名字，因为它未必总是 Ted。接着，我们用这个输入运行遍历，它会返回属性的列表。最后，向调用的方法返回属性（在你的示例代码中，这是 getPerson() 方法）。

```
public static String getPerson(GraphTraversalSource g) {
    Scanner keyboard = new Scanner(System.in);
    System.out.println("Enter the first name for the person to find:");
    String name = keyboard.nextLine();

    // 这返回属性的列表
    List properties = g.V().
            has("person", "first_name", name).
            valueMap("first_name").toList();

    return properties.toString();
}
```

读取人名的引用代码

传入我们的 GraphTraversalSource

运行遍历并返回一个列表

返回 first_name 属性的列表

注意 我们探究了为这个示例实现方法的细节，但不会如此详细地介绍每一个新增的方法。对于每一个方法，我们会指出其名字并提示所有相关的重要部分，但会把其余部分留给对样板代码的细节感兴趣的读者当作练习。

现在我们的应用程序可以从图数据库中得到数据了，让我们重新审视第 5 章的遍历，看看怎样在图中添加、修改和删除顶点与边。

6.4　添加、修改和删除数据

应用程序执行得最多的操作就是添加、修改和删除数据。第 4 章详细地探讨了创建这些遍历的过程，本节则会逐一进行讨论，并展示在图应用程序中处理这些操作的独特之处。

6.4.1　添加顶点

在第 4 章中，我们学习了如何改变图来添加数据。回顾一下向图里添加一个顶点的过程。还记得吗？我们写了一个遍历向图里添加了一个人。

```
g.addV('person').property('first_name', 'Dave')
```

怎样把这个遍历变成代码呢？上一节展示了在代码中使用 GLV 比采用 JDBC 或 Groovy 脚本的方式简单得多。我们还没有详细讨论如何把在 Gremlin Console 中使用的 Gremlin 脚本转换成 Java 代码，现在就来看看。

1. 将 Gremlin 遍历转换到 GLV

要把基于字符串的遍历转换成 GLV 风格的遍历，我们把字符串遍历的每一个操作都替换成名字相同的 Java 方法。是的，就是这样！这是不是有些儿戏？好消息是我们真的不是在开玩笑。由于 Gremlin 是在 JVM 上开发出来的，至少在 Java 里，其语法是一样的。另一个需要添加的部分是通用的导入（参见 TinkerPop 文档的“Common Imports”一节）。虽然我们还没有使用它们，但这些导入对于编写更复杂的遍历而言是必需的。

我们说过从 Gremlin Console 转换成应用程序就像复制粘贴脚本那么简单，对吗？在 Java 中是这样的，但对于其他语言来说则未必。

每一个 GLV 都试图提供目标语言的原生开发体验。这些体验意味着我们要继承每一种语言特定的大小写规则、保留字和其他特性。举个例子，如果用.NET 来开发我们的应用程序，就要对每一个方法使用大骆驼拼写法，而不是小骆驼拼写法[①]（比如 `HasNext()`，而不是 `hasNext()`）。如果使用 Python 的话，则必须为 `and()`、`as()`、`from()`等方法加上下划线（_）后缀，因为它们是 Python 的保留字（如 `from_()`）。

① 在英语中，依靠单词的大小写拼写复合词的做法，叫作“骆驼拼写法”（Camel Case）。大骆驼拼写法中每个词的首字母都大写；而小骆驼拼写法中第一个词的首字母小写，后面单词的首字母都大写。——译者注

2. 从 GLV 到 Java

在我们看来，考虑到按照原生语言标准快速构建和维护遍历的能力，可以忽略不同语言间的些许不一致性。基于这个方法论，我们把在 Console 中使用的 Gremlin 遍历：

```
g.addV('person').property('first_name', 'Dave')
```

转换成 Java 语句，变成：

```
g.addV("person").property("first_name", name).next();
```

敏锐的读者会发现，我们把单引号变成了双引号。归功于 Groovy，Gremlin 中的字符串既可以使用单引号，又可以使用双引号。但使用 Java GLV 时，Java 必须使用双引号来引住字符串。

这真的很简单，但这个语句会返回什么呢？还记得在 Gremlin Console 中运行它的时候，我们得到了顶点的引用：

```
g.addV('person').property('first_name', 'Dave')

==>v[13]
```

这个顶点引用在 Java 中会怎么返回呢？它会被作为 `Vertex` 类返回。在 TinkerPop 框架内，有很多对象可以代表我们讨论过的图的特定结构（如 `Vertex`、`Edge` 和 `Path` 等）。这种传承是使用 GLV 的一个主要好处：返回的是不需要额外代码处理的通用对象。作为一个 `Vertex` 类，它附带了很多内建的属性和方法来简化常用的操作。把所有元素都放在一起，我们得到了以下方法（对于紧跟代码步伐的读者而言，这就是 `addPerson()` 方法）。

```
public static String addPerson(GraphTraversalSource g){
    Scanner keyboard = new Scanner(System.in);
    System.out.println("Enter the name for the person to add:");
    String name = keyboard.nextLine();

    // 返回一个 Vertex 类型
    Vertex newVertex = g.addV("person").
            property("first_name", name).next();    <-- 增加一个顶点并返回强类型的对象

    return newVertex.toString();
}
```

在本用例中，我们决定使用 `toString()` 方法来返回值。如果这是一个真实的应用程序，我们会希望把 `Vertex` 对象的结果修改成合适的形式返回给客户。但因为我们处理的是强类型对象，这是 Java 程序员熟悉的领域。

6.4.2 添加边

我们已经知道怎样把顶点添加到图应用程序里，现在来看看怎样添加边。回顾 4.1 节，我们写了下面这个遍历来添加边。

```
g.addE('friends').
  from(
```

```
    V().has('person', 'first_name', 'Dave')
  ).
  to(
    V().has('person', 'first_name', 'Josh')
  )
```

用上一节讨论的过程，把这个遍历转换成 Java 代码吧。我们得到了如下 Java 代码（假设 from 和 to 的名字从变量中读取，比如 fromName 和 toName）。

```
Edge newEdge = g.addE("friends").
        from(V().has("person", "first_name", fromName)).
        to(V().has("person", "first_name", toName)).
        next();
```

这段代码很好，但是编辑器里满是红色的曲线，提示着有哪里不对劲。当把鼠标指针悬停在这些线上时，会看到一个错误信息，内容类似于“Cannot resolve method V().”（意思是“不能解析 V()方法”）。等等，这不合理。我们之前在这个遍历里使用了 V()。它怎么会**不是**合法的方法呢？

好，被你发现了。之前说从 Gremlin Console 转换到 Java 代码就是把字符串值替换成同名的 Java 方法那么简单时，我们不算撒谎，只是遗漏了一些细节。一个细节是，在一些情况下（就像这里），我们还需要增加一些代码。在这里，我们要在处于遍历中间的 V()前面增加两个下划线，因此 Java 代码现在变成了下面这样。

```
Edge newEdge = g.addE("friends").
        from(__.V().has("person", "first_name", fromName)).
        to(__.V().has("person", "first_name", toName)).
        next();
```

那些红色曲线真的消失了！但接下来的疑问是，为什么它们消失了呢？

匿名遍历

带有两个下划线的元素叫作**匿名遍历**。它是 Gremlin 语言的一个特性，而且据我们所知，在其他图语言中没有直接的对照物。它就像 Java 或 JavaScript 这些语言里的匿名函数。当我们需要在一个已有的遍历中开始另一个遍历时，就会用到匿名遍历。

有两个地方常常使用匿名遍历。第一个就是本节的这个例子。to()操作是一个调节器，从一段字符（通常引用自前一个 as()操作）或一个遍历自身出发。在这里，我们通过 to()操作开始一个新的遍历，而且不能复用 g，所以我们选择了从匿名遍历开始。

另一个地方是，当遍历必须从一个操作开始，而且这个操作是 Groovy 的关键字（如 as()、in()和 not()操作）时。我们现在没有这样的例子，但是当遇到这种情况时，注意需要使用匿名遍历。

现在，回到 addFriendsEdge()方法的构造上来。为此，我们把所有代码放在一起，看看如何在应用程序中添加 friends 边。

```
public static String addFriendsEdge(GraphTraversalSource g){
    Scanner keyboard = new Scanner(System.in);
```

```
    System.out.println("Enter the name for the person at the edge start:");
    String fromName = keyboard.nextLine();
    System.out.println("Enter the name for the person at the edge end:");
    String toName = keyboard.nextLine();

    // 这返回一个 Edge 类型
    Edge newEdge = g.addE("friends").
      from(
        __.V().has("person", "first_name", fromName)    ← 为 fromName 使用匿名遍历
      ).
      to(
        __.V().has("person", "first_name", toName)    ← 为 toName 使用匿名遍历
      ).
      next();

      return newEdge.toString();
  }
```

在代码中，我们引入了一个新的对象——Edge 对象。正如我们一直所说的，边是图数据库中的“一等公民”。addE()操作返回了一个 Edge 对象，和上一节中 addV()操作返回了一个 Vertex 对象类似。

6.4.3 修改属性

我们的下一个任务就是修改顶点上的属性，这是尝试亲自转换一个遍历的好机会。在本案例中，让我们把修改人名的遍历转换成 Java 代码吧。

练习 将以下 Gremlin 遍历转换成合适的 Java 代码。

```
g.V().has('person', 'first_name', 'Dav').property('first_name', 'Dave')
```

相信我们，这里绝对没有陷阱。大步往前迈吧，创建一个 updatePerson()方法，并像开发其他方法那样调试它。慢慢来，我们会等你的……

太好了，你回来了！现在你已经成功地编写了你的 Java 函数，和我们的版本比较一下吧。

```
public static String updatePerson(GraphTraversalSource g){
    Scanner keyboard = new Scanner(System.in);
    System.out.println("Enter the name for the person to update:");
    String name = keyboard.nextLine();
    System.out.println("Enter the new name for the person:");
    String newName = keyboard.nextLine();

    // 这返回一个 Vertex 类型
    Vertex vertex = g.V().
      has("person", "first_name", name).    ← 通过 first_name 找到一个人
      property("first_name", newName).    ← 设置 newName
      next();    ← 记住加上终点操作

    return vertex.toString();
}
```

你的解决方案和我们的比较起来怎么样？希望是类似的。但正如我们为其他需求编程那样，永远不止有一种解决方式。最终，只要我们都可以正确地满足需求，就都是对的。

6.4.4 删除元素

到目前为止，我们解决了如何在应用程序中添加顶点和边的问题，你也有足够的勇气自行创建方法、修改属性了！对于几乎每天都要使用的变异操作，我们已经介绍了四分之三。现在是时候聊聊最后一个操作了——从图中删除元素。

假设除了在应用程序中查找、添加和修改人的信息，我们同样需要删除信息。这意味着我们要从图中通过 first_name 删除 person 顶点。基于我们在第 4 章学到的内容，其 Gremlin 遍历如下。

```
g.V().has('person', 'first_name', 'Dave').drop().iterate()
```

把它转换成 Java 代码，如下所示。

```
g.V().has("person","first_name", "Dave").drop().iterate()
```

在应用程序中运行它，我们得到了 null 的结果。正如在第 4 章讨论的那样，这是因为 Gremlin 中的 drop()操作不会返回结果。然而，用户肯定想从应用程序得到一定的反馈，比如告诉他们删除操作已完成和图已变更。虽然这看起来是应用程序的典型模式，但是也需要额外的工作来实现。

那么如何在一个操作本身没有提供计数的情况下，得到该操作的数量呢？这是一个很好的问题，而且答案的复杂性超出你的想象。为了得到被删除顶点的数量，我们要讨论一个新概念：**副作用**（side effect）。为此，需要一些额外的操作。

> **TinkerPop 官方文档和挑选 Gremlin 操作**
>
> 我们接触这个副作用例子的过程，就像我们经常看到的其他 Gremlin 新手一样。这个过程和我们第一次构建这类功能时的境遇相似得惊人。
>
> 解决这一切的起点当然是本书。但是很不幸，由于并不是所有人都拥有本书（我们开始学习的时候当然也没有），很多 Gremlin 新手会参阅 Apache TinkerPop 的参考网站。
>
> TinkerPop 的参考网站非常好，因为它包含官方认可的文档，也为每一个操作提供了丰富的示例。然而，我们发现该网站的内容有些令人迷惑，因为它从总结 TinkerPop 的历史开始。这会让你疑惑是否找到了你想要的技术文档。而且，它把操作按字母顺序进行排列。这个排序方法对于参考文档来说是很好的，但也会导致我们轻易地使用第一个看起来合适的操作，而错过了排在后面、其实更合适的那些。

副作用操作和其他操作不一样。它们接收 GraphTraversal，执行基于输入的一些操作，然后返回该输入作为输出。实际的结果是，不管在副作用中发生什么，作为输出的原始输入都不会变化。我们可以对一个数据进行操作，而不改变其原始的输入。我们知道这段描述会让你困惑，来看一个具体的例子吧，它通过副作用得到被删除的顶点的数量。我们将看到一些看似适合对已删除顶点进行计数的候选操作。

- ❑ sideEffect(traversal)：将被提供的遍历作为额外的过程进行处理，不影响传递给下一个操作的结果。
- ❑ store(alias)：保存由 alias 指定的遍历集合的结果。
- ❑ cap(alias)：输出由 alias 指定的结果集合。

我们的第一个尝试是，通过 store() 操作来获取被删除顶点的数量。

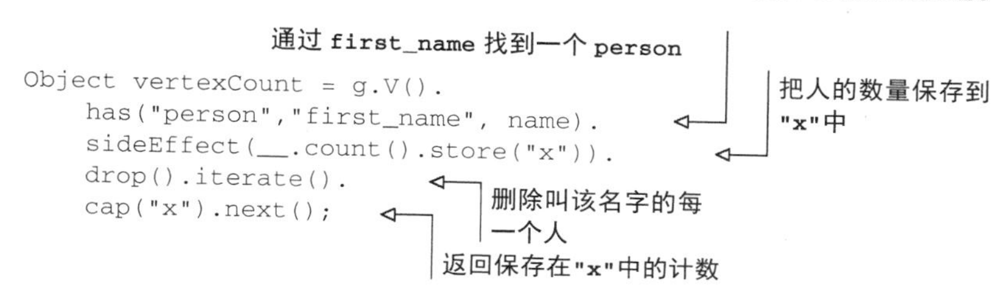

当我们运行这段代码时，它出错了！这个遍历的策略是完整的，而且该遍历不能再被调用。那为什么出错了呢？错误信息说，我们在一个遍历已经到达终点操作 iterate() 后尝试调用一个操作（在本例中，就是 cap()）。关于终点操作，有两个方面我们还没和大家讨论。

- ❑ 一个遍历只能有一个终点操作。
- ❑ 在终点操作以后不能再有操作被调用。

看看我们的遍历，它有两个终点操作：iterate() 和 next()。该遍历还在 iterate() 操作后处理了几个操作（cap("x").next()）。一下子违反了两个规则！由于这行不通，我们花些时间看看有没有其他的方式。

回顾一下我们对图遍历的理解，看看能否想到解决这个问题的其他方式。你有想法了吗？如果调换一下遍历中的操作，把 drop() 操作放在 sideEffect() 里并把 count() 操作放在主遍历里，你觉得会发生什么？

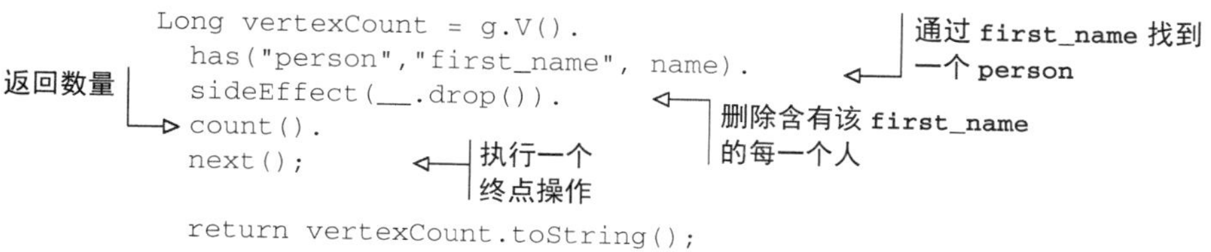

试试看它是否可行？好消息是它是可行的；坏消息是，这是一种奇怪的方式。如果你对为什么第二段代码可行而第一段不可行感到疑惑，不要丧气。这种疑惑在学习 Gremlin 遍历的过程中会不时发生。回顾一下我们在图上做了些什么。

(1) 找到叫指定名字的所有人顶点。

(2) 执行 drop()，从图中删除每一个这样的顶点。

(3) 对于所有原始的顶点，返回 count()。

当我们思考这个遍历在做什么的时候，就能明白为什么这个新方式可行。因为我们在使用副作用执行删除，所以能获得原始的计数。尽管从关系数据库的角度来看，这有点迷惑和落后。

当你经历这类沮丧或迷惑时，我们建议你后退一步，好好思考你要实现什么以及如何通过遍历图结构来解决这个问题。我们发现这个方法总能让我们打破从关系数据库的角度处理问题的惯性思维。

6.5 转换清单和路径遍历

好吧，这需要下一些功夫了！我们现在有了社交网络的一个框架和一些基本的功能。回顾一下第2章中有关“友聚”应用程序社交网络的需求，并编写一些方法来获取这些数据。你可能还记得，“友聚”应用程序社交网络的用例需要解答三个疑问。

- 谁是我的朋友？
- 谁是我朋友的朋友？
- X用户是如何关联到Y用户的？

本节将把之前写好的遍历转换成应用程序中的方法。我们不会深入讨论，但会围绕每一个疑问突出一些关键点。

当有一系列遍历要实现时，我们希望按照自然的顺序来一个接一个地完成，而且可以复制粘贴以前的代码。看看这些疑问，第二个疑问“谁是我朋友的朋友”似乎是“谁是我的朋友”的延伸。因此，实现“谁是我的朋友”似乎是最好的开端。

6.5.1 获取结果的清单

我们从解答“谁是我的朋友”这个疑问开始。回顾一下在应用程序中构建方法的过程。

(1) 编写一个遍历。

(2) 把遍历转换成等价的Java实现。

(3) 处理结果。

第3章编写了获取Ted所有朋友的遍历。

```
g.V().has('person', 'first_name', 'Ted').
  out('friends').dedup().
  values('first_name').next()
```

用这个遍历作为开端，我们得到了以下的等价Java代码。

```
List<Object> friends = g.V().has("person", "first_name", name).
            out("friends").dedup().
            values("first_name").
            toList();
```

庆幸的是，这段代码完成了前两个操作，我们只需要处理结果即可。我们看到，只需要在应用程序中把遍历的终点操作从 `next()` 替换成 `toList()`。还有一个问题：为什么我们返回的是 `List<Object>`，而不是强类型类呢？

之所以返回更模糊的类是因为，不像SQL查询，图遍历并不需要返回和属性相同的数据类型。这种返回不同数据类型的能力为遍历提供了一定的灵活性，但是也带来了一定的缺陷：返回的数据在本质上并不明确。结合这个遍历和我们学到的如何运行遍历以及用 Java 返回结果的知识，得到了这个 getFriends()方法。

```
public static String getFriends(GraphTraversalSource g){
    Scanner keyboard = new Scanner(System.in);
    System.out.println("Enter the name for the person " +
        "to find the friends of:");
    String name = keyboard.nextLine();

    // 返回一个列表，其中的对象代表
    // “朋友”的顶点属性
    List<Object> friends = g.V().                    期望一个包含对象的清单
            has("person", "first_name", name).
            out("friends").dedup().
            values("first_name").
            toList();                                返回遍历的清单

    return StringUtils.join(friends, System.lineSeparator());
}
```

6.5.2 实现递归遍历

你已经在本章学到了很多知识，所以是时候再一次运用所学知识独立完成另一个练习了。这里会展开上一节构建好的 getFriends()方法来回答“谁是我朋友的朋友”。要解决这个问题，你可能需要参考我们为 Ted 回答这个疑问的遍历。

```
g.V().has('person', 'first_name', 'Ted').
    repeat(
      out('friends')
    ).times(2).dedup().values().next()
```

练习 创建一个 getFriendsOfFriends()方法，返回疑问“谁是我朋友的朋友”的答案。你的代码是什么样的呢？它能返回你期望的结果吗？

来看看我们的答案吧。

```
public static String getFriendsOfFriends(GraphTraversalSource g){
    Scanner keyboard = new Scanner(System.in);
    System.out.println("Enter the name for the person " +
        "to find the friends of:");
    String name = keyboard.nextLine();

    // 返回一个列表，其中的对象代表
    // “朋友的朋友”的顶点属性
    List<Object> foff = g.V().                       期望一个包含对象的清单
            has("person", "first_name", name).
            repeat(
                    out("friends")                   这里需要一个额外的导入
```

```
返回遍历        ).times(2).dedup().
的清单          values("first_name").      ◁─ 只返回 first_name
          └─▷   toList();                      属性

    return StringUtils.join(foff, System.lineSeparator());
}
```

如果你的代码与之相似，那么你的 IDE 很可能也会提示为 out()方法添加一个导入。

```
import static org.apache.tinkerpop.gremlin.process.traversal.dsl.graph.__.out;
```

这是因为 out()方法需要一个起始遍历源。如果我们不想包含这条导入语句，就要使用匿名遍历，如下所示。

```
List<Object> foff = g.V().has("person", "first_name", name).
        repeat(
                __.out("friends")          ◁─ 当没有为 out()添加
        ).times(2).dedup().                   一个静态导入时，需要
        values("first_name").                 一个匿名遍历
        toList();
```

具体采用哪种方式由你决定。两者都能给你期望的结果。

6.5.3　实现路径

最后，我们看看如何解答社交网络用例的最后一个疑问：X 用户是如何关联到 Y 用户的？为此，本节会演示 findPathBetweenPeople()方法的构造。首先看看第 4 章中的遍历结束的地方。

```
g.V().has('person', 'first_name', 'Ted').
  until(has('person', 'first_name', 'Denise')).
  repeat(
    both('friends').simplePath()
  ).path().next()
```

通过已经掌握的知识，把它转换成 Java 代码。

```
List<Path> friends = g.V().has("person", "first_name", fromName).
    until(has("person", "first_name", toName)).
    repeat(
      both("friends").simplePath()
    ).path().toList();
```

这段代码和我们至今已经编写过的很像，除了返回的是一个 Path 对象的清单，而不是之前使用过的更通用的 Object 类型。你可能也会指出我们使用了 both()，而不是像 getFriends()和 getFriendsOfFriends()那样使用 out()。这是一个在相同案例中的相同数据集下，我们在一种场景（找朋友）中使用边的方向而在另一种场景（两个人之间的寻路）中忽略它的简单例证。

请记住，path()返回的不仅是一个顶点或边，还有所有的中间操作。由于我们知道遍历返回的类型，我们可以使用 List<Path>而不是更通用的 List<Object>。Path 类是 TinkerPop Java 驱动中特有的类，它包含对象的有序列表；每个对象代表路径中的一个顶点或边。基于这个理解，返回人们之间的路径的方法最终修订为：

```
public static String findPathBetweenPeople(GraphTraversalSource g){
    Scanner keyboard = new Scanner(System.in);
    System.out.println("Enter the name for the person " +
        "to start the edge at:");
    String fromName = keyboard.nextLine();
    System.out.println("Enter the name for the person " +
        "to end the edge at:");
    String toName = keyboard.nextLine();

    // 返回一个列表，其中的 Path 对象代表
    // 两个 person 顶点之间的路径
    List<Path> friends = g.V().                          <-- 期望一个路径清单
            has("person", "first_name", fromName).
            until(has("person", "first_name", toName)).
            repeat(
            both("friends").simplePath()        <-- 只查找简单路径
          ).path().        <-- 得到 Path 对象
    toList();        <-- 从遍历返回清单

    return StringUtils.join(friends, System.lineSeparator());
}
```

恭喜你！你取得了一项重要成就：你现在拥有了“友聚”社交网络用例的全功能、完全基于图数据库的应用程序。你知道怎样添加、修改和删除用户与边，也知道怎么满足应用程序社交网络部分的三大需求。

第 7 章将开始向我们的模型中添加更多特性，处理餐厅推荐和个性化推荐结果。通过这个过程，你会学到如何管理更复杂的图数据建模场景。

6.6 小结

- 建立基于图的应用程序和建立其他基于数据的应用程序类似，都需要选择工具、建立项目、获取正确的驱动程序以及准备数据库服务器这些过程。
- 连接图数据库包括配置合适的网络客户端和为 TinkerPop 数据库设置 `GraphTraversalSource`。
- Apache TinkerPop 提供了多种 Gremlin 语言变体（GLV）。它们能帮助我们把前面编写的 Gremlin 遍历转换成本地语言的函数调用。这意味着我们可以在 Java、.NET、Python 或 JavaScript 里使用这些函数来编写遍历，而不是操作字符串语句。
- 使用 GLV 可以利用 IDE 的代码补全功能和强类型结果。
- 终点操作在编写应用程序代码时是必需的。不像在 Gremlin Console 里那样，应用的驱动程序不会自动添加它们。
- 把遍历转换成应用程序可用的代码，往往就像把每一个 Gremlin 操作替换成同名的方法调用一样简单。
- 在图中解决问题需要转换思维方式，从遍历图的角度思考问题。

Part 2 第二部分

使用图数据库构建应用程序

在第二部分中，我们将继续使用已连接的数据和图数据库。熟悉了图数据建模和构建图应用程序的基础知识之后，我们将通过处理两种常见的图数据模式［熟路（known walk）和子图（subgraph）］来扩展新技能。在该过程中，我们将学习如何构建更复杂的数据模型和遍历。

第一部分首先创建了一个数据模型来演示这些图模式。第 7 章扩展现有的数据模型，引入多类型顶点和边来处理新的挑战。这个新的挑战要求我们学习一些额外的数据建模概念并应用到图中。第 8 章介绍熟路遍历模式，并将其应用于构建基于图的“友聚”应用程序推荐功能。第 9 章对本部分进行总结，介绍子图的概念，同时讨论“友聚”的个性化用例。

第7章 高级数据建模技术

本章内容

- ❑ 对更复杂的用例进行数据建模
- ❑ 使用通用标签提高性能
- ❑ 对数据进行反规范化处理，以实现更高效的图遍历
- ❑ 将属性移动到边，以简化遍历

到目前为止，我们已经走完了构建一个简单图应用程序的全过程：从数据建模到遍历构造，再到为我们在社交网络中使用的递归和寻路遍历编写 Java 应用程序。虽然我们的社交网络模型很简单，但是能够演示构建图应用程序所需的模式和过程，同时展示图数据库特有的一些功能强大的工具，如递归和寻路遍历。

这些基本的建模步骤为我们提供了坚实的基础，并且在相对简单的社交网络数据模型上效果良好。但是随着数据模型复杂性的提高，这些基本操作需要与其他技术相结合，以创建能够处理任何规模数据的逻辑数据模型。大多数现实生活中的应用程序（如推荐引擎或个性化应用程序）所需的模型比社交网络示例的单顶点、单边数据模型复杂得多。本章将为“友聚”的推荐用例和个性化用例构建数据模型，以探讨在更复杂的模型中经常使用的三种高级数据建模技术。

- ❑ 使用通用标签提高性能。
- ❑ 将属性移动到边，以简化遍历。
- ❑ 对数据进行反规范化处理，以实现更高效的图遍历。

我们不仅将展示如何应用这些技术，还将展示何时应用它们以及它们如何帮助改进模型。然后，我们将通过在扩展现有模型的过程中应用这些技术来进行演示，最终模型将具有餐厅推荐引擎所需的顶点、边和属性。最后，我们将以一个挑战来结束本章，为个性化用例扩展数据模型。

到本章结束时，你将完成“友聚”的数据模型，还将学到构建更好、可扩展性更高的数据模型的所需技能。然而，在开始讨论推荐用例和个性化用例之前，让我们花点儿时间回顾一下学过的概念和当前的逻辑数据模型。

7.1　回顾当前数据模型

本章的重点是展示高级数据建模技术，但不会从零开始。我们将从第 2 章定义的数据模型开始，然后针对推荐用例和个性化用例去扩展它。合理的做法是在更改之前评估一下当前的数据模型。请记住，我们通过四步建立了这个数据模型。

(1) 定义问题。

(2) 创建概念数据模型。

(3) 创建逻辑数据模型。

(4) 测试模型。

回顾第 2 章所做的工作：我们完成了社交网络案例的前两步，还开始了推荐引擎和个性化用例。这就产生了图 7-1 所示的概念模型。

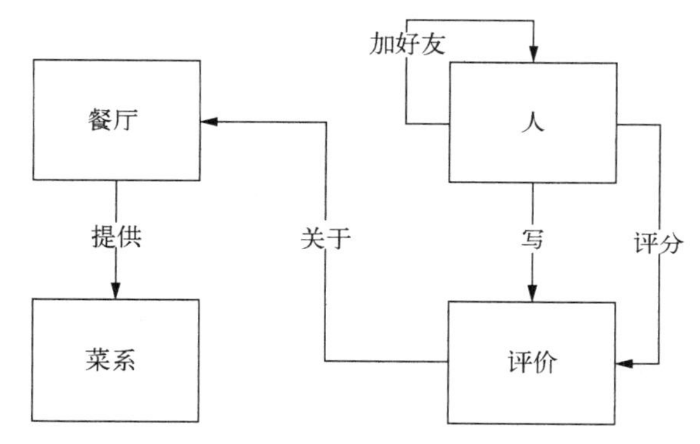

图 7-1　展示“友聚”应用程序中实体（方框）和关系（箭头）的概念数据模型

还完成了第三步，创建了逻辑数据模型，但仅适用于我们的社交网络案例。图 7-2 展示了当前的逻辑数据模型。

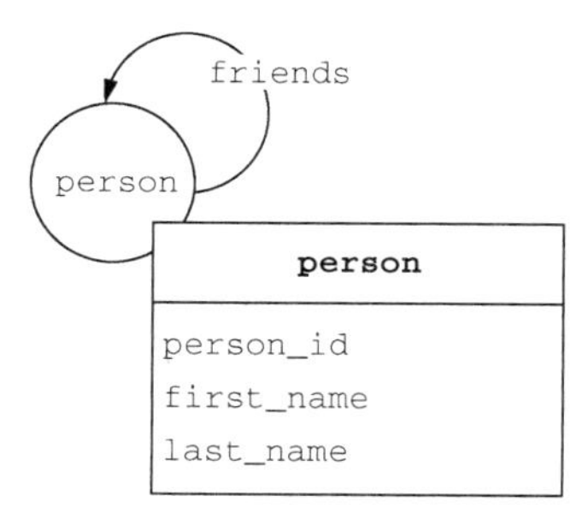

图 7-2　第 2 章的“友聚”应用程序的逻辑数据模型

这个逻辑数据模型也是第 3 ~ 5 章编写的所有遍历以及第 6 章所完成的实现的基础。我们在这张小图的基础上写出了很多代码，希望你能够体会到，在写代码之前思考好基本的设计要点多么有用。但是，现在已经到了这个数据模型本身所能达到的极限。为了对更复杂的场景建模，我们需要扩展这个逻辑模型，把推荐用例和个性化用例所需的不同实体包括进去。

7.2. 扩展逻辑数据模型

只有一个顶点和一条边的模型对于复杂的工作是不够的。所以现在的问题是如何扩展这个模型。提醒一下，将概念模型转换为逻辑模型的过程包括：

(1) 将实体转换为顶点；

(2) 将关系转换为边；

(3) 为这些顶点和边指定属性；

(4) 测试模型。

这些基本的建模步骤为目前相对简单的社交网络数据模型提供了坚实的基础，并且效果良好。但是随着数据模型复杂性的提高，需要将这些基本步骤与其他技术结合起来，以创建用于处理任何规模数据的逻辑数据模型。让我们通过回顾推荐引擎用例的需求来扩展数据模型吧。

你应该还记得，推荐引擎会根据评价、位置和菜系类型推荐餐厅。推荐引擎的初始版本需要能够回答用户的以下疑问。

- 在我附近提供某个菜系的餐厅中，哪家的评分最高？
- 在我附近，哪 10 家餐厅的评分最高？
- 这家餐厅的最新评价有哪些？

正如我们在 2.4 节对社交网络所做的那样，首先确定推荐引擎所需的概念模型部分。图 7-3 展示了这个用例中的实体和关系。

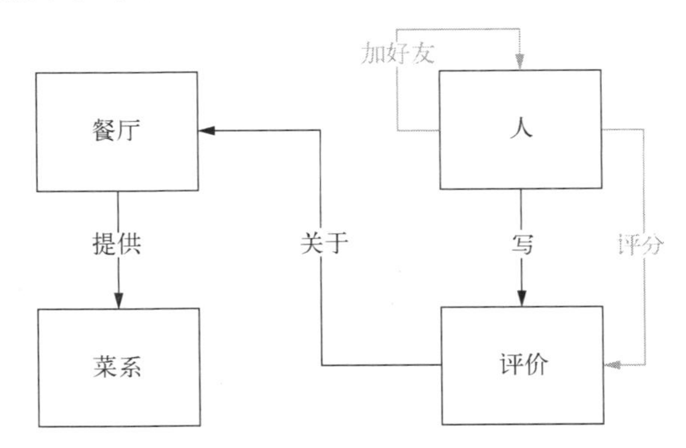

图 7-3 突出显示“友聚”推荐用例有关部分的概念数据模型

虽然我们的推荐引擎初始版本只关注这三个疑问，但需求明显比社交网络案例复杂得多。尽管我们的社交网络案例也需要回答三个疑问，但它只需要一个实体（人）和一个关系（加好友）。对于我们的推荐用例，则需要四个实体（人、评价、菜系和餐厅）和三个关系（写、关于和提供）。这更贴近我们的现实生活场景。

很少有应用程序或用例只遍历单个实体和关系。很多时候，需要遍历多种顶点和边才能获得所需的结果。为社交网络开发的寻路和递归遍历不需要遍历不同的实体类型，但这在复杂的领域中实际上是非常罕见的。大多数常见的图模式严重依赖于涉及多种顶点和边标签的数据之间的连接。对于递归和寻路遍历，以及另一种常见的图模式（**熟路**），也是如此。

为了了解这些疑问是如何应用于实际场景中的，让我们看看餐厅推荐引擎的每个疑问。然后就能确定是什么使它成为熟路了。

熟路

在图论中，**线路**（walk）是由一系列边和顶点组成的序列。如果觉得这听起来像路径的定义，那么你是对的。**路径**（path）是一种特殊类型的线路，只包含不同的顶点。**熟路**（known path）是图应用程序中的一种模式，在这种模式中，需要事先知道要遍历的顶点和边的确切序列才能获得答案。

你可能认为这就像为社交网络所做的寻路算法。你是对的，不过有一个关键的区别。在寻路问题中，我们知道要遍历的顶点和边的序列，但不知道遍历这些顶点和边的次数。例如，在我们的社交网络中，当试图找到甲和乙之间的连接时，我们知道需要遍历 `friends` 边，但不知道这些边是否有连接，也不知道遍历它们的次数。

在熟路问题中，我们知道要遍历的顶点和边的序列以及需要遍历的次数。例如，在我们的社交网络中，当想要找到朋友的朋友时，我们知道需要遍历 `friends` 边到 `person` 顶点，还需要再一次遍历 `friends` 边到 `person` 顶点。我们既知道路径又知道该路径的重复次数，因此能够优化数据模型和遍历。

关于遍历深度的先验知识是区分寻路和熟路这两种模式的因素之一。我们可以通过回答以下两个问题来确定遍历是否是熟路。

- 是否知道从开始顶点到结束顶点所需操作（例如实体和关系）的确切定义？
- 是否知道要获得结果所需的遍历次数？

如果这两个问题的答案都是“是”，那么这个遍历就是熟路。通常，熟路优于递归遍历，因为熟路遍历图所需的操作数是已知的。这通常会使熟路比迭代次数未知的递归遍历有更稳定的执行时间。

“在我附近提供某个菜系的餐厅中，哪家的评分最高？”是否知道从开始顶点到结束顶点所需操作（例如实体和关系）的确切定义？是的。通过概念模型，可以知道我们需要使用以下实体。

- **餐厅**：要返回的实体。
- **评价**：包含对餐厅的评分。
- **菜系**：筛选符合条件的菜系。

以上每种实体都通过一个单独的关系与其他实体相连，这意味着我们有一个明确定义的路径来遍历这些实体。如果它们之间存在多个关系，就需要额外的标准来定义在遍历中使用哪个关系。

7

是否知道要获得结果所需的遍历次数？是的，我们知道需要遍历“提供”和“关于”关系一次来检索与餐厅相关联的实体。这与寻路和递归遍历不同，因为在执行遍历之前，我们不知道要遍历某些边多少次。

“在我附近，哪 10 家餐厅的评分最高？”所需的实体以及这些实体之间的关系是否定义明确？是的。研究一下我们的概念模型，可以看到回答这个疑问需要以下实体。

- **餐厅**：要返回的实体。
- **评价**：包含对餐厅的评分。

因为餐厅和评价之间只有单一的关系，所以路径是确定的。继续我们的熟路评估：是否知道要获得结果所需的遍历次数？是的。对于每家餐厅，我们知道遍历一次“关于”关系就能获得计算最高评分所需的“评价”。

“这家餐厅的最新评价有哪些？”所需的实体以及这些实体之间的关系是否定义明确？是的。与上一个疑问一样，回答它需要以下实体。

- **餐厅**：要评价的实体。
- **评价**：要返回的实体。

因为餐厅和评价之间只有单一的关系，所以路径是确定的。是否知道要获得结果所需的遍历次数？是的。只遍历一次“关于”关系就能获得餐厅对应的“评价”实体。

如我们所见，这两个选择标准不仅有助于确定熟路模式，而且通过迫使我们思考回答每个疑问所需的实体和关系，为数据建模提供了一个起点。既然已经回顾了推荐引擎用例的需求，下面就回到创建逻辑数据模型的过程中吧。

7.3　将实体转换为顶点

让我们开始扩展逻辑数据模型，将概念模型中的实体转换为顶点标签。记住，要将实体转化为顶点，需要：

- 在概念数据模型中找到所需的实体；
- 在数据模型中创建相应的顶点类型；
- 为这些顶点类型指定描述性的标签名。

这一次要求你首先自己完成这些步骤，然后再看讲解。（如果你需要复习，请参阅 2.3.1 节。）

练习　对于系统中的实体，写下你认为合适的顶点类型和标签名。回顾概念数据模型，我们确定了四个实体：人、评价、餐厅和菜系。你分别给它们贴上了什么标签？

第 2 章指出对顶点和边使用通用标签是最佳实践，但没有讨论原因。在进入下一步之前，让我们研究一下这个建议背后的原因。

7.3.1 使用通用标签

顶点或边上的标签主要旨在为相似项组成的类别提供一个名称。如前所述，最佳实践通常是使用更通用的术语（如 user 或 person），而不是使用具体的术语（如 reviewer 或 restaurant_patron）。为什么推荐通用标签而不是具体标签呢？

通用标签能够将相关的项分为一组，从而减少实体的类型，简化模型和遍历的编写。这通常也有利于创建更高性能的遍历。通用标签不仅允许将类似的实体归入最广泛的类别，而且仍然能够区分它们。

这一点虽然在概念上听起来很简单，但问题在于细节：如果将标签设置得过于通用，比如将所有实体都分组到一个标签下（例如 item 或 entity），那么这个标签将不再能够体现所代表实体的特点；如果设置得太具体，比如每个实体都有一个顶点标签，那么将不再有实体分组所提供的优势。我们想要找到一个标签的"宜居带"：既足够通用，可以简化遍历；又足够具体，可以体现其所代表实体的特点。现在我们面对着一个价值非凡的问题：如何确定标签名的准确程度？

1. 对通讯录的相关类型添加标签

请看图 7-4 所示的示例图，它用于追踪一个人的联系信息，我们通过它来看看理想的标签准确程度。在这个系统中，我们定义了如下顶点：person、email、phone 和 fax。

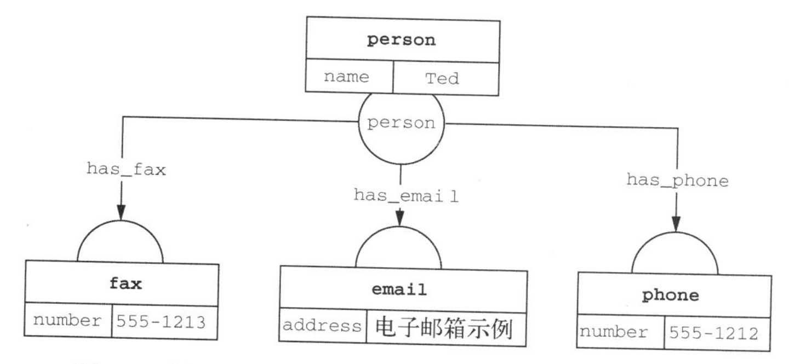

图 7-4 展示了每个顶点都带有特定顶点标签的通讯录图

注意 本节提供的代码示例说明了数据模型决策会如何影响我们编写的代码。所有的遍历都是功能性的，但是除了示例图之外，没有提供数据初始化。我们把它作为一个练习留给有进取心的读者，如果愿意，可以应用从第 4 章获得的技能来创建这些图并尝试示例代码。

因为对实体进行分类以简化和优化遍历是建议使用通用标签的主要原因之一，所以我们来看看对每个实体都应用一个具体标签会怎么样。

- ❑ Ted的电话号码是多少?

```
g.V().has('person', 'name', 'Ted').
  out('has_phone').
  values('number')
```

要遍历一条边

- ❑ Ted的联系方式有哪些?

```
g.V().has('person', 'name', 'Ted').
  union(
    out('has_phone' ).values('number'),
    out('has_email').values('address'),
    out('has_fax').values('number')
)
```

三条边联合遍历

- ❑ 系统中人员的所有联系信息有哪些?

```
g.V().
  union(
    out('has_phone').values('number'),
    out('has_email').values('address'),
    out('has_fax').values('number' )
)
```

三条边联合遍历

为了令这些遍历生效，我们在这里引入一个新操作——`union()`操作。

- ❑ `union(traversal, traversal, ...)`：分别处理每个遍历，并将结果组合起来作为单个结果集输出。

尽管“如果一个遍历更容易阅读，那么它的性能就更好”是一种过于简单的说法，但是这个经验法则通常是适用的。

注意　本章将以可读性来衡量遍历的相对性能。第10章将深入研究影响遍历性能的其他几个因素以及如何量化它们。

现在检查我们的遍历，第一个（“Ted的电话号码是多少?”）看起来相当简洁。它首先筛选到单个顶点（`person`），然后遍历单条边（`has_phone`）。然而，其他两个遍历就没有那么简洁了，因为它们需要一个`union()`操作来组合结果。尽管这看起来相当简单，但`union()`操作产生了一些复杂性，我们可以对此加以改进。

`union()`操作是一个分支操作，需要将当前遍历器复制到`union()`操作的每个分支才能运行。这意味着后面的两个遍历需要三个遍历器副本才能继续进行处理。虽然这在我们这个小示例上负担不算太大，但在更大的图中却会成为巨大的额外开销。

第一个调整是将`email`、`phone`和`fax`标签组合成一个通用标签`contact`，因为每个标签都表示相同的逻辑结构：联系方式。这带来了一个新的复杂问题——没有联系方式的具体类型。丢失所定义实体子类型的信息是将具体标签更改为通用标签的常见副作用，但是可以通过向`contact`顶点添加`type`属性来迅速补救，就像图7-5中突出显示的那样。

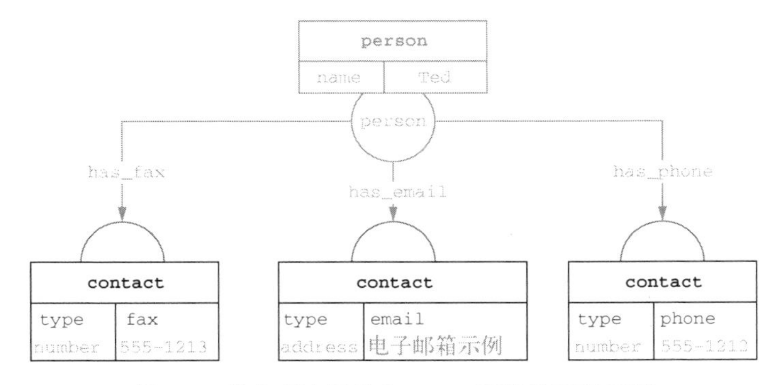

图 7-5 带有顶点标签和 type 属性的通讯录图

在第一次调整后重新审视我们的遍历，看看它们是如何变化的。

- Ted 的电话号码是多少？

```
g.V().has('person', 'name', 'Ted').
  out('has_phone').
  values('number')
```

同样，要遍历一条边

- Ted 的联系方式有哪些？

```
g.V().has('person', 'name', 'Ted').
  union(
    out('has_phone' ).values('number'),
    out('has_email').values('address'),
    out('has_fax').values('number')
  )
```

同样，三条边联合遍历

- 系统中人员的所有联系信息有哪些？

```
g.V().
  hasLabel('contact').
  values('number', 'address', 'type')
```

现在只要遍历一条边

纵观我们的前两个遍历，没有发现变化。但是，在第三个遍历中，通用顶点标签 contact 使遍历变得更短，并且不需要复制 union()中的遍历器。是否还有其他地方可以应用通用标签来简化遍历呢？

从现在写出的遍历来看，第一个和第三个遍历看起来都相当直接和整洁。如前所述，第二个遍历似乎有些冗长和复杂，需要将当前遍历状态复制三次才能完成 union()操作。因为我们用遍历的可读性和长度来衡量性能，所以看看能否简化它。如果用一条通用的 contact_by 边来替换 has_fax、has_email 和 has_phone 边的标签会怎样呢？这将如何影响我们的模型？让我们研究一下图 7-6，看看调整后的模型是什么样的。

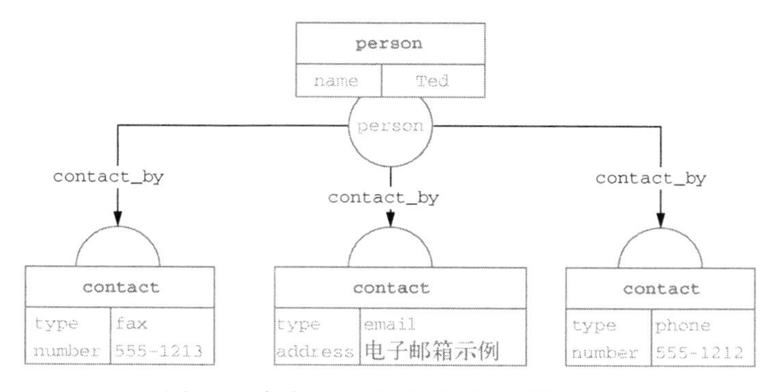

图 7-6 突出显示通用边标签的通讯录图

注意 虽然创建一个简单的边标签 has 或 has_a 来简化模型的想法可能很诱人，但实际上这样的标签太通用了，无法提供任何有用的信息。当我们检查数据模型时，这是首先要寻找的代码坏味道之一。

我们看到，即使有这两个从具体标签到通用标签的改动，我们仍然能够很容易地理解这张图展示了什么。让我们看看这个调整是如何影响遍历的。

- Ted 的电话号码是多少？

```
g.V().has('person', 'name', 'Ted').
  out('contact_by').                    <-- 同样，要遍历一条边
  has('contact', 'type', 'phone').      <-- 增加额外的筛选
  values('number', 'type')
```

- Ted 的联系方式有哪些？

```
g.V().has('person', 'name', 'Ted').
  out('contact_by').                    <-- 变成遍历一条边
  values('number', 'address', 'type')
```

- 系统中人员的所有联系信息有哪些？

```
g.V().hasLabel('contact').              <-- 同样，要遍历一条边
  values('number', 'address', 'type')
```

通过对模型的这种调整，可以看到第一个遍历变得稍微复杂了一些，而其他两个则被简化了。

- 第一个遍历在 contact 顶点上添加了一个筛选器，以找到 type 属性值为 phone 的顶点。
- 第二个遍历被简化为遍历 contact_by 边，而不是 has_fax、has_email 和 has_phone 边。
- 第三个遍历不受调整的影响。

通常，改变数据模型会对一些遍历产生正面的影响，同时也会对另一些遍历产生负面的影响。尽管这似乎是一种倒退，但我们经过权衡，认为给第一个遍历带来复杂性的负面影响可以被简化

第二个遍历的正面影响所抵消。与生活中的大多数事情一样，数据模型的优化是需要权衡取舍的。在构建数据模型、优先针对最常见的遍历模式进行优化时，理解并平衡这些取舍是必要的。

2. 为推荐引擎顶点添加标签

回到推荐用例的数据模型，研究一下如何应用这些原则为推荐引擎创建通用标签。先看看第一个实体“人”，可以看到数据模型有一个来自社交网络的 person 顶点。因为这些顶点代表相同的概念实体，所以我们可以在推荐引擎中复用这个顶点标签。复用顶点的能力是通用标签的主要优点之一。如果为朋友创建一个具体的顶点标签（比如 friend 顶点），我们就不能复用它。让我们看看如何将三个新实体（评价、餐厅和菜系）添加到模型中。

应用第 2 章中的过程，将每个实体都转化为独一无二的顶点。对这些实体进行分组是没有意义的，因为它们代表了业务领域中截然不同的概念。我们可以通过观察其属性来验证它们是否代表不同的概念。因为这三个顶点之间没有重叠的属性，所以它们都有不同的关系。

现在我们有了实体类型，接下来的任务是为每种类型确定一个描述性的标签。根据最佳实践，给我们的实体添加标签 review、restaurant 和 cuisine。图 7-7 展示了添加这些实体后数据模型的变化。

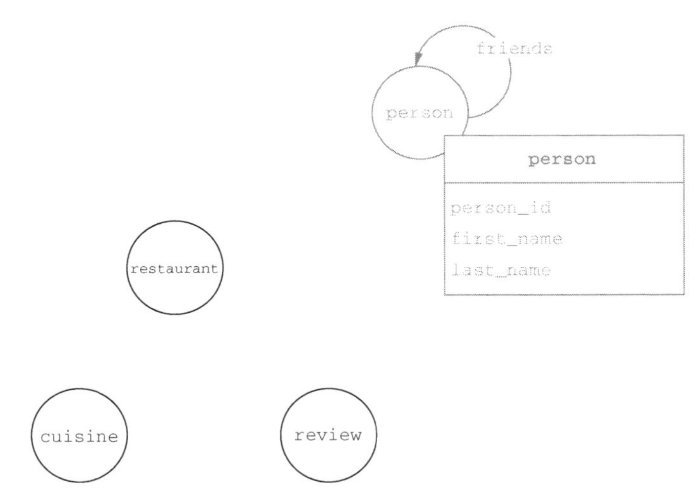

图 7-7 突出显示将 review、restaurant 和 cuisine 标签添加到模式中的逻辑图模型

现在已经添加了概念数据模型中的顶点，让我们再次看看推荐引擎的需求。这有助于确保我们纳入了所有必要的实体。

- 在我附近提供某个菜系的餐厅中，哪家的评分最高？

  关于这个疑问，有一些基本的实体：restaurant、cuisine 和 review 顶点类型。除了餐厅的地址，我们的数据模型中没有任何与位置相关的元素，即疑问中“在我附近”部分所需的元素。这意味着我们的模型是不完整的，应该评估还缺失哪些元素。

- 在我附近，哪 10 家餐厅的评分最高？
  关于这个问题，我们有 `restaurant` 和 `review` 实体。但和上一个疑问一样，我们无法处理疑问中“在我附近”部分的地理问题。
- 这家餐厅的最新评价有哪些？
  只通过 `restaurant` 和 `review` 实体确实足以回答这个问题。

我们自信地回答了第三个问题，但前两个问题还有一部分没有解决：如何处理餐厅的地理位置？在数据建模、图或其他方面，有几个对地理位置建模的选项。最常见的两种方法是将其作为单独的实体 [如 `city`（城市）和 `state`（州）] 或反规范化为属性（如餐厅的 `address` 属性）。

还应该指出，为了实现更多功能（如在街道地图上渲染地址）和更高的复杂性，我们通常会使用地理空间坐标。“友聚”并不需要这么复杂的数据，所以我们采取了将地理位置反规范化为属性的方法，而不是将地理数据作为单独的实体。当讨论图数据的反规范化时，具体是指什么呢？

7.3.2 反规范化图数据

图数据模型中的反规范化类似于关系数据模型中的反规范化。两者都在写入时将数据复制到多个位置，以提高读取时的性能。与关系数据库一样，图数据反规范化也有几个缺点。

- **增加了磁盘使用量**：因为数据被写入多个位置，所以增加了存储数据所需的空间。虽然磁盘空间的成本已经不算什么问题了，但这些成本还是需要考虑的，特别是对于大型项目或易受成本影响的项目而言。
- **数据同步问题**：当将数据写入多个位置时，一旦进行更改就必须对每个位置进行更新。如果这些位置中的任何一个没有同步，那么不同的遍历可能会返回不同的结果。
- **降低了写入性能**：因为必须在多个位置更新值，所以需要更多的写入操作。这通常被称为写入放大（write amplification）。

既然有这些缺点，那么应该在什么时候反规范化数据呢？当规范化的数据模型无法足够快地检索（读取）数据时，就应该对数据进行反规范化。读取性能差通常是由于检索信息所需的操作次数过多。这个问题在所有类型的分布式系统中还会被放大，因为读取数据时除了访问内存和磁盘之外，还有额外的网络访问。在图数据库中，反规范化只是为了减少从起始点到结束数据所需的遍历长度。

由于这些缺点，反规范化不应该是解决性能问题的首选。只有在进行了适当的数据建模和横向优化之后都未能达到预期性能时，才应该考虑使用反规范化。

注意 细心的读者会认识到索引也是反规范化的一种形式，尽管我们并不总是这样认为。无论使用哪种数据库引擎，只要添加了索引，就在使用一种反规范化形式。数据库引擎针对索引专门设计的简单语法并不能改变这样一个事实：索引是为了提高读取性能而对现有数据的复制。

虽然数据反规范化有许多不同的形式，但我们只讨论两种最常见的形式：预计算字段和重复数据。

1. 使用预计算字段

如果遍历会执行聚合（例如，sum、average 和 count），并且遍历的执行次数明显多于更新顶点的次数，那么就很值得去思考是否向顶点或边中添加预计算字段。**预计算字段**是顶点或边的属性，存储了写入时就计算出的结果，以便在读取时能够快速检索数据。为了研究预计算的工作原理，让我们回到第 2 章的 *Gremlins* 电影示例图，如图 7-8 所示。

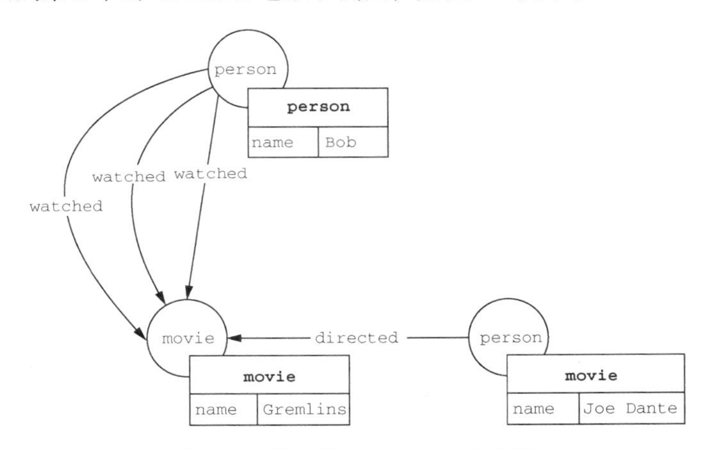

图 7-8　第 2 章的 *Gremlins* 电影图

假设我们想知道"有多少人看过 *Gremlins*"。在当前模型中，可以通过计算关联到 Gremlins movie 顶点的 watched 边的数目来得出答案。

```
g.V().has('movie', 'name', 'Gremlins').
  bothE('watched').
  count()
```

该遍历能够返回对 watched 边的正确计数，但有一个潜在问题：相邻边的数量与返回计数所需的时间成正比。这意味着，随着更多 watched 边被添加到 Gremlins movie 顶点，性能会下降。因此，热门电影的检索时间比冷门电影的检索时间长。这是特别有害的，因为检索热门电影的次数会更多。这种类型的性能问题在图数据库中很常见，因为被连接最多的顶点通常是遍历中最常接触的顶点。

为了解决这个问题，我们通过在 movie 顶点上放置一个 watched_count 属性来预计算这个值，如图 7-9 所示。然后，在添加、更新或删除 watched 边时更新计数。

通过使用 watched_count 属性来回答问题"有多少人看过电影 *Gremlins*"，只需要检索 Gremlins movie 顶点的 watched_count 属性即可。随着时间的推移，数据库记录越来越多，但是预计算字段并不会受到影响。因为检索 watched_count 只需要获取单个顶点的值而不需要访问未知数量的边，所以读取性能不会下降。通过预先计算该值，根据 watched_count 查找答案的时间是恒定的，不管这部电影有多热门。

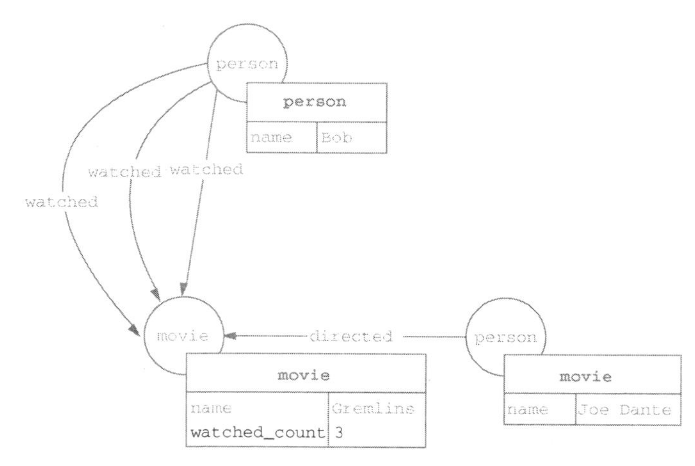

图 7-9　*Gremlins* 电影图，突出显示了 `movie` 顶点上的预计算属性 `watched_count`

2. 使用重复数据

数据反规范化的第二个用途是将属性从一个顶点或边复制到另一个顶点或边。将属性复制到图中的多个位置允许我们以保持数据同步为代价来优化多个不同的遍历路径。

与预计算值一样，重复数据（通过将数据写入多个位置）也是牺牲写入性能来优化读取性能的一个例子。回到第 5 章中的订单处理系统，如图 7-10 所示，让我们看看如何通过应用重复数据来更高效地回答这些问题。

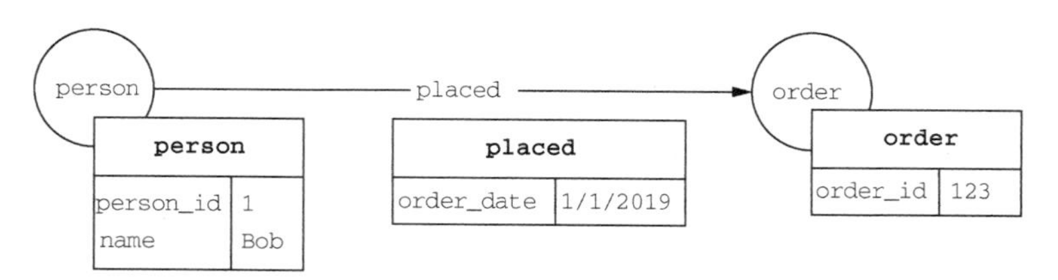

图 7-10　第 5 章的订单处理系统图，`placed` 边上只有 `order_date` 属性

要回答“订单 123 的下单日期是哪天”这个问题，需要两个操作：首先找到 `order_id` 为 `123` 的 `order` 顶点，然后遍历到 `placed` 边以获得 `order_date`。

```
g.V().has('order', 'order_id', '123').
  outE('placed').
  values('order_date')
```

如果我们期望经常通过 ID 检索订单（确实可能会这样做），那么这一额外的开销就是一个潜在的性能瓶颈。为了减少这种开销，可以把 `order_date` 属性复制到 `placed` 边和 `order` 顶点上，如图 7-11 所示。

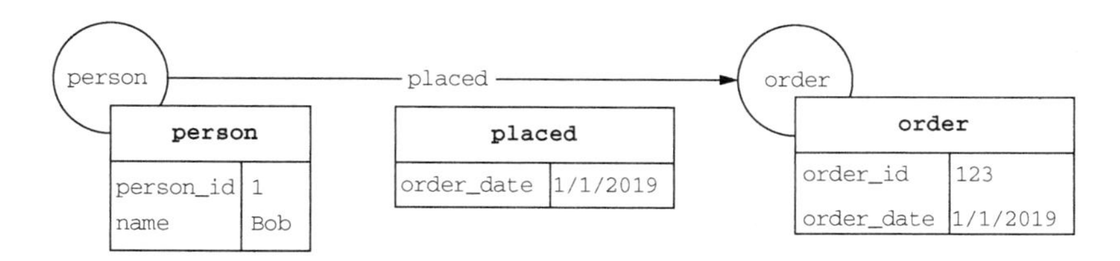

图 7-11 在 placed 边和 order 顶点上有重复 order_date 属性的订单处理系统图

通过这样的改变，我们可以一步到位地回答“订单 123 的下单日期是哪天”这个问题，不需要遍历任何不必要的顶点或边。

有不同的数据反规范化方式，如何知道应该选择哪一种呢？这取决于几个具体因素：当有聚合（sum、average 和 count）值并且执行遍历的频率明显高于更新顶点的频率时，预计算字段是一个很好的选择；当有多个遍历模式并且需要通过移动遍历操作之前的所需数据来优化它们时，将数据复制到图中的多个位置是一个很好的选择。

3. 评估“友聚”的反规范化逻辑模型

既然对图数据的反规范化有了一些了解，就来决定哪种方式更适合餐厅推荐用例吧。我们的分析从哪些疑问需要地理信息开始。

- ❑ 在我附近提供某个菜系的餐厅中，哪家的评分最高？
- ❑ 在我附近，哪 10 家餐厅的评分最高？

现在比较一下两种可能的方式：为城市和州添加单独的顶点，或者将它们添加为餐厅顶点的属性。首先，看看如果为城市和州创建单独的顶点类型会发生什么，如图 7-12 所示。

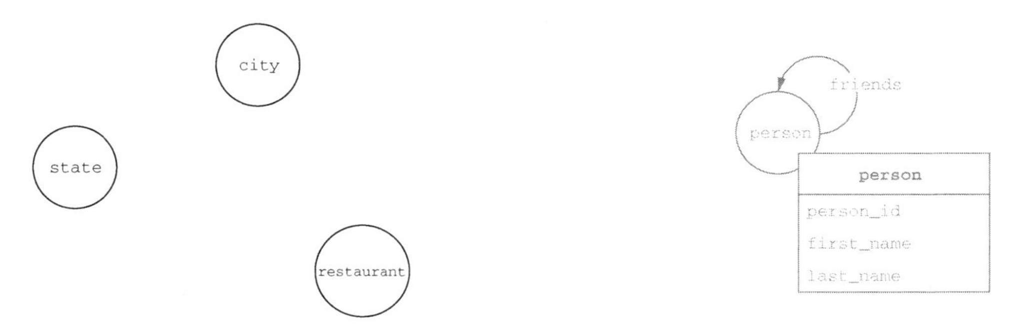

图 7-12 添加 city 和 state 顶点类型的逻辑数据模型

如果假设 person 顶点和 restaurant 顶点都连接到 city 顶点，那么这个模型能够使用 city 顶点快速地从 person 遍历到“在我附近”的所有餐厅。因为知道哪家餐厅“在我附近”是解决这两个疑问的关键，所以这似乎是一个很好的选择。不过缺点是，回答诸如“这家餐厅在什么位置”之类的疑问需要从 restaurant 到 city 顶点和 state 顶点的额外遍历。

其次，将城市和州的信息作为属性，反规范化添加到 restaurant 餐厅顶点和 person 顶点上。通过添加这些属性，我们可以通过返回 restaurant 顶点来回答“这家餐厅在什么位置”。不过缺点是，当回答“在我附近有哪些餐厅”时，需要找到用户的 person 顶点，然后扫描所有 restaurant 顶点以找到位于该位置的餐厅。虽然不同的数据库产品有一些优化方法可以帮助解决这个问题（例如地理空间数据索引），但这些数据库的可用性和功能还是取决于特定实现的。

对这两种方式进行比较，我们没有看到在模型中反规范化城市和州的数据有任何优势。事实上，这还可能令我们的模型变得更糟。然而，如果在将来的某个时候想回答像“这家餐厅在哪里”这样的问题，我们需要重新考虑这个决定。好消息是，在量化了应用程序的性能之后，确定是否值得对数据反规范化是一件很容易的事情。现在已经将 city 顶点和 state 顶点添加到了逻辑数据模型中，可以重新讨论那些需要地理信息的疑问，以确定有了所有必要的信息。

- 在我附近提供某个菜系的餐厅中，哪家的评分最高？
- 在我附近，哪 10 家餐厅的评分最高？

是的，添加了 city 和 state 顶点类型之后，我们现在能够回答关于“在我附近”的疑问了。我们的逻辑数据模型现在包含了所有需要的顶点类型，下面要定义边。

7.3.3　将关系转换为边

要为我们的推荐引擎用例定义边，首先要确定概念模型中的关系。图 7-13 展示了这些关系。

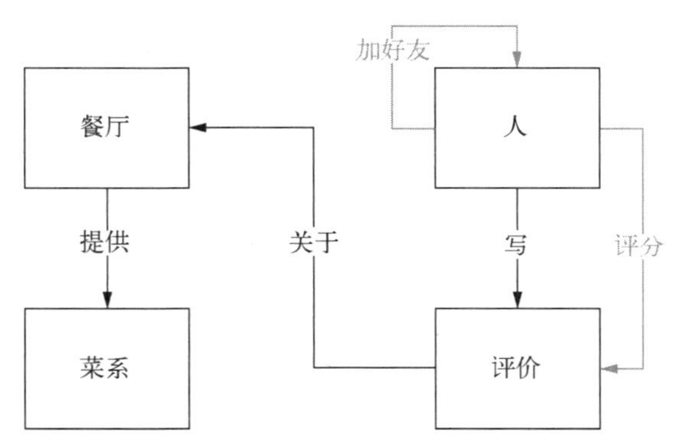

图 7-13　突出显示了所需部分的“友聚”推荐引擎用例概念数据模型

在概念数据模型中，我们观察到了以下关系。

- 人（person）－写（writes）－评价（review）
- 评价（review）－关于（is about）－餐厅（restaurant）
- 餐厅（restaurant）－提供（serves）－菜系（cuisine）

在我们的逻辑数据模型中，还添加了 city 和 state 顶点类型，因此需要考虑餐厅和城市以及城市和州之间的关系。但是还有一个需求值得一提，那就是如何确定用户的位置，这是决定哪些餐厅“在我附近”所需要的。

为了表示这种关系，我们添加了一个从 person 顶点到 city 顶点的关系，以表示一个人居住的城市和州。根据这些信息，我们编写了一份所需关系的列表。

- 人（person）- 写（writes）- 评价（review）
- 人（person）- 居住在（lives in）- 城市（city）
- 评价（review）- 关于（is about）- 餐厅（restaurant）
- 餐厅（restaurant）- 提供（serves）- 菜系（cuisine）
- 餐厅（restaurant）- 位于（within）- 城市（city）
- 城市（city）- 位于（within）- 州（state）

通过列表可以看到最后两个关系共享同一名称，这是通用标签的另一个示例。让我们将这 6 个关系添加到模型中，如图 7-14 所示。

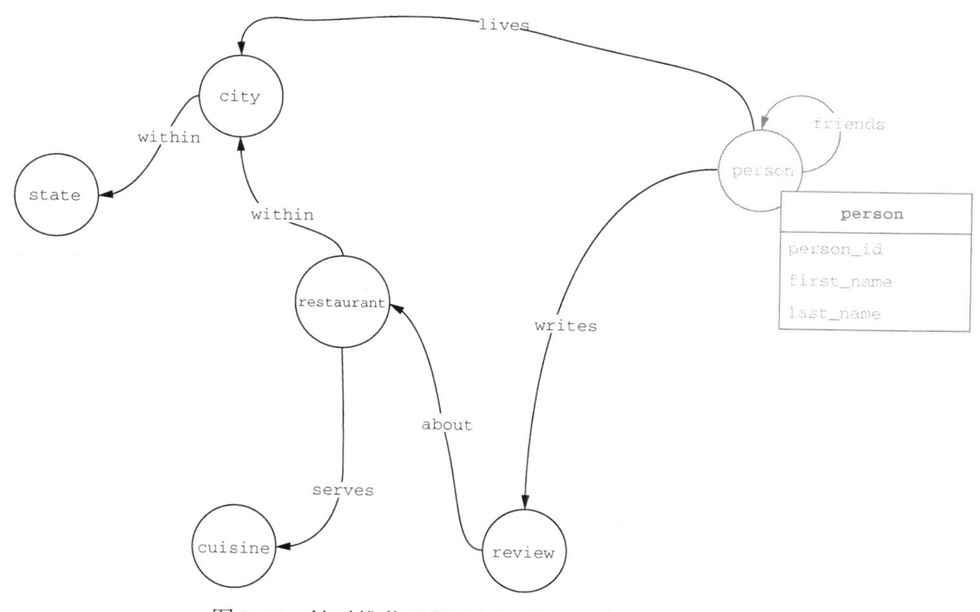

图 7-14 针对推荐引擎添加边的“友聚”图数据模型

注意 当将 lives in 转换为边标签时，我们从关系描述中删除了介词（in），以保持图数据模型的简单性。

在识别和标记边之后，我们需要决定每一类边的唯一性。以下列表描述了每条边。

- writes：限制每人对一家餐厅只能发表一条评价是合理的，所以这类边具有**单独**唯一性。

- about：一条评价只针对一家餐厅，所以这类边具有**单独**唯一性。
- serves：虽然一家餐厅可以提供多种菜系，但是人们潜意识认为一家特定的餐厅只与一个特定的菜系关联一次，所以这类边具有**单独**唯一性。记住，这个设计并不排除一家餐厅与一种以上的菜系相关联。“单独”意味着从餐厅顶点到菜系顶点只有一条边相连。例如，El Rey Taqueria 餐厅只能通过一条边连到顶点墨西哥菜。
- lives：在我们的系统里，假定一个人只居住在一个城市里，所以这类边具有**单独**唯一性。
- within：一家餐厅只能位于一个城市里，而一个城市只能位于一个州里，所以这类边具有**单独**唯一性。

以上所有边标签都具有单独唯一性，这并不让我们感到惊讶。这种唯一性规范是最常见和最安全的起点。

7.3.4 查找和分配属性

随着模型的结构元素的就位，是时候开始添加属性了。

练习 参考图 7-13 所示的概念模型，需要向模型添加什么属性来回答推荐引擎的三个疑问？（在我附近提供某个菜系的餐厅中，哪家的评分最高？在我附近，哪 10 家餐厅的评分最高？这家餐厅的最新评价有哪些？）

完成上面的练习之后，来看看我们的答案吧。表 7-1 展示了每类顶点标签的属性。边标签不需要任何属性。

表 7-1 每类顶点标签的属性

person	review	restaurant	cuisine	city	state
person_id	rating	restaurant_id	name	name	name
first_name	body	name			
last_name	created_date	address			

你的答案和我们的相比如何？希望它们很接近，但即使不是也没关系。构建数据模型的方法不止一种。如果你的答案和我们的不一样，并不代表你是错的。重要的是，你的逻辑数据模型要能够回答这些疑问。

在确定模型的这些属性之前，需要检查属性的位置。正如我们在讨论数据反规范化时讲到的，有时可以通过移动数据来以最少的步数完成遍历，从而提高遍历的性能。一种常见的方法是将属性从顶点移到相邻边。

7.3.5 将属性移到边

这种优化背后的原理很简单：将属性从顶点移动到相邻边，以减少遍历需要处理的步数。然而，在实践中，这个过程很微妙。

回到零售网站的简单订单处理系统的例子。在零售网站上，一个人可以下一个或多个订单，每个订单都有一个日期。来自关系数据库世界的我们本能上会用 person 顶点、order 顶点和连接 person 顶点和 order 顶点的 placed 边来构建模型。我们还需要为 person 顶点添加 person_id 和 name 属性，为 order 顶点添加 order_id 和 order_date 属性。图 7-15 展示了这个模型。

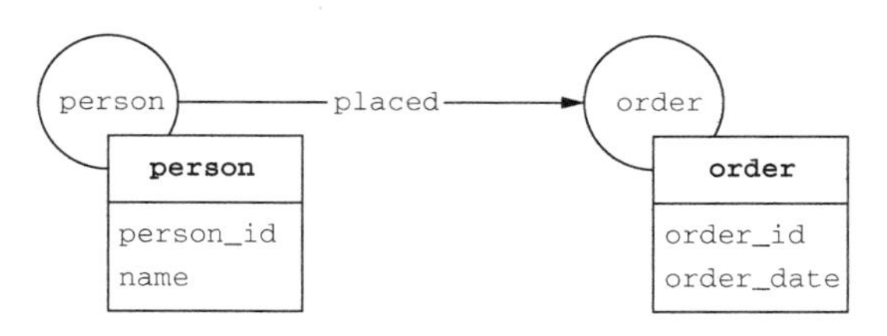

图 7-15 仅显示顶点属性的订单处理系统

想用这个模型来回答疑问“我过去三个月的所有订单有哪些”，需要从 person 顶点遍历到 order 顶点。当使用单个 out()操作来执行时，我们把它当作单个操作。但实际上，out()操作是 outE().inV()操作组合的别名。这意味着遍历一条边的时候总会有两个操作：移动到边，然后从边移动到目标顶点。图 7-16 演示了这个带有两个操作的遍历。

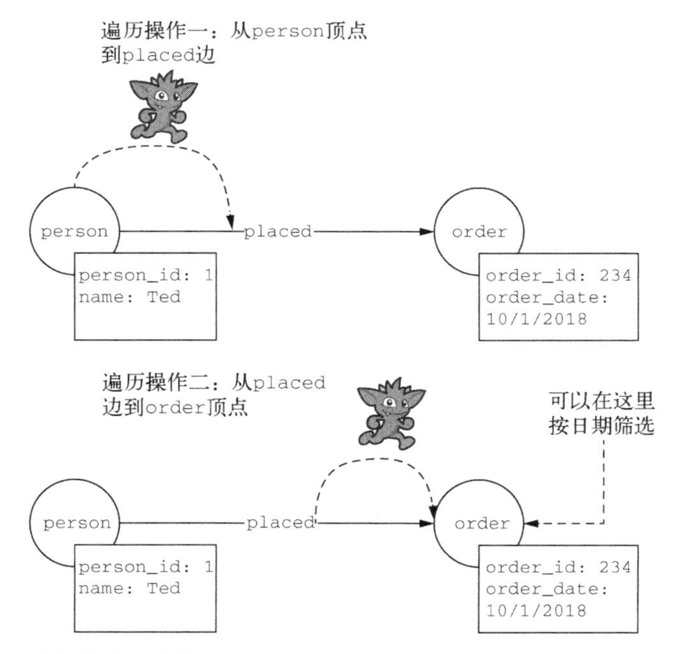

图 7-16 在订单处理系统中从 person 顶点查找 order_date 属性的遍历操作

这个模型没有任何问题。总的来说，它运行良好，但是不太能回答我们的疑问，因为在筛选 order_date 之前，它需要第二次读取操作。正如我们学到的，越早筛选遍历，遍历的性能就越好。该模型类似于在关系数据库中于执行 join 之后（而不是在 join 操作之前）筛选表。为了解决这个问题，让我们将 order_date 从 order 顶点移动到 placed 边，如图 7-17 所示。

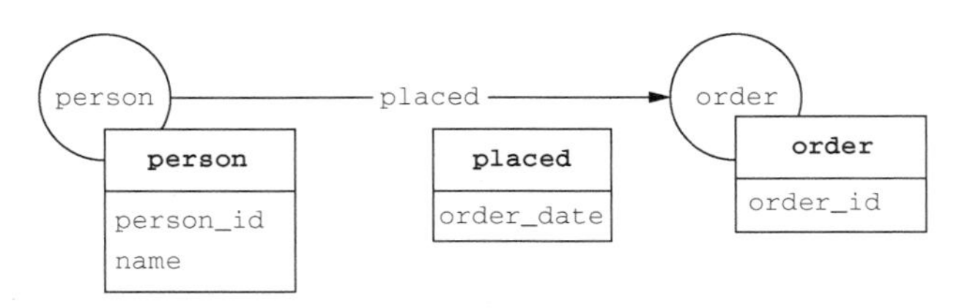

图 7-17　将 order_date 属性从 order 顶点移动到 placed 边以减少遍历

为什么要这么做？重新安排属性的位置能够在从 person 顶点到 placed 边的单个操作之后筛选遍历，从而减少所需的计算量，提高遍历速度。（并非所有数据库都是如此。一些数据库，如 Neo4j 和 Amazon Neptune，已经优化了其底层数据模型，以在磁盘表示中把边信息配置在相关顶点上。这意味着在这些系统中，将属性移边并不是一种优化。）图 7-18 展示了这一改变。

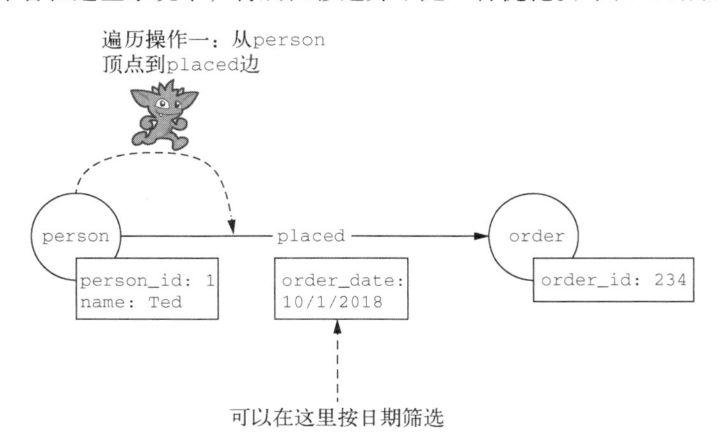

图 7-18　将 order_date 属性移动到 placed 边之后的查找遍历操作

虽然这种单操作优化在单个遍历器上看起来微不足道，但在运行多个遍历器时，它会带来巨大的性能提升。实际上，这是提高整体遍历性能的最佳方法之一，就像关系数据库中，如果在 join 操作之前筛选数据，那么性能就会提高。

从模型和推荐引擎的需求来看，没有必要将任何属性移动到边。尽管如此，这项技术仍然是一种很好的优化，以后进一步研究性能优化时，要想起这项技术。图 7-19 展示了将属性添加到数据模型之后的结果。

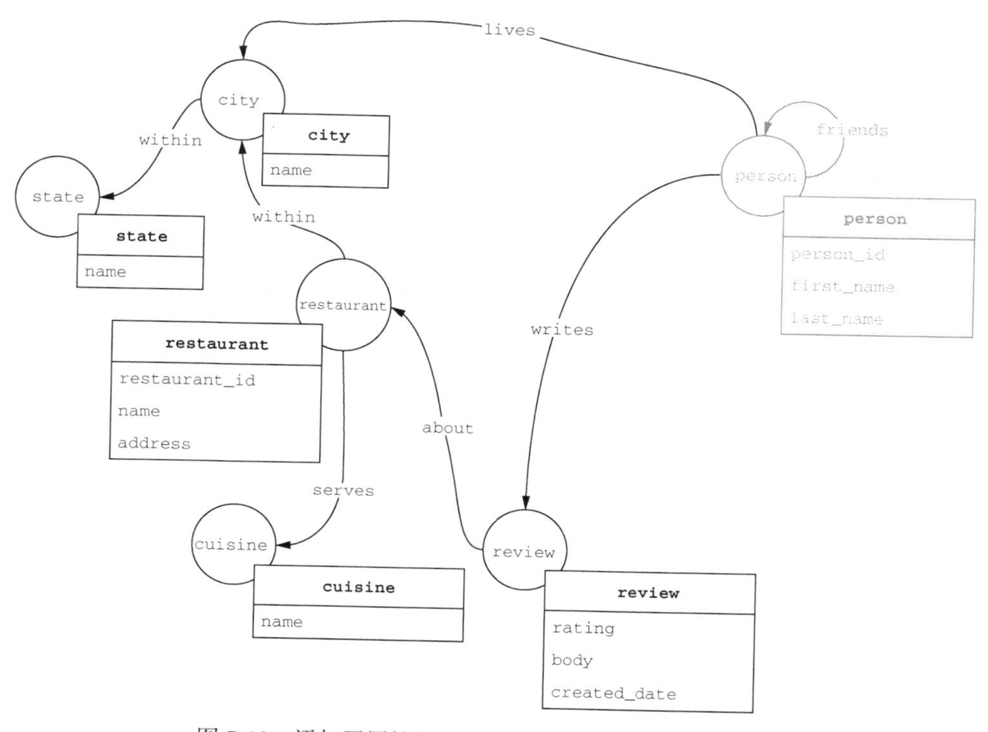

图 7-19 添加了属性的“友聚”推荐引擎逻辑数据模型

7.3.6 检查模型

完成模型的最后一步是验证其构造，就留给你作为练习吧。

练习 反思以下疑问并检查我们模型的有效性。

- 顶点和边读起来像一个句子吗？
- 是否有不同的顶点标签或边标签具有相同的属性？
- 这个模型合理吗？

我们的模型有效吗？在反思以上问题之后，可以确信我们的模型适用于我们的用例。

7.4 针对个性化用例扩展数据模型

现在，是时候添加个性化用例了。图 7-20 突出显示了我们概念模型的相关部分。

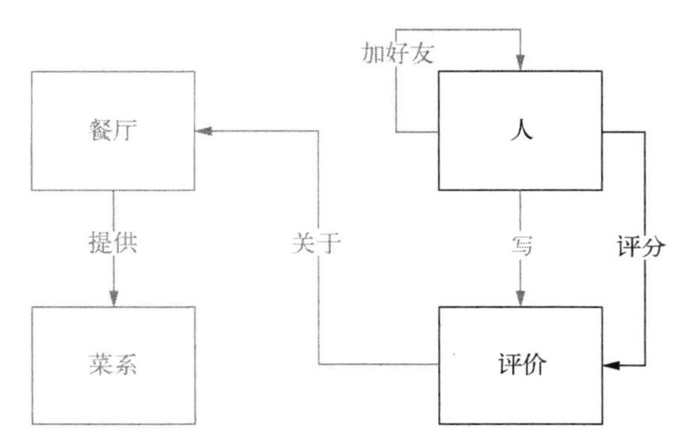

图 7-20　突出显示了“友聚”个性化案例相关部分的概念数据模型

对于最后两个功能集，我们一步一步地演示了其过程。对于这个用例，我们单独执行一个包括四个操作的过程。个性化用例提供了一种基于朋友圈和朋友如何对其他评价评分的个性化推荐机制。提醒一下，个性化用例的疑问如下。

- 我的朋友推荐了哪些餐厅？
- 基于朋友对评价的评分，哪些餐厅最适合我？
- 哪些餐厅有我朋友最近 *N* 天的评价或评分？

练习　按照我们完成推荐引擎的过程，自己完成个性化用例的图数据建模过程。完成之后，将你的结果与我们的结果比较一下。

现在（希望）你已经花时间独立地完成了整个过程，是时候看看我们的过程了。图 7-21 展示了我们的模型。

将你的设计与我们的进行比较。它们相似吗？有什么不同？具体地说，你是否像我们一样添加了一个顶点？你给边起了什么名字？最后，你的模型如何处理评价的日期和评分？

在我们的模型中，添加了一个标签为 `review_rating` 的新顶点以及两条边 `writes` 和 `about`，以表示该用例中的实体和关系。在得出这一模型的过程中，我们遵循了与之前相同的过程，但是还应用了一种讨论过却未实践过的技术：边属性。

我们选择对 `review` 顶点和 `writes` 边进行 `review_date` 属性的反规范化。对这一属性进行反规范化能够有效地回答“哪些餐厅有我朋友最近 *N* 天的评价或评分”这个问题。它在边上进行筛选，并返回 `review_rating` 顶点的 `review_date` 属性。虽然在边上进行筛选似乎没有带来显著的性能提升，但如果目标遍历被执行数百或数千次，这些微观优化加起来就会显著地提高性能。

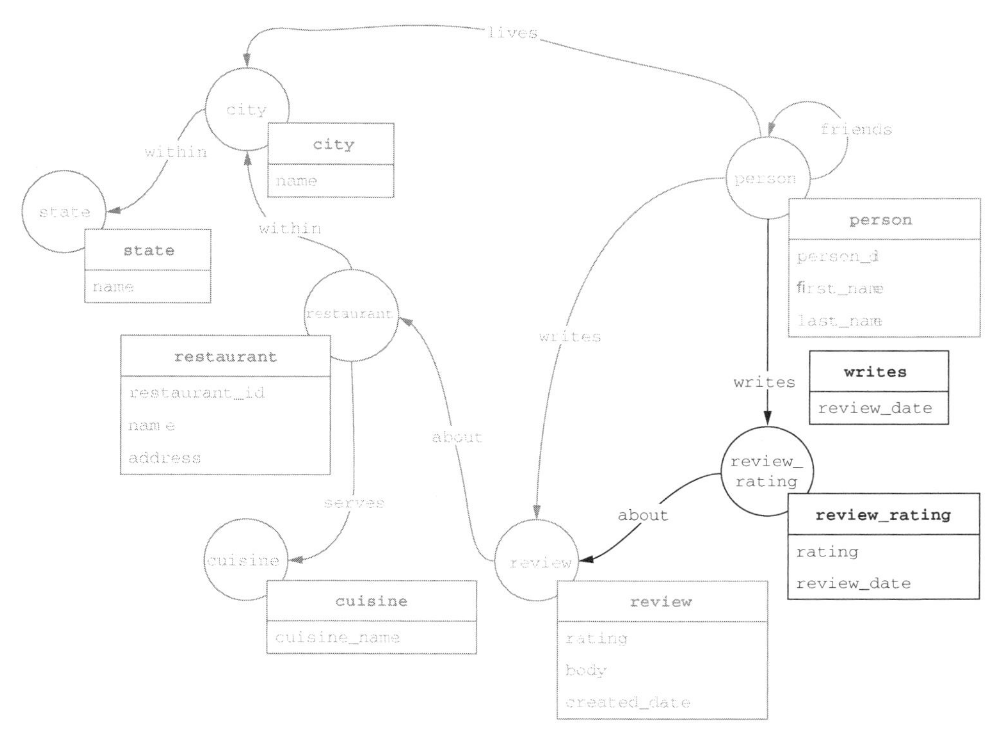

图 7-21 为“友聚”个性化用例开发的逻辑数据模型

7.5 比较结果

现在我们已经完成了“友聚”的图数据模型，看看最终的逻辑数据模型是什么样的吧。图 7-22 展示了这一数据模型。

回顾逻辑数据模型，我们注意到它与概念数据模型很相似。顶点和边的名称形成了人类可读的句子，并且实体之间的关系是可以理解的。这是图数据建模的最大好处之一。与关系数据模型不同，技术用户和非技术用户都可以理解图数据模型。

我们将在本书的剩余部分使用该逻辑数据模型，尽管随着后续章节的推进，它可能会有所变化。正如我们之前所说的，没有任何数据模型能够直接用于编码和实际数据。但是这一模型为开始工作提供了坚实的基础。

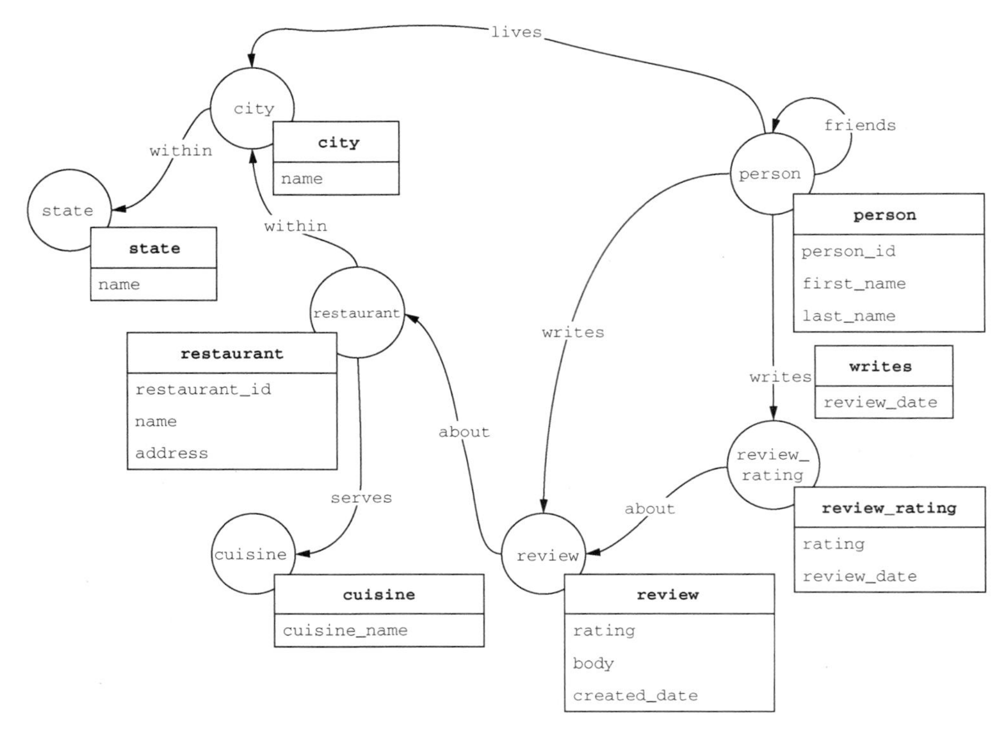

图 7-22 “友聚”的最终逻辑数据模型

7.6 小结

- 通用数据标签使我们能够复用标签，通过对类似的实体进行分组来简化遍历，从而创建性能更高、更可扩展的遍历。
- 通过预计算字段或重复数据来对数据进行反规范化，可以在遍历过程中更早地使用数据，从而降低遍历的复杂性。
- 当待计算字段的读取频率比写入频率高得多时，预计算字段是一个很好的选择。
- 重复数据涉及将属性复制到图中的多个位置，以优化多个不同的遍历路径，但要以保持数据同步为代价。
- 将属性从顶点移动到边可以减少遍历必须执行的操作数来降低遍历的复杂性。
- 通过应用这些高级建模技术，可以为真实场景创建复杂的数据模型，比如推荐用例和个性化用例。

第 8 章

使用熟路构建遍历

本章内容

- 创建熟路遍历
- 将业务疑问转换为图遍历
- 遍历开发的优先级排序策略
- 在图遍历中为结果分页

Denise 是“友聚”应用程序的一名用户。她最近因公出差去了美国俄亥俄州的辛辛那提(Cincinnati)，并希望获得当地的优秀餐厅推荐。通过第 7 章完成的工作，我们的数据模型包含了回答这类疑问的所有信息。我们也知道，要回答这个疑问，要开发的遍历需要：

- 遍历一组特定的顶点和边；
- 以一定的顺序遍历这些元素；
- 以一定的次数遍历这些元素。

我们在第 7 章中学习到，通过以上特征遍历图叫作熟路模式。虽然第 7 章已经介绍了熟路的概念，但本章将深入探讨如何以这种模式开发遍历。为了演示，我们使用推荐引擎用例作为具体的目标：首先回顾餐厅推荐引擎的需求；然后识别熟路遍历所需的顶点和边，并以此为该用例开发遍历；最后把遍历合并到应用程序中。

在以前的章节中，我们在 Java 代码之外独立开发遍历，然后把它们加入应用程序中。这就把遍历的编写和测试与应用程序的开发拆分成了两个独立的操作。之所以这么做，是为了避免把开发遍历和构建应用程序混淆。但现实情况是，大多数开发人员会同时完成两者，不管使用的是哪种数据库引擎。

本章会遵循更标准的开发过程，把创建遍历和把遍历添加到应用程序中结合起来。一路下来，我们会提供多种提示和最佳实践，从而完善图应用程序的开发过程。在本章结束时，你会得到“友聚”应用程序的一个简单的推荐引擎，还会掌握如何使用熟路开发应用程序，解决真实的业务问题。让我们开始吧！

8.1　开发遍历的准备工作

在开始开发之前，我们需要收集两条重要的信息：一是用例的需求，二是图数据模型。回顾推荐引擎的需求和数据模型，以下疑问组成了推荐引擎用例的需求。

- 在我附近提供某个菜系的餐厅中，哪家的评分最高？
- 在我附近，哪 10 家餐厅的评分最高？
- 这家餐厅的最新评价有哪些？

要开发回答这些疑问的遍历，我们将用到逻辑数据模型。图 8-1 展示了这个模型。

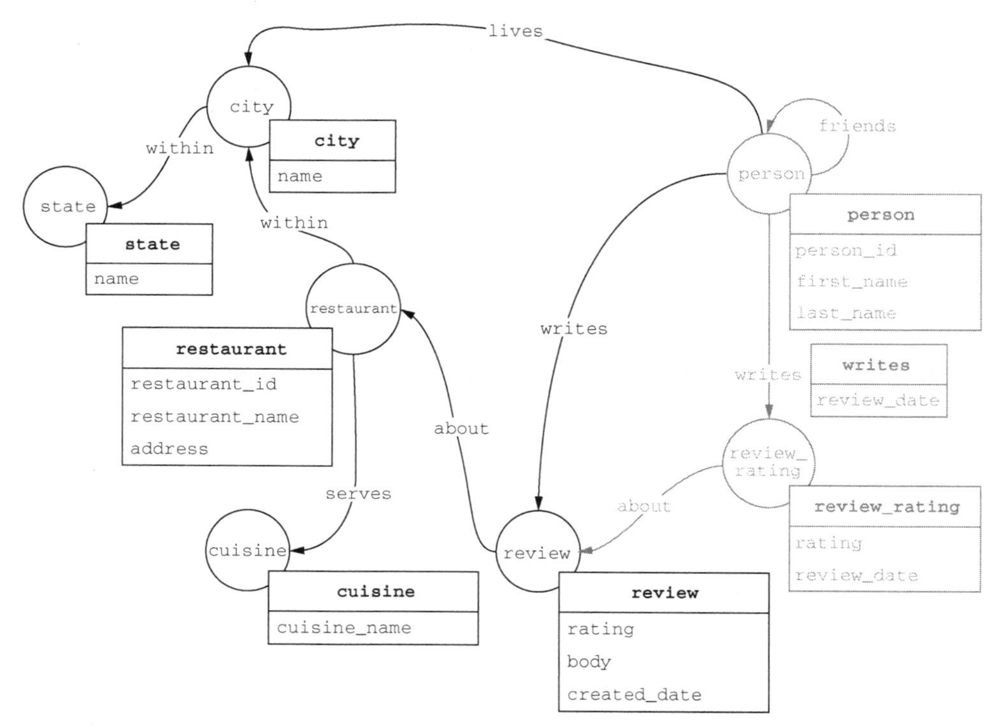

图 8-1　突出显示了推荐引擎用例有关部分的“友聚”应用程序逻辑数据模型

8.1.1　识别所需的元素

有了疑问和逻辑数据模型，就可以开始通过为这个用例识别必要的顶点标签和边标签来编写遍历了，正如第 3、第 4 和第 5 章所做的那样。这个过程中有一个额外操作：由于我们面对的是一个更复杂的、含有多个顶点和边的逻辑模型，在编写遍历之前，还需要一些准备工作。我们要为这个用例的三个疑问分别完成以下操作。

- 检视每一个需求，并将其拆分成回答该疑问所需的组件。

- ❑ 识别所需的顶点标签。
- ❑ 识别所需的边标签。

虽然这些操作看起来合乎逻辑、简明直接，但魔鬼就藏在细节之中。根据我们的经验，通过一些例子能更好地理解这个过程。让我们借助餐厅推荐引擎的需求来展示面对更深入的模型时有什么不同的准备工作。

在本用例中，第一个疑问是：在我附近提供某个菜系的餐厅中，哪家的评分最高？可以把这个疑问拆分成三个需要的行动。

- ❑ 在我附近……（在地图中的“我附近”区域定位餐厅）
- ❑ ……提供某个菜系……（通过筛选菜系找到特定的菜系）
- ❑ ……哪家餐厅评分最高？（计算每家餐厅的平均评分并找到最高评分）

看看我们的数据模型，哪些顶点标签提供了满足这些需求所需的信息呢？在寻找所需的顶点标签时，最好的起点就是寻找需求中的名词。找到名词之后，我们就在数据模型中寻找这些名词对应的顶点标签。尽管寻找对应标签时可以直接查找，但也常常会涉及同义词或额外的概念。我们已经在数据建模时为此做了大量工作，因此可以快速地识别所需的元素。

把这个过程运用于我们的需求，可以识别出以下顶点标签。注意，它们的顺序并不重要。我们目前在设计阶段，只想确保有回答整体疑问的信息。

- ❑ `restaurant`：这是需要返回的核心信息。
- ❑ `city`：因为需要找到“在我附近”的餐厅，所以使用城市来代表餐厅的地理位置，如 7.2.1 节中解释的那样。
- ❑ `cuisine`：它允许我们通过菜系进行筛选。
- ❑ `review`：我们需要计算餐厅的平均评分，`rating`（评分）是该实体的一个属性。

你觉得怎么样？要回答这个疑问，我们列举了所需的所有关键顶点吗？

检查以后，我们发现遗漏了一个微妙的元素。你注意到我们还需要一个 `person` 顶点吗？由于需要寻找“在我附近”的餐厅，我们还要知道在哪座城市里寻找。这取决于这个人住在哪里。从数据模型可以看到，我们知道当前用户的位置由 `person` 顶点的 `lives` 边来表示，所以需要包含 `person` 顶点。

8

重要提醒 在把业务疑问转换为技术需求与实现时，代词很容易被忽略，这会隐藏额外的、更细微的需求。在识别所需元素时请留意代词。在本例中，请注意我们是怎样提出“在我附近”这个短语的（强调“我”就是潜在隐藏元素的一个例子）。

现在我们已经识别出了顶点标签，下一步就是寻找所需的边。在当前模型中，这一步被简化了，因为在四个顶点标签（`restaurant`、`city`、`cuisine` 和 `review`）中，可以使用的边被限定了。我们可以仅使用连接到这些顶点标签的边标签，也许能成功完成使命。但有时候顶点间有多个边标签，或者我们可能由于仅关注名词而遗漏了用例中的一些重要部分。我们应该还记得，要通过检视用例的需求和留意疑问中的动词（行动）来寻找边标签。

一旦识别了需求中的动词，就可以查找数据模型中相应的边名了，就像找名词那样。通过这一步，我们可以重新利用在数据建模时所做的工作，快速识别所需的边标签。通过分析需求，我们在数据模型中找到了以下相应的边。

- `restaurant within city`：确定餐厅的位置作为筛选器。
- `restaurant serves cuisine`：对餐厅提供的菜系进行分类，进而用于筛选。
- `review about restaurant`：提供餐厅的所有评价来计算其平均评分。
- `person lives city`：提供一个人的位置来寻找“在我附近”的餐厅。（这是数据模型中的一个更为微妙、隐蔽的需求。）

注意　两条边含有介词（`within` 和 `about`），它们隐含动词的意思，但本身并不是动词。需要告知读者中的语法专家，在这些数据模型用例中，我们决定省略动词 is 来进行简化：`within` 要比 `is_within` 简单。正如我们说过的，为事物命名是很困难的，为边命名也一样。

因为只能选择这些边来连接四个顶点标签，所以它们就是要在这个模式中使用的边。第 7 章的建模工作有可能遗漏了一些东西。如果是这样，我们就会在此刻发现，因为用例的需求和模式之间会不相符。另外，如果之前没有做建模工作，就必须在现在确保设计是满足需求的。但由于逻辑模型里的边能完美地满足用例的需求，我们在第 7 章所做的努力已经足够了。

在本例中，我们一共为第一个疑问找到了 9 个元素：5 个顶点标签和 4 个边标签。让我们继续看看构成推荐引擎的另两个疑问需要什么。针对每一个疑问，我们遵循同样的过程：先拆解回答疑问所需的信息为一系列的操作，在这些操作中寻找名词（或代词）来找到相应的顶点标签，然后寻找行动中的动词来识别所需的边。让我们看看针对第二个疑问“在我附近，哪 10 家餐厅的评分最高”，这个过程是怎样的。从拆解回答该疑问的需求开始。

- 在地图上定位餐厅。
- 确定用户的位置来筛选该区域里的餐厅。
- 计算餐厅的平均评分来对餐厅进行排序，并仅返回前 10 家餐厅。

和前一个例子一样，我们通过寻找名词或其同义词来寻找顶点，在我们的数据模型中，有以下顶点标签。

- `restaurant`：这是需要返回的核心信息。
- `person`：定位一个用户，以满足疑问中“在我附近”的需求。
- `city`：我们需要找到“在我附近”的餐厅，所以使用了城市来代表餐厅的地理位置，如在 7.2.1 节中解释的那样。
- `review`：我们需要计算餐厅的平均评分，`rating` 是该实体的一个属性。

来到下一步，重温逻辑数据模型来寻找动词，我们需要以下边标签。

- `restaurant within city`：确定餐厅的位置作为筛选器。
- `person lives city`：提供一个人的位置来寻找“在我附近”的餐厅。

- review about restaurant：提供餐厅的所有评价来计算其平均评分。

通过这个过程，我们找到了这个疑问所需的 7 个元素：4 个顶点标签和 3 个边标签。虽然比前一个疑问中的要少，但这不是问题。因为我们遵循了同样的过程，所以十分有自信没有遗漏任何东西。我们也可以比较这两个疑问。通过这么做，我们看到它们的主要区别是，后面这个疑问没有包含关于菜系的信息。除此之外，它们极为相似。这让我们确信自己走的道路是正确的。

练习 对于第三个疑问“这家餐厅的最新评价有哪些”，请你自行完成，并列出你认为需要的顶点和边。

你列出了多少个元素？当面对这个疑问时，我们发现了三个元素，其中的两个顶点标签如下。

- restaurant：需要找到对当前餐厅的适当评价。
- review：这是要返回的核心信息。对于这个疑问，还要假设“最新”指的是发表评价的日期，所以需要 created_date（创建日期）属性来让我们找到最新的评价。

还有一个边标签。

- about（连接 review 和 restaurant）：用来把一组评价关联到相应的餐厅。这也是 created_date 属性所在的地方，它能让我们找到最新的评价。

在餐厅推荐引擎的三个疑问中，识别出某些所需的元素（比如餐厅）是相对直接的。然而，有些元素（比如“在我附近”所需的那些）就没那么明显了，需要我们运用在创建逻辑模型时累积的经验。逻辑模型的所有顶点标签之间只有一个边标签的情况也为我们提供了帮助。我们现在已经准备好编写遍历了，但是从哪里入手呢？

8.1.2 选择起点

在开始编写遍历之前，我们需要做一个重要的决定：从哪里开始我们的开发工作呢？因为不能同时构建全部三个遍历，所以我们应该先解决哪个用例呢？为此，我们发现有两个合理的方式。

一个方式是选择我们认为最具挑战性的问题，并从它入手。这个方式适合有大量未知因素或大量项目风险的情况，比如向开发生态系统引入新技术或新流程。这个方式能让我们快速失败，也是需要快速决策时的正确选择，比如需要决定是否继续，或者确定某项技术是否是解决某个问题的正确选择。

另一个方式是从最直接或最不复杂的疑问开始，并以此作为之后工作的基石。这条道路倡导代码的渐进式开发，也很好地避免了囫囵吞枣。该方式的意义在于快速获取成功，或者在处理更复杂的问题之前，从更小、更简单的问题中获得成就感。

让我们看着推荐用例的疑问，然后决定应该以哪种方式和哪个疑问作为最好的起点，如表 8-1 所示。

8

表 8-1　通过推荐用例的疑问决定我们的起点

疑　　问	顶点标签	边　标　签
在我附近提供某个菜系的餐厅中，哪家的评分最高？	person restaurant city cuisine review	lives（连接 person → city） within（连接 restaurant → city） serves（连接 restaurant → cuisine） about（连接 review → restaurant）
在我附近，哪 10 家餐厅的评分最高？	restaurant city review person	lives（连接 person → city） within（连接 restaurant → city） about（连接 review → restaurant）
这家餐厅的最新评价有哪些？	restaurant review	about（连接 review → restaurant）

这些疑问看起来一个比一个简单，比如最后的疑问拥有最少的元素。你会采用哪种方式呢？

如果采用第一种方式、从最具挑战性的疑问开始，我们会从第一或第二个疑问入手。这些疑问比最后一个更复杂、有更多的元素。如果我们想检验自己对图技术的掌握程度，应该选择这样的疑问可以通过一次努力获得关于相应问题的最多知识。另一方面，如果采用第二种方式、从最不复杂的疑问开始，我们就能在解决更复杂的问题之前从更小、更简单的问题那里获得成功。

针对我们当前的工作，最好选择第二种方式：从最简单的问题入手，并以此作为解决更困难问题的基石。对于这个项目，我们不需要考虑是否要继续下去，也没有预算的限制。既然没有这些约束，就应该从小处着手，并快速获得成功。然而，在开始开发之前，还有一项任务需要完成：准备测试数据。

8.1.3　准备测试数据

在编写遍历之前，准备阶段的最后一步就是加载测试数据。和有关数据库的任何开发一样，有数据的时候，工作进展会加快很多，尤其是当数据真实的时候。因此，有用的测试数据集最起码应该涵盖我们的核心用例，在理想情况下，最好还能包含一些已知的边缘用例。由于在与代码和数据打交道，我们期望能发现额外的边缘用例。这些都是可以加入测试数据集的优秀候选者，而且我们也能用这些额外的边缘用例来进行单元测试和集成测试。

我们为本章准备了一组测试数据和代码，可以从 ituring.cn/book/2889 下载。请注意，这个脚本的工作方式和之前的脚本有些不一样。它不通过一个个命令分别创建顶点和边，而是从一个 JSON 文件中读取数据。要查阅它的具体工作原理，请参考 TinkerPop 文档中的“IO Step”一节来看看 Gremlin 中的 io()的操作。这种方式的缺点是，需要在加载脚本 8.1-restaurant-review-network-io.groovy 中修改数据文件的引用位置。为了修改这个脚本，请用一个你熟悉的文本编辑器打开它，编辑下面这行代码，并把它指向 chapter08/scripts/restaurant-review-network.json 所在的全路径。

```
full_path_and_filename = "/path/to/restaurant-review-network.json"
```

修改完成后，如果你按照附录的指引配置好了 Gremlin Console，就可以打开 Gremlin Console，并在 macOS 或 Linux 系统里通过以下命令为本章的内容加载数据了：

```
bin/gremlin.sh -i $BASE_DIR/chapter08/scripts/8.1-restaurant-review-network-
    io.groovy
```

在 Windows 系统里则使用以下命令：

```
bin\gremlin.bat -i $BASE_DIR\chapter08\scripts\8.1-restaurant-review-network-
    io.groovy
```

当这个脚本执行完毕后，我们的图就包含了本章剩余内容所需的测试数据，可以用来在编写遍历的过程中进行测试。通过输入 `g` 并按下回车键，可以快速验证数据集是否已经在 Gremlin Console 中正确加载了。

```
         \,,,/
         (o o)
-----oOOo-(3)-oOOo-----
plugin activated: tinkerpop.server
plugin activated: tinkerpop.utilities
plugin activated: tinkerpop.tinkergraph
gremlin> g

==>graphtraversalsource[tinkergraph[vertices:185 edges:318], standard]
gremlin>
```

8.2　编写第一个遍历

现在我们已经确定了起点并且加载好了测试数据，是时候开始编写第一个遍历了。在这里，我们想把疑问拆解成若干部分，然后按顺序（或者起码以较为系统的方式）编写代码，通过以下的操作来完成。

- 识别回答疑问所需的顶点标签和边标签。
- 寻找遍历的开始位置。
- 寻找遍历的结束位置。
- 用英语（或你喜欢的语言）把操作直白地写出来。第一个是输入操作，而最后一个则是输出或返回操作。
- 用 Gremlin 为每个操作编写代码，每次只写一个，然后用测试数据来进行验证。

你可能已经留意到了，这看起来很像我们为社交网络开发遍历的过程。这种相似性并不是偶然的。尽管我们遵循过这个过程，但并没有正式说明。

在第 3、第 4 和第 5 章中，我们选择重点关注编写遍历所需的基础，而没有拘泥于实际的开发过程。这些遍历也因此（故意）比本章要开发的简单。现在你已经掌握了基础，而且熟悉了如何用图的方式思考以及怎样在图中遍历，包括 Gremlin 的语法，所以是时候正式说明这个过程了，因为我们要面对更复杂的遍历。下一节将始终遵循这个过程。然而，8.2.2 节会简化说明，在编写代码的过程中着重关注执行效果。

8.2.1　设计遍历

现在我们准备好设计遍历来回答“这家餐厅的最新评价有哪些”了。首先基于 8.1.1 节完成的工作，识别模式所需的部分。图 8-2 突出显示的逻辑数据模型部分就是用来回答这个疑问的。

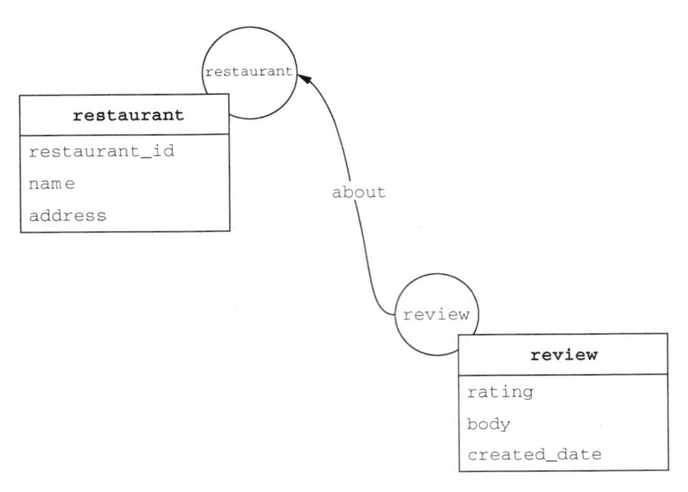

图 8-2　展示了回答疑问“这家餐厅的最新评价有哪些”所需信息的逻辑数据模型

我们用模式的这一部分来选择遍历的起点。正如在第 3 章所学的，选择起点就是寻找能迅速减少开始顶点数量的条件。这可以最小化所需的遍历器数量，提升整体查询性能。

看着这个疑问，我们发现它围绕着“这家餐厅”。因此，“这家餐厅”是开始遍历的好地方。因为想要找一个开始顶点（“这家餐厅”），所以从筛选遍历开始。这让我们陷入了两难境地：应该用哪个属性来识别一家餐厅呢，是 restaurant_id、name，还是 address？

- name：它的问题是餐厅可以是连锁的，而连锁餐厅的名字都一样。使用它作为筛选条件可能会返回很多餐厅。
- address：对于拥有独栋建筑的餐厅有效，但餐厅还可能开在美食街内、和其他餐厅共享建筑或者本身是移动的餐车。在这些例子中，地址就不是一个好选项了。
- restaurant_id：这个属性能精准地描述一家指定的餐厅，所以我们用这个唯一的识别码来确保得到单一开始顶点。

基于这些因素，我们假设遍历以 restaurant_id 作为输入。因为 restaurant_id 是餐厅的唯一识别码，所以使用这个 ID 能确保我们得到想要的开始顶点。通过开始顶点和指定的筛选条件，我们来到过程中的下一个操作：确定终点。我们通过寻找名词和限定词来描述遍历需要返回什么：答案会是什么类型的东西呢？

通过仔细查看这个疑问，可以看到我们想返回该餐厅的“评价”。这意味着我们的遍历需要从开始顶点 restaurant 遍历到 review 顶点来获取评价。这是这个疑问要获得的唯一额外信息，所以 review 顶点就是这个遍历的终点。然而，我们不想返回整个顶点。用户并不想得到顶点。最终用户只想得到评价的文字，所以我们需要返回 body 属性。因为想要得到“最新”的评价，所以也需要按照评价生成的时间进行排序。为此，我们也会返回 created_date 属性。

现在我们知道要从通过 restaurant_id 识别的 restaurant 开始，最后返回 review 顶点的 created_date 和 body 属性，这个过程包含遍历必须执行以下操作（稍后再通过排序找出最新评价）。

- 基于 restaurant_id 找到 restaurant。

  ……

- 返回 review 顶点的 created_date 和 body 属性。

这两个操作之间还需要一个或者更多操作，本节将逐步补充。我们用省略号来表示这些中间操作，因为还不知道从起点到最终返回之间有多少操作。但我们知道起点和返回数据之间确实需要一些操作，因为不会只是简单地返回开始顶点。

比较一下，在关系数据库中，开始对象和结束对象可能是两个表，而且需要确定返回正确数据行所需的连接条件，这还可能需要涉及额外的表。在图数据库中，我们已经指定了两个顶点标签，还必须构造合适的遍历操作来得到预期的返回数据，其中有些是我们在第 3 章中首次介绍的图遍历操作，其余则是第 5 章中介绍的格式化返回结果的操作。

有了起点和返回数据，再来看看我们的模式（见图 8-3）。它将帮助我们找到整个遍历所需的顶点和边。

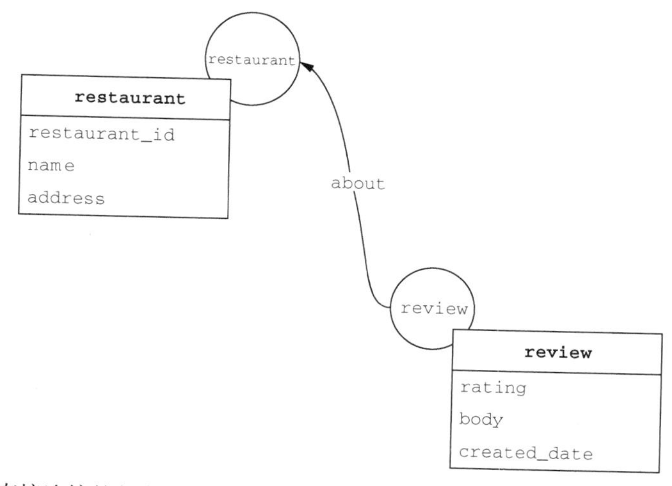

图 8-3 展示直接连接的起点（restaurant_id）和终点（review 顶点的 created_date 和 body 属性）的图模式

由于起点和终点是直接连接的，它简化了整件事情。现在，我们知道的操作如下。

- 基于 restaurant_id 获取 restaurant。
- 遍历 about 边到达 review 顶点。

  ……

- 返回 review 顶点的 created_date 和 body 属性。

又前进了一步，但是需要按照特定的方式输出，也就是按照从最新到最旧的顺序排列。review 顶点中的 created_date 属性正合此意。由于我们想得到最新的评价，因此把 review 顶点按照 created_date 倒序排列。跟其他类型的数据库一样，使用像“创建时间”或“修改时间”这样的属性是图数据库的普遍模式。这允许我们按照时间顺序为事物进行排序。从此，我们的路径一共有四个操作。

- 基于 restaurant_id 获取 restaurant。
- 遍历 about 边到达 review 顶点。
- 把 review 顶点按照 created_date 倒序排列。
- 返回 review 顶点的 created_date 和 body 属性。

第一眼看过去，我们可能以为已经完成了，但是还需要考虑另一个因素。在系统中，可能会有成百上千条关于餐厅的往年评论。因此结果集可能含有大量结果，我们需要限制这些结果的返回。在本节结束时，会补充关于如何处理分页的额外内容，但现在我们只返回前三个结果。这并不是本案例直接指定的需求，但作为经验丰富的软件开发者，我们知道这是一种合理的实现方式，也是可以在随后的用户测试中验证的事情。把一切整合在一起，我们现在看到遍历需要执行以下操作。

- 基于 restaurant_id 获取 restaurant。
- 遍历 about 边到达 review 顶点。
- 把 review 顶点按照 created_date 倒序排列。
- 限制结果只返回前三条评论。
- 返回 review 顶点的 created_date 和 body 属性。

把这些操作和疑问的需求进行比较，我们发现已经具备了编写遍历所需的细节。有句老话是“布丁好不好，吃过才知道”，在这里也适用。我们还不能完全确定是否覆盖了用例中的全部需求，只有实际编写遍历才能知道答案。但是我们已经有了编写遍历所需的清晰操作。

这个遍历所需的操作看起来和我们为社交网络所开发的递归和基于路径的遍历过程类似，实则不同。当开发递归遍历时，我们知道一系列要遍历的顶点和边，但是不知道遍历它们的次数。在基于路径的遍历中，我们对于起点和终点是**如何**连接的（路径）感兴趣。但是现在，我们所做的熟路遍历既有定义好的顶点和边，又知道遍历的次数。当我们对找出起点和终点是否有关系感兴趣，而不是对它们**如何**有关系感兴趣时，就要使用熟路遍历。

在本例中，我们需要遍历边标签的一个类型。这个变量不是边标签遍历的次数（这里只有一个 about 标签），而是 about 边的实例数。在关系数据库中，这就像需要使用的 join 数量和实际返回的数据行数之间的差别。

8.2.2　开发遍历代码

现在我们完成了遍历的设计阶段，可以开始通过测试数据进行开发了。这就是把上一节设计好的操作转换成代码。看看要完成的动作，可以注意到我们在上一节中已经完成了构建寻路遍历的每一个操作。由于已经知道了所需的操作，我们通过开发这个遍历来学习用迭代的方式构造复杂遍历。

这个过程很直观。我们从第一个操作开始编写代码，然后逐步为后面的每一个操作添加代码，并在每一个操作处验证返回的结果是否符合预期。

在测试数据中，我们使用休斯敦的著名餐厅 Dave's Big Deluxe 作为例子，它的 restaurant_id 是 31。我们声明，这家餐厅和示例中的所有人和其他餐厅那样，完全是虚构的。

为了方便测试不同的餐厅，我们创建了一个名为 rid 的变量，并把 Dave's Big Deluxe 的 restaurant_id 值 31 赋给它。在 Gremlin Console 中，通过以下命令来添加这个变量。

```
rid = 31
```

注意 正如前面提到的，Gremlin Console 允许使用 Groovy 语法创建变量。在这里，创建变量只是为了使编写遍历的过程变得更轻松，所以不是必需的。但是使用变量可以使测试涉及多个餐厅的遍历变得简单，在这个过程中，我们仅仅需要改变变量值，而不需要改变遍历本身。

我们已经知道如何创建遍历来找到起点，下面用“匹配变量 rid”作为筛选餐厅的条件。

```
g.V().has('restaurant','restaurant_id',rid)    <-- 基于 restaurant_id = rid
                                                   得到 restaurant
==>v[288]
```

它返回了一个结果！太好了，但是我们要知道它是否是正确的结果，所以要进行检查。在遍历中增加一些求值操作会大有帮助，它们虽然不是构造遍历所必需的，但是能提供即时的验证。在本例中，我们增加 valueMap()操作。

```
g.V().has('restaurant','restaurant_id',rid).
  valueMap(true)                               <-- 返回所有属性

==> {id=288, label=restaurant, address=[490 Ivan Cape],
➥ restaurant_id=[31], name=[Dave's Big Deluxe]}
```

完美！我们得到了 Dave's Big Deluxe，确定得到了正确的 restaurant 顶点。我们来到下一个操作：遍历 about 边。

回顾我们的模式，看到 about 是一条入边，意味着我们使用了一个 in()操作。（不用担心评价的内容看起来杂乱无章。我们加载的数据集包含了一些自动生成的文本内容，所以不用在意能否理解。）

```
g.V().has('restaurant','restaurant_id',rid).
  in('about').
  valueMap(true)                 <-- 遍历 about 边到
                                     review 顶点
==>{id=894, label=review, rating=[5], created_date=[Wed Sep 26 18:30:16 CDT
➥ 2018], body=[Soluta velit quasi explicabo ut atque ratione nisi. ...]}
...    <-- 截断结果以提高可读性
==>{id=666, label=review, rating=[5], created_date=[Wed May 01 07:37:44 CDT
➥ 2019], body=[Quo et non aut ipsam qui autem aut. Voluptatem id. ...]}
```

valueMap()操作实在太有用了。如果你一直跟随着我们的步伐，应该得到了 8 条评价，包含的内容很多。我们需要找个方式整理这些评价，以消除噪声。回顾这个遍历的计划，我们知道需要返回 created_date 和 body 属性，所以修改了一下遍历，只返回这些属性。

```
g.V().has('restaurant','restaurant_id',rid).
  in('about').
  valueMap('created_date', 'body')        <-- 只返回 created_date 和 body 属性

==>{created_date=[Sun Jul 19 01:43:31 CDT 2015],
➥ body=[Dolorem ...
==>{created_date=[Wed Sep 26 18:30:16 CDT 2018],
➥ body=[Soluta ...
==>{created_date=[Wed Jul 27 07:30:46 CDT 2016],
➥ body=[Officiis ...
...
```

没有排序的返回结果

> **注意**　在 Gremlin Server 里，日期是以世界协调时（Coordinated Universal Time，UTC）的格式保存的；但是为了显示，Gremlin Console 会自动将其转换成本地时区的日期。

这个结果更接近了，起码只有一对属性。回顾我们的计划，下面是增加逻辑，把结果按照 created_date 值来排序。

```
g.V().has('restaurant','restaurant_id',rid).
  in('about').
  order().by('created_date').              <-- 把评价按 created_date 排序
  valueMap('created_date', 'body')

==>{created_date=[Sun Jul 19 01:43:31 CDT 2015],
➥ body=[Dolorem ...
==>{created_date=[Wed Jul 27 07:30:46 CDT 2016],
➥ body=[Officiis ...
==>{created_date=[Thu Mar 09 03:37:52 CST 2017],
➥ body=[Rerum omnis ...
...
```

按 created_date 顺序排列的结果

我们几乎到达目的地了。结果虽然按照日期排序，但顺序错了！回忆一下，order()操作默认是顺序排列的，我们要指定倒序。

```
g.V().has('restaurant','restaurant_id',rid).
  in('about').
  order().by('created_date', desc).        <-- 增加 desc 指定倒序排列，使排序结果符合预期
  valueMap('created_date', 'body')

==>{created_date=[Wed May 01 07:37:44 CDT 2019],
➥ body=[Quo et ...
==>{created_date=[Tue Mar 12 20:33:43 CDT 2019],
➥ body=[Ducimus ...
==>{created_date=[Wed Sep 26 18:30:16 CDT 2018],
➥ body=[Soluta ...
...
```

按 created_date 倒序排列的结果

我们几乎完成了这个遍历所需的所有动作，只剩下限制结果的数量了。现在增加这个功能。

```
g.V().has('restaurant','restaurant_id',rid).
  in('about').
  order().by('created_date', desc).
  limit(3).                                  <-- 限制结果数量为 3
  valueMap('created_date', 'body')

==>{created_date=[Wed May 01 07:37:44 CDT 2019],
➥ body=[Quo et ...
==>{created_date=[Tue Mar 12 20:33:43 CDT 2019],
➥ body=[Ducimus ...                           <-- 只收到三个结果
==>{created_date=[Wed Sep 26 18:30:16 CDT 2018],
➥ body=[Soluta ...
```

太好了，看起来完成了！我们有了正确的数据，返回的顺序和数量都是正确的。那下面要做什么呢？

1. 通过 ID 扩展遍历

尽管前面的遍历处理了疑问的所有需求，但是我们的应用程序似乎需要比 body 和 review 文本更多的内容。几乎所有的应用程序都从领域对象出发，所以可能需要为应用程序创建一个 review 对象，包含把领域对象绑定到底层数据库中的唯一 ID。

正如 4.1.1 节讨论的那样，我们不主张把数据库引擎的内部 ID 值运用到业务逻辑中。然而，该 ID 因为唾手可得，所以经常会被拿来使用，这也是我们在此对它进行讨论的原因。运用内部 ID 会导致你的应用程序逻辑紧紧地与底层数据库实现耦合。最佳实践应该是使用数据中自带的键值，或者使用应用程序生成的合成键值。现在我们重申“要明智地使用 ID”，把遍历修改成不仅返回 created_date 与 body 属性，而且返回 review 顶点的 ID。

```
g.V().has('restaurant','restaurant_id',rid).
  in('about').
  order().by('created_date', decr).
  limit(3).
  valueMap('created_date', 'body').
    with(WithOptions.tokens)                 <-- 返回顶点的 ID 和标签
                                                 的元数据
==>{id=666, label=review,
➥ created_date=[Wed May 01 07:37:44 CDT 2019],
➥ body=[Quo et non aut ipsam qui autem aut...
==>{id=564, label=review,
➥ created_date=[Tue Mar 12 20:33:43 CDT 2019],
➥ body=[Ducimus maxime corrupti et aut...    <-- 结果现在包
==>{id=894, label=review,                        含 ID 和标签
➥ created_date=[Wed Sep 26 18:30:16 CDT 2018],   属性
➥ body=[Soluta velit quasi explicabo ut...
```

valueMap()操作和 with()操作

对于 TinkerPop 3.4 版本，valueMap()操作使用可选的 with()操作来修改输出，这是 TinkerPop 新添加的内容。不是所有厂商都支持这个操作。在 TinkerPop 3.4 之前，valueMap()

操作，包括 ID 和标签，采用布尔参数（像 valueMap(true)）。具体到当前用例，采用的是 valueMap(true, 'created_date', 'body')。这种方式依然可用，起码在 TinkerPop 3.5 版本中还是如此。

TinkerPop 在实现中追求更多的一致性，现在使用 with()操作为 valueMap()操作提供配置信息。通过指定 with(WithOptions.tokens)，我们可以把 Gremlin 的内部 ID 值与顶点的标签一同在结果中返回。

2. 为应用程序添加这个遍历

开发熟路遍历所需的功夫确实比开发社交网络需要的多，但最艰巨的任务已经完成了！幸运的是，把它添加到实际应用程序的过程和我们在第 6 章添加社交网络遍历时是一样的。我们不会再次重温细节，但是你可以在 chapter08/java 文件夹中找到一个名为 newestRestaurant-Reviews()的新方法的完整 Java 代码。我们在这里分享该方法的相关部分，并指出它和前面草拟的 Gremlin 代码之间的一些小区别。newestRestaurantReviews()方法如下所示。

```
private static String newestRestaurantReviews(GraphTraversalSource g) {
    Scanner keyboard = new Scanner(System.in);
    System.out.println("Enter the id for the restaurant:");
    Integer restaurantId = Integer.valueOf(keyboard.nextLine());

    List<Map<Object, Object>> reviews = g.V().
        has("restaurant",
➥ "restaurant_id", restaurantId).          <-- Java 中的所有字符串都要使用双引号
        in("about").
        order().
          by("created_date", Order.desc).   <-- 使用 TinkerPop 的 Order 枚举
        limit(3).
        valueMap("rating", "created_date", "body").
          with(WithOptions.tokens).
        toList();                           <-- 所有遍历都需要一个终点操作，这里使用 Gremlin Console 不会用到的 toList()

    return StringUtils.join(reviews, System.lineSeparator());
}
```

恭喜你构建了第一个熟路遍历，而且知道了如何迭代地构造遍历！你可以不断重复这个过程：从列举一系列操作开始，每次只添加一个 Gremlin 操作，然后使用测试数据测试遍历以确保获得预期的结果，直到你对所有部分都满意为止。

8.3　分页和图数据库

这个遍历也很好地阐明了图数据库中最具挑战的模式之一——分页[①]。正如我们留意到的，遍历可以返回比软件想或能处理的更多的结果。上一节中的解决之道是把结果限制为只显示三条

① 我们想给 Jason 一些掌声，他是 Manning 抢读项目（MEAP）的一位读者，要求我们解决分页问题。Jason，谢谢你成为我们作品的首批读者，并提醒我们讨论这个日常用例。

评价。如果请求的软件想要访问所有结果，只是不想一次性看到全部，该怎么办呢？

在我们研究图数据库怎样处理分页之前，快速回顾一下关系数据库的处理方式，作为比较。等等，我们做不到太快，因为每个关系数据库引擎的实现方式似乎都有点儿不一样，每个都有自己的语义。大多数分页实现有两个输入。

- `offset`（偏移值）：要跳过的记录数量。在数据集的起点，`offset = 0`。偏移值是分页大小的倍数。如果分页大小是 10，偏移值则可能是 `0`、`10`、`20`、`30` 等。
- `limit`（限制值）：分页大小或要返回项的最大数量。之所以强调限制值是要返回项的最大数量，是因为结果集并不总是分页大小（比如，最后一页所含的项比分页大小要少）。

在关系数据库中处理分页的通用模式和在图数据库里是一样的。

- 获取遍历的结果。
- 找到 `offset` 索引指定的记录。
- 返回结果的 `limit` 数。
- 根据新的偏移值 `offset + limit` 重复以上过程。

要在 Gremlin 中处理这个过程，我们使用 `range()`操作。第 5 章已经简要介绍了 `range()` 操作，这里再把其定义展开一下。

- `range(startNumber, endNumber)`：穿过各个对象，从 `startNumber` 开始（包含该索引位置的对象），直到 `endNumber`（不包含该索引位置的对象）。所以，`startNumber` 是包含在返回结果中的，而 `endNumber` 被排除在返回结果以外。

敏锐的读者会留意到，虽然 `startNumber` 和 `offset` 一样，但 `endNumber` 则不是关系数据库中使用的 `limit`，而是 `startNumber + limit`。分页功能要以 `offset` 和 `limit` 作为常规输入，计算 `endNumber`。

`startNumber` 和 `endNumber` 运用在从遍历返回的元素索引上。这个元素索引值在某种程度上等同于 SQL 里的 `ROW_NUMBER()`函数。这个值从 `0` 开始，并按照元素通过 `range()`操作的顺序，为每一个元素分配一个索引值。

8.3.1 调用 range()前为输入排序的重要性

要想按照预期进行分页，向 `range()`操作传入对象的顺序很重要。这意味着我们需要在分页前对元素进行排序。如果不排序，结果会以任意顺序到达 `range()`操作，接下来每次运行遍历得到的对象都会以不一样的顺序进入该操作。还不太确定这意味着什么吧？好，让我们来看一看。

举个例子，假设图有 5 个顶点：`v[0]`、`v[1]`、`v[2]`、`v[3]`和 `v[4]`。又假设每次请求两个顶点，共请求三次。就像下面的三次调用。

```
g.V().range(0,2)
g.V().range(2,4)
g.V().range(4,6)
```

通过运行它们，我们希望得到以下输出。

```
v[0], v[1]
v[2], v[3]
v[4]
```

只有每次 g.V()返回的顶点顺序一样的时候，这个输出才成立。如果每次的顺序不一样，会发生什么呢?

理论上，如果数据库提供随机的返回顺序，那么每次调用都会得到看起来随机的顶点对。由于调用返回的值都基于同一个索引，如果在不同的运行过程中，索引上的元素发生改变的话，返回的值也会发生改变。TinkerPop 保证返回的元素以进入操作的顺序排列，但最终还是由实际的底层引擎来确定这个顺序。换句话说，除非我们指定了顺序，否则无法保证返回的顺序。

这一点和关系数据库没有差别：数据库引擎基于其内部逻辑决定结果的顺序。这意味着，要给用户提供一致的体验，就必须在调用 range()操作前进行排序。

8.3.2　排序是昂贵的操作

必须留意到，对结果进行排序在任何数据库中都是昂贵的操作，特别是对于大型数据集来说。要对遍历的结果排序，数据库必须先返回所有的结果，再进行排序。这个开销对于关系数据库和图数据库都是一样的。

在 TinkerPop 中，order()操作被归类为“闸机操作”(collecting barrier step)。不像大部分其他的 TinkerPop 操作是懒求值操作，即在新的值进入操作时才适时地处理数据，order()操作(还有其他闸机操作)在排序前首先收集**所有**进入的值，然后把结果发送到随后的操作。但要再重申一次，这个过程和任何关系数据库都没有差别，因为要提供一个已排序的值集，我们必须知道要排序的所有值。

让我们看看，为上一节完成的遍历增加分页会是什么样子的。为了减少输出的文字，我们使用 rating 属性取代 body 属性。当增加分页时，我们做出以下修改。

- 用 range()操作取代 limit()操作。
- 定义一个 limit 变量，赋值为 3。
- 定义一个 offset 变量，在每次调用时以 limit 的值递增。

注意　因为 Gremlin Console 将时间戳转换为本地时区，而且本书出版后也可能会修改样例数据，所以你的结果未必和我们的完全一致。

实现这些变化之后，我们的遍历现在看起来是这样的。

```
limit = 3          <-- 设置要返回的结果数量

==>3

offset = 0         <-- 设置初始 offset 值

==>0
```

```
g.V().has('restaurant','restaurant_id',rid).
  in('about').
  order().by('created_date', decr).
  range(offset, offset + limit).      ⊲ 用 range()操作取代 limit()操作
  valueMap('rating','created_date')

==>{rating=[2],
➥ created_date=[Sun May 26 00:53:56 AKDT 2019]}
==>{rating=[1],
➥ created_date=[Thu Mar 28 21:56:30 AKDT 2019]}
==>{rating=[5],
➥ created_date=[Fri Nov 09 20:09:49 AKST 2018]}
```

返回最新的三个结果

从代码示例中，我们看到返回了最新的三条评价。再看看尝试翻到下一页会发生什么。

```
offset = offset + limit      ⊲ 修改 offset 来获取下一页的结果

==>3

g.V().has('restaurant','restaurant_id',rid).
  in('about').
  order().by('created_date', decr).
  range(offset, offset + limit).
  valueMap('rating','created_date')

==>{rating=[5],
➥ created_date=[Tue Sep 11 14:39:05 AKDT 2018]}
==>{rating=[3],
➥ created_date=[Tue Oct 24 07:38:21 AKDT 2017]}
==>{rating=[2],
➥ created_date=[Tue Mar 28 18:10:00 AKDT 2017]}
```

返回接下来的三个结果

我们得到了三个结果，但它们比之前运行遍历返回的旧。要继续为结果分页，只需要通过用 `offset + limit` 计算新的 `endNumber` 来修改每次的 `offset` 值。我们再一次修改 `offset` 值并执行一次。

```
offset = offset + limit      ⊲ 修改 offset 值为 6

==>6

g.V().has('restaurant','restaurant_id',rid).
  in('about').
  order().by('created_date', decr).
  range(offset, offset + limit).
  valueMap('rating','created_date')
==>{rating=[2],
➥ created_date=[Thu Jun 09 08:58:35 AKDT 2016]}
==>{rating=[2],
➥ created_date=[Sun Sep 27 10:21:17 AKDT 2015]}
```

只返回了两个结果，而不是三个

嗯，这有点奇怪。为什么我们只得到了两个结果，而不是三个呢？这是因为这家餐厅一共只有 8 条评价。这就把我们带向了要解决的最后一个问题：怎样知道什么时候停止分页呢？

一种方式是一直运行遍历，递增 `offset`，直到它返回空的结果集为止。这种方式适应的场景是：预期的结果数量很大，而且不需要知道总数；或者想避免提前为所有结果计数的开销。另一种方式是预设可能的结果总数，并把它作为 `offset + limit` 值的上限。后者对于应用程序需要知道显示结果总数的场景特别有用。

8.4 推荐评分最高的餐厅

结束了为推荐引擎编写第一个熟路遍历的过程，我们来回答下一个疑问：在我附近，哪 10 家餐厅评分最高？为了回答这个疑问，我们遵循与上一节中相同的方法论。

- 识别回答疑问所需的顶点标签和边标签。
- 寻找遍历的开始位置。
- 寻找遍历的结束位置。
- 用英语（或你喜欢的语言）把操作直白地写出来。第一个是输入操作，而最后一个则是输出或返回操作。
- 用 Gremlin 为每个操作编写代码，每次只写一个，然后用测试数据来进行验证。

8.4.1 设计遍历

现在我们知道了构造遍历的过程，下面为这个遍历重复该过程。然而，不像在上一节的详细指导，我们这次会蜻蜓点水，只在和之前的过程有差异的地方稍作停留。在 8.1 节中，我们指定了回答这个疑问需要的元素，如表 8-2 所示。

表 8-2　回答疑问所需的元素

疑　问	顶点标签	边　标　签
在我附近，哪 10 家餐厅的评分最高？	restaurant city review person	lives（连接 person → city） within（连接 restaurant → city） about（连接 review → restaurant）

让我们突出显示模式中的有关元素。图 8-4 展示了这个用例的数据模型。

由于我们为用例指定了相关的模式元素，可以来到第一个操作——寻找起点。请记住，定位起点是为了寻找和疑问有关的部分，从而把遍历收缩到数量最少的开始顶点。看看疑问“在我附近，哪 10 家餐厅的评分最高”，我们了解到一个用户想要得到“在我附近”的所有餐厅。这意味着以 `person_id` 筛选的 `person` 顶点要把开始顶点收缩到一个实例“我”。

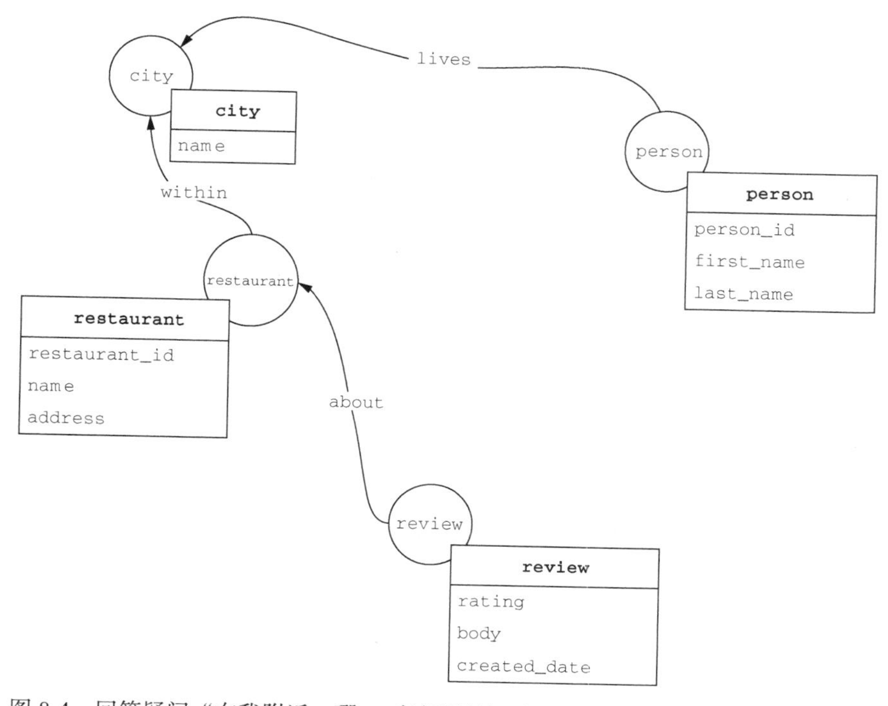

图 8-4 回答疑问"在我附近，哪 10 家餐厅的评分最高"所需的逻辑数据模型元素

接下来，来到过程中的第二个操作——寻找终点。回顾这个疑问，我们发现用户想要的是附近的餐厅清单，这意味着终点应该是 restaurant 顶点。尽管没有明确说明，但是用户似乎想要得到餐厅的几个属性，比如 name、address 和该餐厅的平均 rating。有了这些信息，就可以开始完善步骤说明了。

- 从当前 person 开始，用其 person_id 来标识。

  ……

- 返回 restaurant 顶点的名字、地址和平均评分属性。

下一个操作就是指出从起点遍历到终点所需的一系列顶点和边。正如我们在之前那个疑问中所做的那样，假设"在我附近"意味着用户所居住的城市。为了得到该用户的城市信息，从 person 顶点遍历到 lives 边来寻找城市。现在我们在正确的 city 顶点上，需要位于同一座城市的 restaurant 顶点。回顾我们的模式，可以看到两者之间有 within 边连接着。

正如对前一个遍历所做的，需要对结果进行排序和限制。在本例中，在返回 restaurant 顶点之前指定 10 作为限制。我们为完成该遍历积累了以下一系列动作。

- 从当前 person 开始，用其 person_id 来标识。
- 遍历 lives 边，得到他们所在的城市。
- 遍历 within 边，得到该 city 的 restaurant 顶点。
- 计算并按 average_rating 进行倒序排列。

- 只输出前 10 个结果。
- 返回 restaurant 顶点的名字、地址和平均评分属性。

有了这些动作，我们前往下一个操作——迭代式地开发遍历。

8.4.2　开发遍历代码

正如在上一节所做的，我们将以迭代的方式开发这个遍历。本节每次只写一个操作的代码，并对每个操作进行测试以确保得到想要的结果。这样一路下来，我们将重温上一节学到的一些概念，并展示如何把它们运用到更复杂的真实场景中。

在开始之前，为了方便测试不同的人，我们定义一个变量来代表用于筛选的 person_id，就像在上一个例子中那样。这一次我们使用居住在辛辛那提的 Denise，设置 pid=8。

```
pid = 8

==>8
```

一切如故，我们从筛选起点（在本例中就是 Denise）开始遍历。在第 3 章中，我们已经学习了如何用 Gremlin 基于 person_id 值筛选 person 顶点，这里运用它并增加 valueMap()操作返回属性，以便验证结果。

```
g.V().has('person','person_id',pid).          <—— 用条件 person_id=pid 得到 person
  valueMap().with(WithOptions.tokens)         <—— 返回所有属性和元数据

==>{id=45, label=person, last_name=[Mande],
➥ first_name=[Denise], person_id=[8]}         <—— 测试数据返回期望的 Denise 顶点
```

我们开了个好头！现在从 Denise 顶点开始遍历，寻找 city。从模式可以看到这是一条出边，所以使用 out()操作。

```
g.V().has('person','person_id',pid).
  out('lives').                               <—— 遍历 lives 边，得到城市
  valueMap().with(WithOptions.tokens)

==>{id=7, label=city, name=[Cincinnati]}      <—— 测试数据返回期望的 Cincinnati
```

由于 Denise 居住在辛辛那提，下一个动作是遍历入边 within。通过这个遍历，可以找到附近的餐厅。

```
g.V().has('person','person_id',pid).
  out('lives').
  in('within').                               <—— 遍历 within 边，得到在辛辛那提的餐厅
  valueMap().with(WithOptions.tokens)

==>{id=60, label=restaurant, address=[600 Bergnaum Locks],
➥ restaurant_id=[1], name=[Rare Bull]}
```

```
==>{id=192, label=restaurant, address=[102 Kuhlman Point],
➥ restaurant_id=[18], name=[Without Heat]}
...
```

我们把结果截断成一个子集，但是必须清楚这是测试数据。否则怎么解释在辛辛那提没有辣椒餐厅呢？（尽管辛辛那提里的所谓“辣椒”并非其他地方传统意义上的辣椒。）

现在我们已经成功返回了用户 Denise 所在城市里的餐厅，可以按照它们的平均评分来对餐厅列表进行排序了。这里变得有些棘手。在上一个例子中，我们回答疑问需要的所有值都在结束顶点上。在这个例子中就不是这样了。要用到的 `rating` 值在 `review` 顶点上，所以还需要遍历到这些餐厅的 `review` 顶点上，计算平均评分。

回顾一下讨论排序和分组的 5.3 节。那里提到，不仅可以把一个属性传递到 `order()` 操作的 `by()` 调节器里，还可以在一个遍历里传递它。在本例中，我们想要在遍历里传递，也就是遍历到 `review` 顶点上，并计算餐厅的平均 `rating` 值。尽管我们知道如何遍历到 `review` 顶点，但还需要一个新的操作来计算平均值。

- `mean()`：聚合一组值来计算平均值，常用与 `group().by().by()` 操作搭配使用。

把这个操作和遍历已知的部分结合起来试一下。

```
g.V().has('person','person_id',pid).
  out('lives').
  in('within').
  order().
    by(__.in('about').values('rating').mean()).    ← 按照平均评分
  valueMap().with(WithOptions.tokens)                 对结果排序

The provided traverser does not map to a value:
➥ v[232]->[VertexStep(IN,[about],vertex),
➥ PropertiesStep([rating],value), MeanGlobalStep]
➥ Type ':help' or ':h' for help.
➥ Display stack trace? [yN].                ← 标准的 Gremlin Server
                                              错误声明
```

肯定有哪里不对劲。看看我们能不能解读这个异常响应并解决问题。

1. 如何在开发遍历时排除错误

首先要承认，我们很少看栈跟踪来寻找错误我。如果遵循每次只向遍历器增加一个动作的开发过程，那么已经能知道从哪里开始调试。结合错误中的细节和图遍历工作的知识，通常已经足够排除错误了。现在，我们来看看实际的错误排除。由于迭代式地向遍历增加操作，我们知道问题应该出在最后一个操作。

```
order().
  by(__.in('about').values('rating').mean())
```

看看错误信息能给我们提供问题的哪些细节。

```
The provided traverser does not map to a value.①
```

① 信息大意：提供的遍历器没有映射到一个值。——译者注

和调试其他问题一样，我们需要结合这条错误信息的内容和已知的图遍历知识来推断这个错误的可能原因。还记得一个遍历器就是执行某项具体任务的线程吗？遍历实际上是一个由一堆操作组成的字符串，可以被拆解成若干个遍历器。在本例中，可以看到有一个遍历器出了问题：它没有返回结果。问题是，当遍历器不能返回结果时，它在尝试做什么呢？由于我们知道问题和排序操作有关，就确定了发生问题的操作，但如何证明我们的猜测呢？

关于具体如何证明，不同的数据库有不同的方法。幸运的是，对于使用 Gremlin 的人来说，这很容易，因为错误声明的下一部分告诉我们：

```
v[232]->[VertexStep(IN,[about],vertex), PropertiesStep([rating],value),
    MeanGlobalStep]
```

你看到的信息是 Gremlin 的字节码。通常来说，作为应用程序开发人员，我们不需要关心字节码。它是 Gremlin Server 和 TinkerPop 驱动程序的实现细节。然而，它通常出现在错误中，并指出问题所在。尽管字节码操作和 Gremlin 操作之间没有一一对应的关系，但把两者匹配起来并不难（第 10 章将详细讨论）。在本例中，我们看到一个顶点（`v[232]`）产生了错误。我们可以从最后增加的是哪一个操作来断定是谁引发了错误。

```
order().
  by(__.in('about').values('rating').mean())
```

更具体地说，我们看到字节码指明了 `MeanGlobalStep`，所以可以推断问题和遍历中的 `in('about').values('rating').mean()`部分有关。这是循序渐进开发遍历（或者任何复杂软件）方式的重要特性。通过测试每一个增量变化，当错误发生时，我们就能确切地知道它是由什么引起的！

由于 `v[232]`顶点并不像遍历的那个部分，我们来研究一下原因。要回答有关具体顶点的这类问题，我们从查看该顶点的数据开始。

```
g.V(232).valueMap().with(WithOptions.tokens)    ← 遍历得到 ID 为 232 的顶点的所有细节

==>{id=232, label=restaurant, address=[212 Lorraine Court],
➥ restaurant_id=[23], name=[With Sauce]}    ← 返回 ID 为 232 的顶点的所有细节
```

该顶点的细节看起来没有什么不妥。但再强调一次，那里不是产生问题的地方。这个顶点穿越遍历的过程没有问题，直到要用平均评分来排序为止。由于评分在 `review` 顶点上，而不是 `restaurant` 顶点上，我们来看看从该餐厅到 `review` 顶点的 `about` 边。

```
g.V(232).inE('about')    ← 遍历显示 ID 为 232 的顶点的 about 边

==>    ← 返回列出了 within 边和 serves 边
```

太好了，就是这个问题！这家餐厅没有评价信息。通过结合迭代开发过程和我们掌握的图遍历知识，以及错误信息的细节，我们准确地找到了遍历的问题。

在确定本例问题根源的过程中，我们发现对数据做了一个错误假设。但问题也可能是脚本中

的拼写错误或者逻辑问题导致的。我们可以通过增加评价数据来解决这个问题，但是数据本身并没有错误。真正的问题是我们对数据做了错误的假设。应该庆幸我们在开发阶段发现了这个问题，而不是在生产环境中。因此，可以编写必要的防御代码来处理数据的这种合理状态。

在对数据有错误假设的其他情景中，增加样本数据可能是最佳方式。取决于具体的场景，你可能想调查针对生产数据的验证过程是否未反映在测试数据集中，或者测试数据不够广泛，不能满足真实数据的实际形式和范围。一个可能的解决方案是在遍历运行前增加验证过程，清空数据。有很多由你的开发环境和要开发软件的特性所决定的可行方案。然而，有一些排除错误的方式总是有用的。

在本例中，我们确切知道在增加 order()操作前，遍历工作如常。另外，我们已经解读了错误声明并得到了有用的线索，可以进而调查产生问题的顶点及其属性和边。此外，我们还可以列出错误根源的所有信息和理由。

最后，在排查此类错误的时候，你手上还有其他资源。有些时候，和同事讨论问题能帮助你获得解决方案。另一种可行的方式是尝试以更受控的方式复制相关条件，也许是使用更小的数据集。还有一些在线资源可以利用，如 Gremlin 用户邮件组和 Stack Overflow 网站，或者厂商的支援团队，甚至那些提供调查、回答的有偿咨询服务。最后要强调的一点是，你并不孤单。

2. 遍历内筛选

回到遍历，我们已经指出问题出在餐厅 v[232]缺失了评价。但是要怎样解决这个问题呢？

我们可以说缺失评价是数据的问题，而且简单地往样本数据加入评价数据，从而避免在上一节为排除这个错误而偏离课题，对作者而言是件极具诱惑的事。但我们觉得这是个不可多得的教育机会。很多时候，我们会对要在遍历开发中使用的数据做出一些假设。在推荐用例中，我们假设所有餐厅都有评分。然而，这是一个糟糕的假设。餐厅没有评分实际上再正常不过了，而且应该考虑到。那么应该如何处理这种情形呢？

在本例中，我们把没有评分的餐厅筛选出来，也就是那些没有 about 边的餐厅。要实现这种筛选，要引入一个新的操作——where()操作。

- where(traversal)：以一个遍历作为输入，以该遍历返回的结果作为筛选条件。

不过，has()操作是首要的筛选操作，也是基于属性实现筛选逻辑的首选。where()操作通常用于其他情况的筛选——基于比简单属性匹配更复杂的逻辑组合的筛选。用 SQL 的术语来说，使用 where()操作类似于在 WHERE 语句中编写下面这样的子查询。

```
SELECT
  FirstName,
  LastName
FROM
  Person.Person
WHERE
  BusinessEntityID =
  (
    SELECT BusinessEntityID
    FROM HumanResources.Employee
    WHERE ID_Number = 123
  );
```

对于这个遍历，我们只想遍历有评价的餐厅，所以要基于“about 边存在”这个条件进行筛选。要实现这一点，我们插入 where()操作来在 order()操作前检查 about 边是否存在。

```
g.V().has('person','person_id',pid).
  out('lives').
  in('within').
  where(__.inE('about')).
  order().
    by(__.in('about').values('rating').mean()).
  valueMap().with(WithOptions.tokens)

==>{id=224, label=restaurant, address=[3134 Keenan Stravenue],
➥ restaurant_id=[22], name=[With Shell]}
==>{id=108, label=restaurant, address=[2419 Pouros Garden],
➥ restaurant_id=[7], name=[Eastern Winds]}
...
```

增加 **where()** 操作，把没有 **about** 入边的顶点筛选出来

列出餐厅

好了，我们得到了结果，但又不完全是我们想要的。我们得到了排序好的顶点清单，但没有看到评分，所以不能确定它们的顺序是否正确。要得到包含计算好的平均值的列表，我们需要切换一种方式。在对数据排序前，需要计算每家餐厅的平均评分并把它关联到 restaurant 顶点。我们把顶点分组成键–值对——restaurant 顶点作为键，rating 的平均值作为值。

5.3.2 节展示了如何使用 group().by().by()系列操作来生成一组键–值对。第一个 by()调节器指定键，第二个 by()调节器指定值。要为本例创建键–值对，我们使用 group()操作，但是怎样才能返回 restaurant 顶点来作为键呢？要返回这个键，需要另一个 Gremlin 操作。

- identity()：获取进入该操作的元素并原封不动地返回。

现在我们知道了如何计算所需的键–值对的键和值，把这些操作用 group().by().by()加入遍历，如下所示。

```
g.V().has('person','person_id',pid).
  out('lives').
  in('within').
  where(__.inE('about')).
  group().
    by(__.identity()).
    by(__.in('about').values('rating').mean())

==>{v[192]=1.5, v[324]=4.0, v[262]=3.3333333333333335,
➥ v[200]=3.25, v[330]=2.25, v[270]=2.0, v[208]=4.0,
➥ v[336]=4.0, v[146]=3.5, v[84]=1.75, v[276]=2.0,
➥ v[342]=5.0, v[216]=3.6666666666666665, v[154]=3.5,
➥ v[282]=3.5, v[92]=2.5, v[224]=1.0,
➥ v[162]=3.6666666666666665, v[100]=4.0, v[294]=4.5,
➥ v[108]=1.3333333333333333, v[176]=2.5, v[306]=4.0,
➥ [246]=3.0, v[60]=4.333333333333333
```

把顶点分组创建键–值对

分配当前元素作为键

遍历 **about** 边，返回平均 **rating** 作为值

结果包含键–值对

太好了！group().by().by()给出了我们想要的键–值对，包含 restaurant 顶点作为键和该餐厅所有评价的平均评分作为值。键–值对很容易使用，前提是能以它们的值来排序。现在把 order()操作添加回去并看看结果。

```
g.V().has('person','person_id',pid).
  out('lives').
  in('within').
  where(__.inE('about')).
  group().
    by(identity()).
    by(__.in('about').values('rating').mean()).
  order().
    by(values, desc)
```

增加 order 操作

根据键-值对的值倒序排列结果

```
==>{v[193]=3.0, v[289]=2.75, v[163]=4.0,
➥ v[69]=3.3333333333333335, v[133]=1.3333333333333333,
➥ v[139]=3.0, v[331]=4.0, v[109]=2.25, v[301]=4.0,
➥ v[177]=4.0, v[209]=2.6666666666666665,
➥ v[147]=2.6666666666666665, v[307]=3.0, v[117]=3.0,
➥ [277]=3.0, v[247]=3.0, v[185]=3.0, v[313]=5.0,
➥ v[155]=3.0, v[61]=4.333333333333333, v[125]=2.5}
```

结果没有按预期排序

等一等。这个结果的排序看起来并不正确。哪里出错了？看看添加 order()操作之前的结果，也许可见端倪。

```
==>{v[193]=3.0, v[289]=2.75, v[163]=4.0,
➥ v[69]=3.3333333333333335, v[133]=1.3333333333333333,
➥ v[139]=3.0, v[331]=4.0, v[109]=2.25, v[301]=4.0,
➥ v[177]=4.0, v[209]=2.6666666666666665,
➥ v[147]=2.6666666666666665, v[307]=3.0, v[117]=3.0,
➥ v[277]=3.0, v[247]=3.0, v[185]=3.0, v[313]=5.0,
➥ v[155]=3.0, v[61]=4.333333333333333, v[125]=2.5}
```

仔细研究这个片段，我们看到得到的并不是预期的键-值对集合，而是一个对象。请留意结果前后都有花括号：{和}。这不是期望的结果，但是我们知道怎样纠正。回到 5.3.2 节，我们用分组结果解决同样的问题。那里使用了 unfold()操作把一个对象的所有属性展开。在这里，我们在 order()操作前增加这个操作，看看能不能得到正确排序的结果集。

```
g.V().has('person','person_id',pid).
  out('lives').
  in('within').
  where(__.inE('about')).
  group().
    by(identity()).
    by(__.in('about').values('rating').mean()).
  unfold().
  order().
    by(values, desc)
```

把传入的对象展开成键-值对

```
==> v[342]=5.0
==> v[294]=4.5
...
==> v[224]=1.0
```

结果按预期排序

虽然结果是被截断的，但很显然我们得到了如预期般按照平均评分倒序排列的结果。工作量还真不小，但是目标就快达成了。我们得到了聚集，把它关联到了顶点，并获得了想要的顺序。

现在只剩下限制输出的个数了。

```
g.V().has('person','person_id',pid).
  out('lives').
  in('within').
  where(__.inE('about')).
  group().
    by(identity()).
    by(__.in('about').values('rating').mean()).
  unfold().
  order().
    by(values, desc).
  limit(10)                              <-- 现在只输出 10 个结果

==> v[342]=5.0
==> v[294]=4.5
...
==> v[162]=3.6666666666666665            前 10 个按平均评分倒序排列的结果
```

现在我们有了以正确顺序排列的结果的正确数量，而且有了所有需要的数据，整个过程已经接近尾声。剩余的工作就是格式化结果，以输出每家餐厅的名字、地址和平均评分。这项任务比在前面的例子中更复杂，因为需要结合 `project()`和 `select()`操作来创建对象。

3. 投射键-值对

虽然遍历返回了含有 `restaurant` 顶点和平均评分的键-值对，但是我们真正想得到的是包含名字、地址和平均评分的属性集合。为了从当前的键-值对生成这个新的对象，我们需要重温在 5.2 节学习过的关于格式化结果的内容。

我们知道有两种格式化结果的方式：选择（selection）和投射（projection）。由于需要从当前位置创建对象（而不是在遍历中更早的位置选择数据），我们使用 `project()`操作。从创建返回对象的三个属性名开始，并为每一个添加 `by()`调节器。

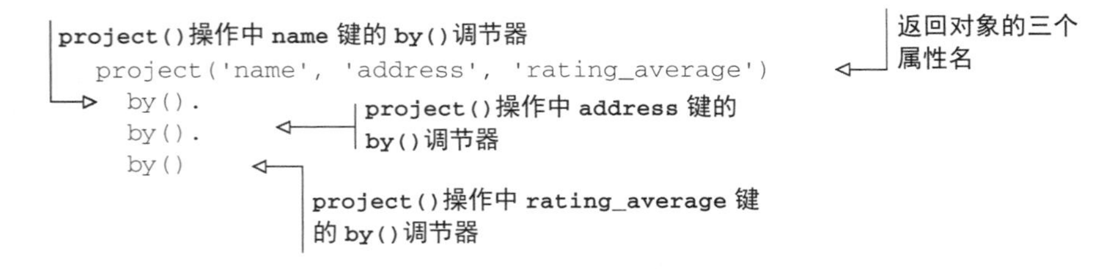

在深入投射遍历之前，需要花些时间谈谈如何在键-值对数据中使用 `project()`操作。在键-值对上使用 `project()`操作相比在图元素上使用它更复杂。我们需要从所传入键-值对的键或值分别抽取数据。

记住，在本遍历的此刻，我们在处理一个键-值对集合，其中第一个看起来像：`v[313] = 5.0`。键的部分是 `v[313]`，代表 ID 为 313 的顶点。值的部分是 `5.0`，是我们用 `group()`操作计算出来的平均评分。

当和键–值对打交道时，我们用 Gremlin 的 select()操作的一个特殊重载来选择键的部分或值的部分。这个重载拿着一个要么是 keys、要么是 values 的标识，来指定我们想要选择键–值对的键的部分（select(keys)）还是值的部分（select(values)）。

重要提醒 values 标识和 values()操作是不一样的。values 标识指向键–值对的值部分，而 values()指定从元素中返回的属性。我们想引起你注意的原因是，它们在我们的遍历中都有使用。这容易让人感到混乱，但给它们命名的并不是我们，所以请别见怪。

接下来，我们把这些知识运用到这个遍历中。我们知道想要从键–值对的键获得 name 和 address 属性，包含 restaurant 顶点，并且从值获得 rating_average。结合如何在键–值对中选择其中一部分的知识，我们得到以下遍历。

```
project('name', 'address', 'rating_average')
  by(select(keys).values('name')).
  by(select(keys).values('address')).
  by(select(values))
```

在键中从 restaurant 顶点选择 name

在键中从 restaurant 顶点选择 address

从值中选择 rating_average

把它应用到之前遍历的尾部，我们得到如下代码。

```
g.V().has('person','person_id',pid).
  out('lives').
  in('within').
  where(__.inE('about')).
  group().
    by(identity()).
    by(__.in('about').values('rating').mean()).
  unfold().
  order().
    by(values, desc).
  limit(10).
  unfold().
  project('name', 'address', 'rating_average').
    by(select(keys).values('name')).
    by(select(keys).values('address')).
    by(select(values))

==>{name=Lonely Grape, address=09418 Torphy Cape,
➥ rating_average=5.0}
==>{name=Perryman's, address=644 Reta Stream,
➥ rating_average=4.5}
...
```

增加 project()操作，返回包含所有所需属性的结果

如预期排序的结果

结果被截断，以保持简洁

结束了，小伙伴们。我们成功地为回答“在我附近，哪 10 家餐厅的评分最高”而编写了遍历。这个过程并不像我们预想的那样顺利，它展示了编写图遍历时会遇到的复杂性。它也向我们演示了一些通用的图概念，比如如何处理键–值对和如何构造复杂的结果对象，更别说我们还稍微偏离课题，进行了遍历中间的错误排除。现在，这个用例中最难的部分已经完成了，剩余的部

分就是把它加入应用程序。

4. 添加遍历到应用程序

和上一节一样，本节遵循与第 6 章中相同的过程。我们将在示例应用程序中增加一个新的方法，叫作 highestRatedRestaurants。在 Java 中，遍历代码如下所示。

```
List<Map<String, Object>> restaurants = g.V().
    has("person", "person_id", personId).
    out("lives").
    in("within").
    where(inE("about")).
    group().
        by(identity()).
        by(in("about").values("rating").mean()).
    unfold().
    order().
        by(values, Order.desc).
    limit(10).
    project("name", "address", "rating_average").
        by(select(keys).values("name")).
        by(select(keys).values("address")).
        by(select(values)).
    toList();
```

出于导入的原因，在这里不需要匿名遍历

枚举值（Column.keys、Column.values）包含在导入中

8.5　编写最后的推荐引擎遍历

我们回到第一个疑问：在我附近提供某个菜系的餐厅中，哪家的评分最高？本节的内容会更具体一点儿。我们从测试数据中随机选择一个人。

假设我们是 Kelly Gorman。因为 Kelly 是“社交催化剂”，所以总是和朋友一起外出。众所周知，Kelly 去哪里，哪里就会有一群人在吃东西或闲逛。这群人开始感到又渴又饿，但是还没有决定是去餐厅还是酒吧。自然地，Kelly 调出了“友聚”应用程序，并和大家约定去应用程序推荐的最好的餐厅或酒吧。你现在的工作就是运用所学的知识构建遍历来返回餐厅，从而把 Kelly 从她那群“饥饿成怒”的朋友中解救出来。

我们将给你一些线索来着手，快速地回顾前两节运用过的过程，然后留出一些空间让你自己找到答案。接下来，我们以揭晓我们的遍历和想法来结束本章。首先，作为 Kelly Gorman，我们假设已经通过以下方式登录了“友聚”应用程序。

```
pid = 5

==>5
```

我们需要输入两个菜系来搜索。为此，在 Gremlin Console 中创建以下列表变量。

```
cuisine_list = ['diner','bar']

==>diner
==>bar
```

最后，我们期望“友聚”应用程序显示以下内容。

```
{name=Without Chaser, address=01511 Casper Fall,
rating_average=3.5, cuisine=bar}
```

请遵循在前两个疑问中使用过的过程。

(1) 识别回答疑问所需的顶点标签和边标签。也许可以画一个小的模式帮助你找出在图中要使用什么。

(2) 寻找遍历的开始位置。

(3) 寻找遍历的结束位置。

(4) 用英语（或你喜欢的语言）把操作直白地写出来。第一个是输入操作，而最后一个则是输出或返回操作。

(5) 用 Gremlin 为每个操作编写代码，每次只写一个，然后用测试数据来进行验证。

本章开头已经对你要回答的相关疑问进行了拆解，但我们通过表 8-3 重复这个过程来给你行个方便。为了完成第一步，图 8-5 展示了这个模式。

表 8-3　对疑问的拆解

疑　　问	顶点标签	边　标　签
在我附近提供某个菜系的餐厅中，哪家的评分最高？	person city restaurant cuisine review	lives（连接 person → city） within（连接 restaurant → city） serves（连接 restaurant → cuisine） about（连接 review → restaurant）

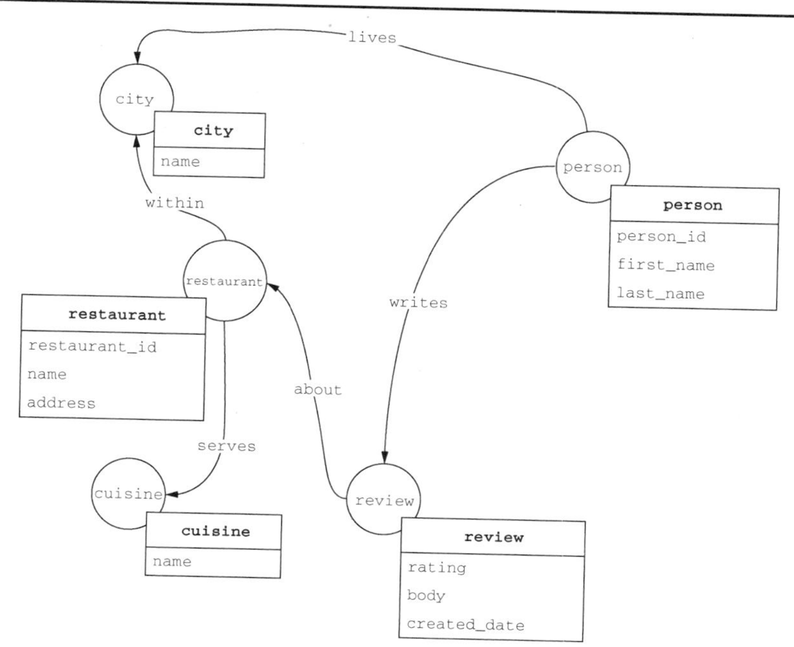

图 8-5　回答疑问“在我附近、提供某个菜系的餐厅中，哪家的评分最高”所需要的逻辑数据模型元素

8

现在花几分钟来记录回答这个疑问的遍历操作。我们想，应该需要8个或9个操作，包括启动的初始操作和结束的返回操作。提示：很多操作和上一节使用的遍历是一样的。基于这些，尽管通过以下要点来计划你的工作吧。

- （起点）
- （列出遍历的操作）

  ……
- （终点）

我们鼓励你在自行完成时参考本章的前两个例子，以及第7章的内容。通过这些要点概括出计划之后，请继续往前走，编写代码，并用测试数据进行测试。我们也建议你看看谓语 within() 来基于菜系进行筛选（查看 TinkerPop 文档中的“A Note on Predicates”一节）。除此以外，解决方案的其他部分已经在本书的前面部分讨论过了，大部分就在本章。当你准备好后，请在下一节看看我们的解决方案。

8.5.1　设计遍历

我们的第一个想法是，这个遍历和上一节的很相似。因为也要寻找当前用户附近的餐厅，所以最好的起点就是用 person_id 筛选出一个 person 顶点。终点也是一组餐厅顶点，包含餐厅的名字、地址、平均评分和提供的菜系。这是我们想到的行动清单。

(1) 基于通过 pid 变量输入的 person_id 得到 person。

(2) 遍历 lives 边，得到其 city。

(3) 遍历 within 边，得到该 city 的 restaurant 顶点。

(4) 基于相邻的 cuisine 顶点筛选出 restaurant 顶点，只展示那些提供 cuisine_list 变量中指定菜系的餐厅。

(5) 以计算出来的 rating_average 对顶点分组，包括筛选确保每个 restaurant 顶点都有评价。

(6) 通过 average_rating 按倒序排列。

(7) 限制只输出一个结果。

(8) 返回 restaurant 顶点的名字、地址和平均评分。

有了这些，我们就知道完成这个遍历需要哪些操作了。除了返回元素的数量和要以 cuisine 筛选外，几乎可以完全复用8.3节中构造的遍历。我们从复制那个遍历和把结果数量限制为一个作为开始。

```
g.V().has('person','person_id',pid).
  out('lives').
  in('within').
  where(inE('about')).
  group().
    by(identity()).
    by(__.in('about').values('rating').mean()).
  unfold().
```

```
  order().
    by(values, desc).
  limit(1).                    限制结果仅为
                               一个元素
  project('name', 'address', 'rating_average').
    by(select(keys).values('name')).
    by(select(keys).values('address')).
    by(select(values))

==>{name=Dave's Big Deluxe, address=490 Ivan Cape, rating_average=4.0}
```

这个遍历缺失的下一个部分是通过输入的菜系进行筛选。为此，我们想用 has()来增加一个简单筛选。

```
has('cuisine',within(cuisine_list))
```

然而，我们并不能这么做。这个模式并不是这样设计的。在我们的模型中，菜系是独立的顶点，所以需要在遍历上进行筛选，而不是直接基于一个属性来筛选。遍历需要到达 cuisine 顶点，从而按照菜系进行筛选。

在 Gremlin 中，这不能通过 has()操作来实现，因为该操作只能基于属性进行筛选，而不能基于边。回顾前一个遍历，where()操作才是我们需要的。这个操作以一个遍历作为参数，对不返回结果的遍历器进行筛选。为此，我们创建了这个语句。

```
where(out('serves').has('name',within(cuisine_list)))
```

对于每一个 restaurant，这个语句从它附带的 cuisine 顶点遍历出来，检查其 name 是否在我们的菜系清单中。这里有一个筛选器中的筛选器。外部的筛选器是 where()操作，只在内部遍历完成之后才传递结果。内部筛选器在遍历末端，使用 has()操作基于 cuisine 顶点的 name 属性进行筛选。

重构模型

使用 cuisine 是重构的一个诱因。还记得第 3 章谈到的“密室逃脱”吗？我们用这个比喻来展示在图中的一个顶点上就像身处该顶点的房间内一样。我们可以直接访问的是一系列代表顶点上属性的橱柜和一系列指向其他顶点的门。往橱柜里窥探来获取属性值几乎没有什么成本，因为在加载顶点时，属性也一并被存入内存，所以其开销已经被包含在内。看着边来获取它们的值也没有额外成本。但是查看菜系则需要遍历到 cuisine 顶点，在我们的比喻里就是需要从大厅走到代表那个顶点的房间。我们将在第 10 章谈到性能问题时讨论如何重构。

把它嵌入到遍历中，并在 project()操作做一个小的修改来包含菜系。

```
g.V().has('person','person_id',pid).
  out('lives').
  in('within').
  where(out('serves').has('name',
```

```
➥ within(cuisine_list))).
  where(inE('about')).
  group().
    by(identity()).
    by(__.in('about').values('rating').mean()).
  unfold().
  order().
    by(values, desc).
  limit(1).
  project('name', 'address',
➥ 'rating_average', 'cuisine').
    by(select(keys).values('name')).
    by(select(keys).values('address'
    by(select(values)).
    by(select(keys).out('serves').values('name'))

==> {name=Without Chaser, address=01511 Casper Fall,
➥ rating_average=3.5, cuisine=bar}
```

增加 **where()** 操作，基于菜系进行筛选

修改 **project()** 操作，在结果中包含 **cuisine** 值

返回在 Kelly Gorman 附近评分最高的酒吧或餐厅作为结果

这个结果正是我们想要的。如果你得到了同样的答案，那么你的方式也是成功的。如果没有得到这个答案，请把你的操作和我们的进行比较，看看遍历结果是从哪里开始和我们的不一样的。

8.5.2　添加遍历到应用程序中

最后，为应用程序添加一个叫 highestRatedByCuisine 的新方法。在 Java 中，遍历代码是这样的。

```
List<Map<String, Object>> restaurants = g.V().
    has("person", "person_id", personId).
    out("lives").
    in("within").
    where(out("serves").has("name",
➥ P.within(cuisineList))).
    where(inE("about")).
    group().
        by(identity()).
        by(in("about").values("rating").mean()).
    unfold().
    order().
        by(values, Order.desc).
    limit(1).
    project("restaurant_name", "address",
➥ "rating_average", "cuisine").
        by(select(keys).values("name")).
        by(select(keys).values("address")).
        by(select(values)).
        by(select(keys).out("serves").values("name")).
    toList();
```

谓语使用 **P.within** 或一个静态导入语句

完成了！我们为三个推荐引擎用例构建了遍历！起点是为每个疑问确定所需的图元素（顶点和边）。确定这个信息能帮助我们组织想法并为接下来的工作进行优先级排序。我们决定从最简单的遍历开始，并逐步推进到更复杂的遍历。这个顺序使我们受益，因为可以尽最大可能复用8.3节中用例的遍历（第二个疑问）来编写8.4节中用例的遍历（第一个疑问）。

我们也在本章中练习了使用一些图数据库软件进行开发的实用方法，比如总是把模式画出来。我们草拟遍历：先使用自然语言，然后使用Gremlin操作。在实现Gremlin操作的过程时，我们遇到了一些构建软件的常见挑战：对数据做了错误的假设，意外的bug，原计划中缺失了操作，以及熟悉操作的新用法。

在整个过程中，迭代式的"一步一测"方式很好地帮助我们完成了工作。第9章将使用子图来允许用户个性化他们收到的推荐。

8.6 小结

- 为用例开发遍历要从识别回答业务疑问所需的顶点和边开始。
- 开发熟路遍历要识别模式的有关部分，寻找遍历的起点和终点，识别从起点到终点遍历所需的一系列顶点和边，最后循序渐进、迭代式地增加操作来组成遍历，并通过测试数据验证每一步的结果。
- 好的遍历起点可以最小化开始顶点，最理想的情况是只有一个顶点。为此，在遍历开始时，要使用尽可能多的筛选。
- 关于确定用例疑问的优先级：如果我们想降低使用图技术的风险，可以选择从最难的疑问入手；如果我们想更早获得成功并为后续开发打下基础，可以选择从简单的疑问入手。
- 采用一步接一步的系统性方式构建遍历可以使遇到错误时的排查变得更容易。对任意错误的排除可能包含多个操作，包括调查数据、改变遍历的方式、咨询其他同事或求助于在线资源。
- 在图遍历中对结果进行分页需要以排序后的结果集作为输入，并运用限制值和偏移值指定期望的结果子集。
- 对遍历进行分组和排序会创建键-值对形式的结果。对键-值对的进一步处理会采用`select()`操作的一个特殊重载，分别对键-值对中键的部分和值的部分进行处理。

第9章

子　图

本章内容

- 使用遍历定义子图
- 提取子图以备将来使用
- 使用先前提取的子图
- 使用子图创建模块化、可复用的代码

假设有两个用户都使用“友聚”在得克萨斯州休斯敦市（Houston）寻找很棒的餐厅：Nancy住在休斯敦的北部，Sam住在南部。尽管Nancy和Sam在“友聚”上都有很多朋友，但他们之间并没有直接的连接。我们在这里做两个合理的假设：一是Nancy和Sam有不同的朋友圈，因为他们住在城市的不同地方、从来没有见过面；二是他们想去朋友评价很高的本地餐厅。当他们提出疑问“根据我朋友的评分，对我来说最好的本地餐厅有哪些”时，他们都希望得到自己附近（Nancy在北休斯敦，Sam在南休斯敦）根据朋友评分推荐的餐厅。我们如何才能交付与每一个目标最相关的结果？

个性化是基于数据中的连接关系筛选数据以提供最相关内容的过程。在“友聚”中，我们可以根据用户的社交网络为其进行个性化推荐。例如，为了更恰当地回答Nancy的问题，可以有意地将数据限制为她朋友创建过评价的餐厅。换句话说，我们创建了一种方法：只专注于数据的一个子集（她朋友的推荐），而忽略另一个子集（休斯敦的所有其他餐厅）。

因为只就图中明确定义的部分数据提出疑问，所以我们只想处理这个数据子集。做到这一点的最有效方法是从全局图中提取该数据子集。这是一个常见的操作，该数据子集称为**子图**。从概念上讲，子图是一个相当简单的东西：就是顶点和边的子集，通常根据某种规则或对业务领域的理解而紧密相连。

在本章中，你将学习何时以及如何使用子图来筛选结果。子图天然适合个性化问题，所以我们使用诸如“根据我朋友的评分，对我来说最好的本地餐厅有哪些”之类的个性化疑问来演示创建和使用子图的基本操作。我们然后通过逐步开发回答这个疑问的遍历来演示子图如何为不同的用户提供个性化的结果，最后研究在应用程序中使用子图时所需方法的一些差异。

9.1 使用子图

在深入研究个性化用例之前，让我们使用之前的社交网络图来演示子图的基础知识。你应该还记得，**子图**也是图，只是其中的所有顶点和边都是一个更大的图的子集。社交网络中子图的示例是一个包含你和通过 `friends` 边与你连接的所有人的图。子图本身就是一张图的事实是子图如此有用的原因之一：它们的工作原理与更大的图一样，但内存占用更少。

9.1.1 提取子图

回到我们的社交网络，假设要检索 Josh 及其朋友的子图。在这种情况下，图中需要包括他的朋友（与他加过朋友的朋友）。图 9-1 突出显示了我们的子图。

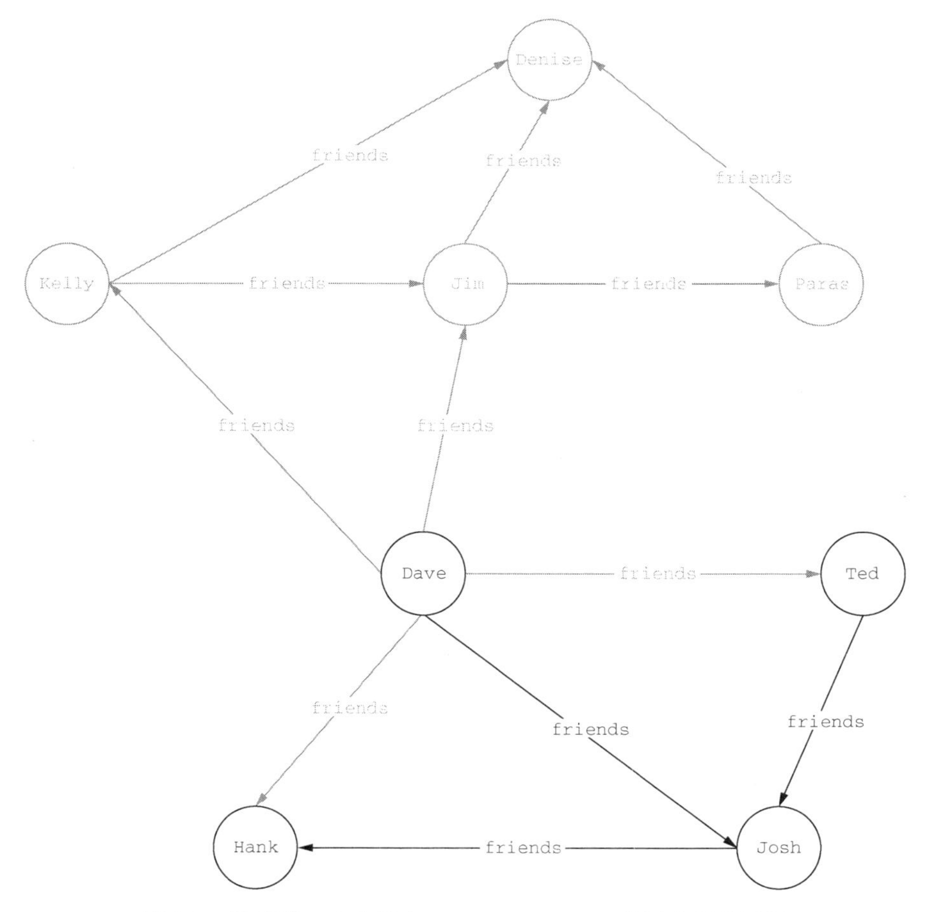

图 9-1 展示了 Josh 和朋友 Dave、Ted、Hank 的社交网络子图

要创建这个子图，我们需要开发一个定义子图中顶点和边的遍历。我们已经知道如何创建遍历来查找某人的朋友（见3.2节），所以这里未知的部分是如何指定这些朋友成为子图的一部分。根据我们对数据库引擎的选择，可以使用两种技术之一来创建子图：按顶点归纳和按边归纳。

1. 按顶点归纳与按边归纳

按顶点归纳子图是通过一组顶点及其之间的边来定义的。例如，我们可以通过指定只包含偶数顶点来在图9-2中创建一张按顶点归纳子图。因为这是一张按顶点归纳子图，所以还包括各个顶点之间的所有边，例如边H、I、J、K和L，如图9-2中突出显示的那样。

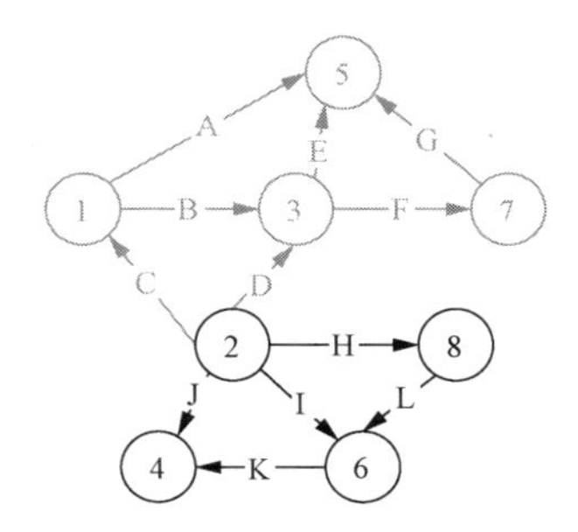

图9-2　基于顶点2、4、6和8选择的按顶点归纳子图还包括顶点之间的边H、I、J、K和L

按边归纳子图是通过一组边及其相邻顶点来定义的。图9-3就是这样的子图，展示了与顶点6有连接的边。在这种情况下，我们从边I、K和L开始，并包括相关顶点2、4、6和8。

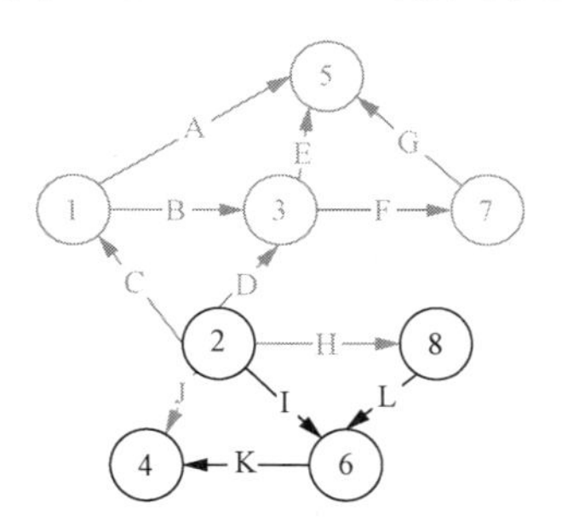

图9-3　基于连接到顶点6的边的按边归纳子图，包括边I、K和L以及相邻顶点2、4、6和8

两张子图虽然具有相同的顶点，但并没有相同的边。比较这两张子图，可以看到按顶点归纳子图包含边H和边J，而这两条边并不在按边归纳子图中。区别在于，按顶点归纳子图包括顶点之间的所有边，而按边归纳子图只包括那些被定义的边。这两种方法的结果并非总是不同。子图的组成取决于你使用的方法以及在选择过程中使用的规则。

不幸的是，我们使用的方法通常是由数据库供应商定义的，并不是所有的图数据库产品都有显式的子图支持。使用边来定义范围似乎有违直觉，因为从历史上看，我们在考虑数据时总是抱着一种**实体第一**（甚至是**实体唯一**）的思维方式。但是，图的实体关系允许我们使用边作为“一等公民”来定义子图的限度。这样一来，就能既安全又容易地正确描绘我们的子图。Gremlin Server 的 TinkerPop 实现支持按边归纳子图，因此按边归纳子图将是个性化用例的重点。

2. 定义子图

了解了定义子图的方法，让我们通过返回一个包含 `Josh` 顶点、他朋友的顶点和这些顶点之间的边的子图来扩展查找 Josh 朋友所需的操作。

注意 本节演示如何使用 Gremlin 创建按边归纳子图。不同的数据库会使用不同的过程来创建子图，但是对于支持 TinkerPop 的数据库，本节描述的过程是标准化的。

设置本地环境

在运行遍历检索子图之前，需要使用合适的数据来设置全局图。与前面的章节一样，我们提供了一个脚本来加载本章将使用的测试数据。而且和第 8 章一样，我们需要在运行脚本之前更新脚本中引用数据的文件位置。

下载脚本，然后在文本编辑器中打开它，编辑下面这一行，将它改成 chapter09/scripts/restaurant-review-network.json 在你本地的完整路径。

```
full_path_and_filename = "/path/to/restaurant-review-network.json"
```

如果你已经按照附录的说明设置了 Gremlin Console，则可以启动 Gremlin Console，然后使用一条命令加载本章的数据。在 macOS 和 Linux 系统中使用：

```
bin/gremlin.sh -i $BASE_DIR/chapter09/scripts/9.1-restaurant-
  review-network-io.groovy
```

在 Windows 系统中则使用：

```
bin\gremlin.bat -i $BASE_DIR\chapter09\scripts\9.1-restaurant-review-network-
  io.groovy
```

该脚本执行完之后，我们的图就包含了将在整章中引用的测试数据。

我们使用 Gremlin 用以下方法创建按边归纳子图。

(1) 获取顶点 `Josh`（`person_id = 2`）。

(2) 沿任意方向遍历 `friends` 边。

(3) 根据遍历到的边定义子图。

(4) 提取子图中的边和顶点。

(5) 返回结果。

再检查一下这些操作，我们已经知道如何执行前两个操作以及最后一个操作。新操作是剩余的两个，即定义和提取子图。图 9-4 展示了这些操作是如何映射到相应的 Gremlin 操作的。

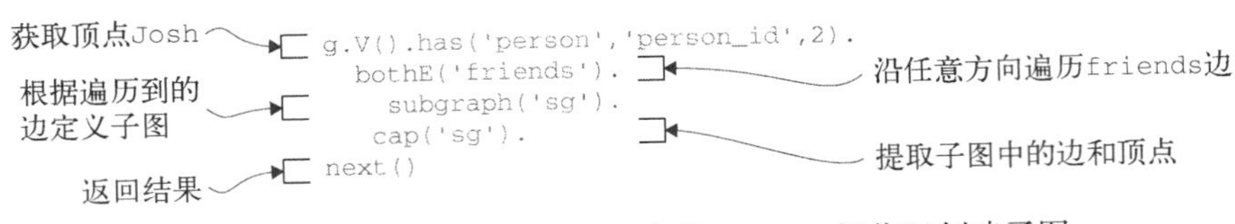

图 9-4　将纯文本操作映射到相应的 Gremlin 操作以创建子图

这个遍历主要使用我们熟悉的操作，除了定义和提取子图所需的那两个。定义和提取子图所需的操作有下面这两个。

- subgraph(sideEffectKey)：在一组较大的图数据中定义一个按边归纳子图。sideEffectKey 是对副作用完整结果的引用。
- cap(sideEffectKey)：向上迭代遍历到自身，并发出 sideEffectKey 引用的副作用结果。

副作用和 Gremlin 很少使用的通用操作

在详细介绍 subgraph()和 cap()操作之前，让我们休息一会儿，讨论一下副作用。在 TinkerPop 文档中“Graph Traversal Steps”一节的开头，我们就看到了一列操作：map、flatMap、filter、branch、sideEffect。然后，文档的其余部分介绍了很多操作，但是只有这五个是通用操作（general step）。

熟悉函数式编程的人应该发现了，这五个操作中有一些是编写数据转换代码的主要操作。所有的 Gremlin 操作，除了调整或配置其他操作的操作之外，本质上都是这五个通用操作之一的优化版本。因此，这五个通用操作是编程的核心概念。然而，副作用操作可能不如其他操作那么显眼。让我们把它归结为状态：**副作用**是我们改变状态的方式。

我们在第 4 章中使用了一些副作用操作，通过添加、删除和更新元素来改变图。所有这些变异（mutation）都是副作用操作的一种形式。当调用 addV()操作返回一个顶点对象时，addV()会通过将该顶点添加到图中来改变图。addV()调用的主要结果是返回一个顶点对象，但是 addV()带来的副作用改变了图的状态：往图数据中添加了一个新顶点。

我们倾向于将其视为单个操作，它返回添加到图中的顶点，但是这个操作由两部分组成：第一部分将数据添加到图中（操作的副作用部分）；第二部分检索在第一部分添加的数据的引用，并将其作为操作的结果返回。

subgraph()操作也是如此。subgraph()操作的主要作用是返回作为其输入的边。但是，该操作的副作用部分将这些相同的边及其相邻顶点添加到了由标签标识的内部集合中。

关于副作用和其他四个通用操作，还有很多可以说的。这些操作挺有意思，它们高度理论化，可能实际上不会被使用。之所以说实际上不会被使用，是因为它们几乎都可以通过本书介绍过的其他 Gremlin 操作来完成。事实上，所有其他操作都比这五个通用操作（map、flatMap、filter、branch 和 sideEffect）性能更好，而且更易于阅读。这就是我们到目前为止避免使用这些通用操作的原因。

让我们看一下如图 9-4 所示的遍历在 Gremlin Console 中的运行结果。

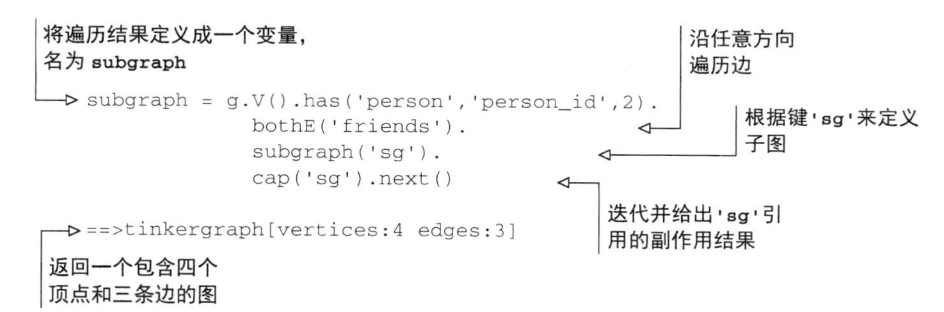


```
subgraph = g.V().has('person','person_id',2).
                bothE('friends').
                subgraph('sg').
                cap('sg').next()

==>tinkergraph[vertices:4 edges:3]
```

这很有趣。我们看到，结果不像前面那样是一个列表或映射，而是图：返回了一个包含四个顶点和三条边的图。让我们来分解一下该图（我们的子图）是如何创建的。首先从顶点 Josh 开始，如图 9-5 所示。

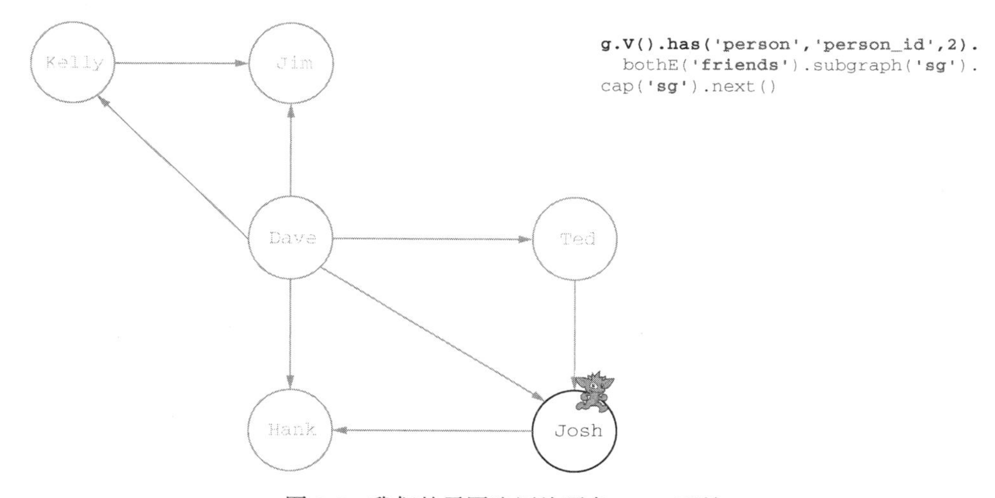

图 9-5 我们的子图遍历从顶点 Josh 开始

接下来，使用 bothE()操作遍历与顶点 Josh 相邻的每条 friends 边。图 9-6 展示了这一遍历。

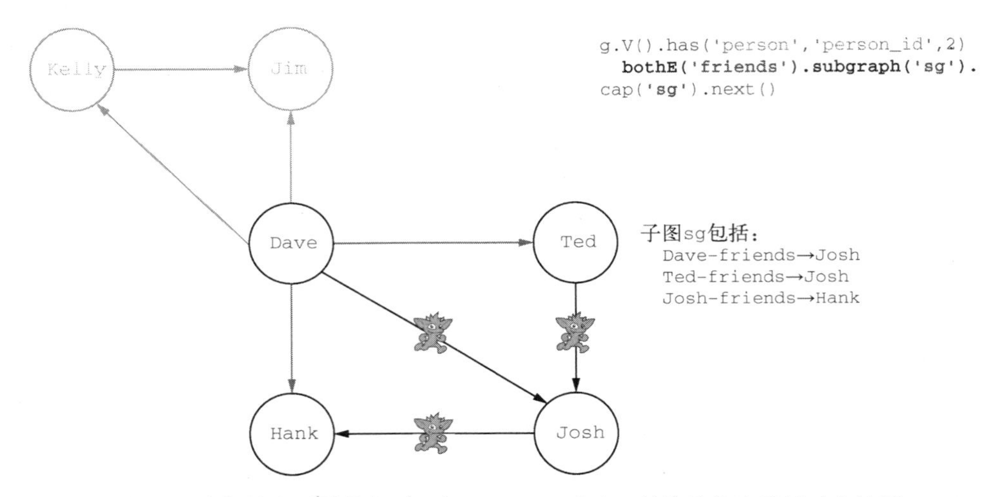

图 9-6　我们的遍历器分支到三条 friends 边上，并将这些边及其对应的顶点添加到子图 sg 中

将这三条边添加到子图后，我们调用 cap()操作返回子图。图 9-7 展示了这一操作。

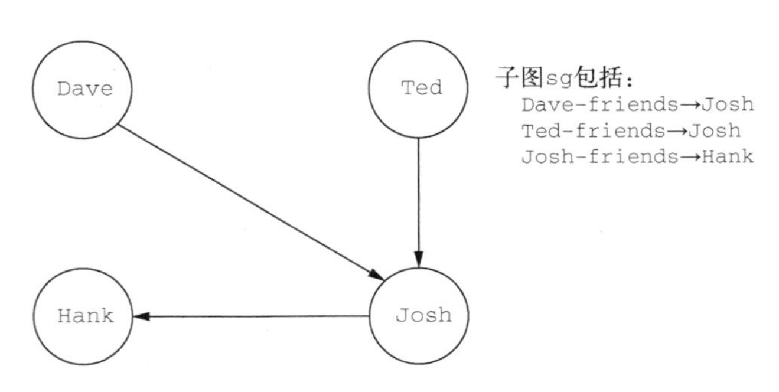

图 9-7　返回遍历提取的子图

现在我们有了 Josh 和他朋友的子图！该子图具有与其所在大图相同的所有图功能，尽管数据略少一些。

9.1.2　遍历子图

现在我们定义并隔离了一个子图，接下来学习如何遍历它。上一节为子图变量赋值了一个包含四个顶点和三条边的 TinkerGraph 对象。因为我们的子图变量是一个 TinkerGraph 对象，所以在为该图创建 GraphTraversalSource 之前，无法继续使用或遍历该子图。第 3 章介绍了 Graph 和 GraphTraversalSource 之间的区别，下面回忆一下。

- Graph 是一个数据存储。它只是存放数据的地方，除了最简单的查找操作以外，没有访问数据的其他能力。
- GraphTraversalSource 是编写所有遍历的基础（遍历中的 g）。

没有 GraphTraversalSource 的图对象就相当于没有任何类型文件管理器的文件系统及其文件。也就是说，我们没有任何类型的工具来导航文件系统、读取文件及其属性或者移动文件。这意味着，在使用子图之前，需要获得遍历源。在 Gremlin 中，我们通过调用 Graph 对象（在本例中是子图变量 sg）上的 traversal() 方法来实现这一点。

```
sg = subgraph.traversal()

==> graphtraversalsource[tinkergraph[vertices:4 edges:3], standard]
```

太棒了！现在 sg 变量中有了 GraphTraversalSource，可以开始遍历子图了。

用关系数据库的术语来说，提取数据子集并在随后复用该数据类似于使用 join 分离一组表，然后连接成为其自己的数据库。这有点儿像视图的概念，或者 CTE。也许将其比作一组临时表更好，尽管事实并非如此。在关系数据库中，它可能最接近于使用可序列化隔离连接到数据库并运行操作，而无须将任何更改提交回原始数据库。

真遗憾，在关系数据库世界中，没有对这种能力的完美类比。以这种方式动态定义一个功能完整的数据子集，在某种程度上是图特有的技能。

将子图用于串行隔离

可以认为子图是在图数据库中建立可序列化隔离的一种无奈方式。换句话说，可以将其视为使用可序列化隔离模式与图数据交互的方式。一旦定义，即使原始数据发生变化，子图也不会改变，尽管该功能既依赖于支持 subgraph() 操作的具体数据库产品，也依赖于与 TinkerPop 行为一致的实现。

虽然该特性是一项强大的功能，尤其是当你需要在事务系统上执行一些分析操作时，但是应该谨慎使用！在许多系统中，子图是没有磁盘缓存功能的内存结构，因此创建整个原始图的子图可能会造成内存压力，甚至会引发内存不足错误。

此外，根据可串行隔离的定义，子图中发生的任何变化都不会反映在原始图中，反之亦然。要依靠应用程序开发人员来协调两者之间的变化。

经过 Apache TinkerPop 3.4 参考实现验证，所有这些当前功能都有效。但是在使用子图时，真的要检查一下哪些功能是我们所选图数据库产品支持的。

现在已经为子图定义了遍历源，因此可以像自第 3 章以来一直做的那样遍历图了。

```
sg.V().has('person','person_id',2).valueMap()

==>{person_id=[2], last_name=[Perry], first_name=[Josh]}
```

找到 **person_id = 2** 的顶点并显示其内容

```
sg.V().has('person','person_id',2).both().valueMap()

==>{person_id=[3], last_name=[Erin], first_name=[Hank]}
==>{person_id=[1], last_name=[Bech], first_name=[Dave]}
==>{person_id=[4], last_name=[Wilson], first_name=[Ted]}
```

找到 **person_id = 2** 的相邻顶点并显示其内容

这种就像我们可以在任何图上所做的那样，在子图上进行存储和额外处理的能力，是子图如此有用的原因之一。既然已经介绍了如何创建、提取和使用子图，就让我们使用“友聚”的个性化用例来展示如何使用子图吧。

9.2　针对个性化用例构建子图

对于“友聚”的个性化用例，我们需要回答这样一个疑问：根据我朋友的评分，对我来说最好的本地餐厅有哪些？然而，是否需要向用户推荐离他上千千米远的餐厅值得怀疑。为了简化这个例子，我们假设只在同一地区寻找餐厅。按照 8.1 节中的遍历开发过程，首先将疑问分解为所需的部分。对于此问题，我们将其分解成以下操作。

(1) 定位子图的主体 person 顶点。

(2) 遍历主体 person 的朋友（person 顶点）。

(3) 确定每个朋友的 review 顶点。

(4) 找到 review_ratings。

(5) 找到评分最高的餐厅。

然后根据上面的操作在模式中找到相关的顶点标签和边标签。图 9-8 突出显示了我们感兴趣的模式部分。

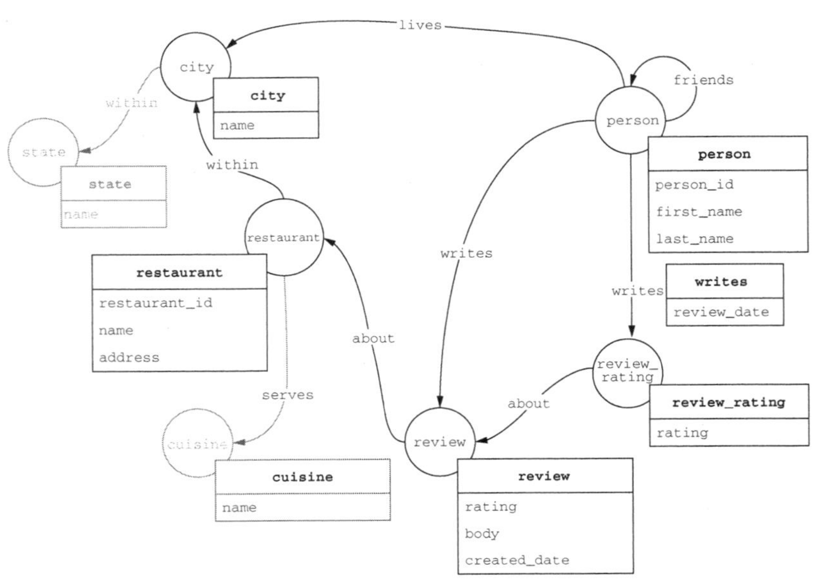

图 9-8　“友聚”个性化案例子图所需的相关逻辑数据模型元素

太棒了！我们已经确定了相关的模式元素，接下来选择起点。看看前面需要的操作，我们认为从当前 person 开始是合乎逻辑的，因为可以将起始顶点缩小到单个顶点。接下来需要找到遍历的终点，这在本例中是餐厅，因为这是问题想要返回的结果。

然后要列出从起点走到终点需要在模式中执行哪些操作。我们需要以下操作。

(1) 获取当前 person。

(2) 添加 friends 边，以获得此人的直接朋友圈。

(3) 获取这些朋友的 review 和 review_rating 顶点。

(4) 添加 restaurant 顶点。

(5) 为每个餐厅添加 city 顶点。

现在我们知道了遍历需要完成的操作，开始以迭代的方式开发子图吧。

首先，我们需要 person 顶点——Josh 和他的朋友。对于这个例子，Josh 个性化结果的子图应该包括 Josh 的朋友。记住，我们使用的是一个按边归纳子图，所以真正要做的是收集边并使用这些边来生成子图。

注意 这里不要求必须通过在两个方向上遍历边来创建子图。我们本来可以限制遍历边的方向，但最终选择不这样做。

```
subgraph = g.V().has('person','person_id',2).    ◁— 从当前登录用户的 person_id 开始
bothE('friends').subgraph('sg').                  ◁— 遍历 friends 边以获得全部朋友的 person 顶点
cap('sg').next()
```

接下来，需要在遍历 restaurant 顶点时包含 review 和 review_rating 顶点。最后，我们通过 within 边确定 city 顶点，以实现一些定位功能。从视觉上看，这个查找数据过程类似于图 9-9。

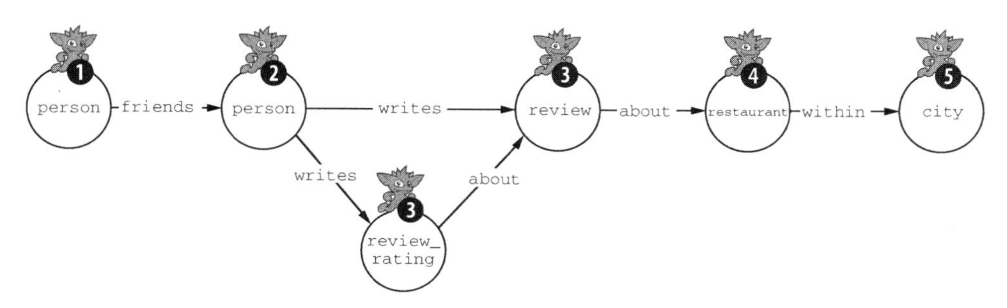

图 9-9 通过遵循逻辑数据模型的这条熟路路径来创建子图

在展示遍历之前，我们想花些时间讨论一下遍历中的一个新问题，即需要有选择地遍历图元素。看看图 9-9，我们注意到有时需要通过 writes 边从一个 person 转到 review_rating 顶点，有时则需要通过 writes 边从一个 person 转到 review 顶点。在这种情况下，当转到

review_rating 顶点时，需要执行一个额外的操作来将 about 边带向 review。这意味着需要根据我们所处的顶点类型以不同的方式遍历图。要解决这个问题，使用以下 Gremlin 操作。

- optional(traversal)：尝试遍历，如果返回结果，则发出结果；否则，发出传入元素（与 identity()操作一样）。

如果要举一个例子来说明这个额外的操作在遍历数据时是什么样的，它将类似于图 9-10。

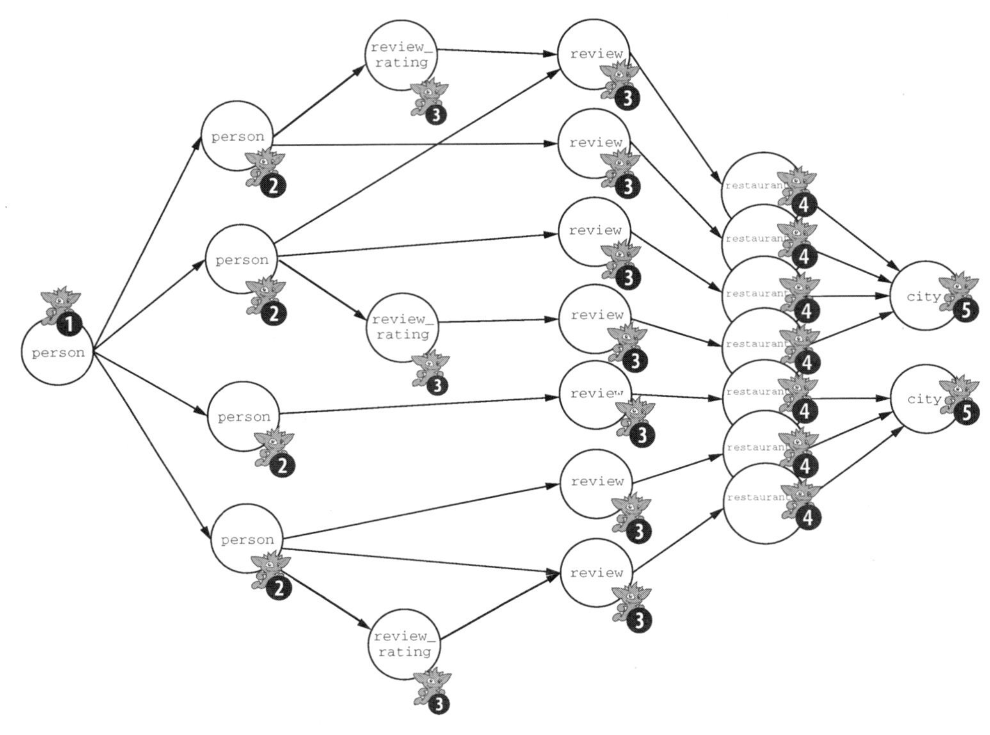

图 9-10 从 person 到 city 的熟路路径，包括通过图中的实例数据到 review_rating 顶点的可选操作

棘手的部分是，writes 边从一个 person 连接到 review 或 review_rating 顶点类型。这个分叉意味着，如果我们在一个 review_rating 顶点上，就需要采取额外的遍历操作来到达 review 顶点。在这个额外的操作之后，所有的遍历器都将位于 review 顶点上，因而可以从那里遍历图的其余部分。通过图 9-9 所示的额外操作扩展遍历，我们构造了如下所示的遍历来创建子图。

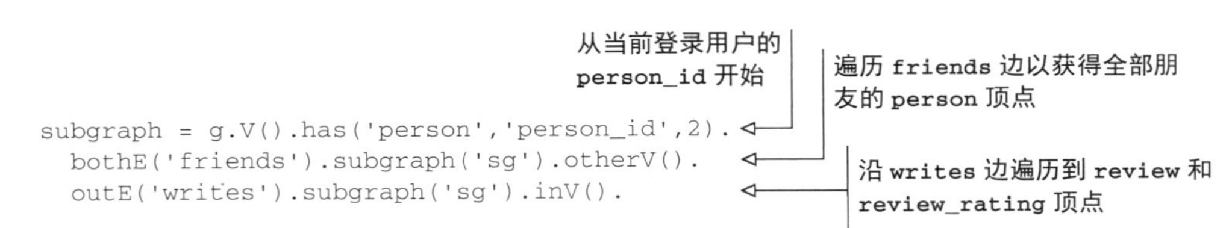

```
  optional(
    hasLabel('review_rating').outE('about').
  subgraph('sg').inV()
  ).
  outE('about').subgraph('sg').inV().
  outE('within').subgraph('sg').
  cap('sg').next()

==> tinkergraph[vertices:80 edges:121]
```

遍历 **within** 边以获取 **city** 顶点

如果当前在 **review_rating** 顶点上，则遍历 **about** 边以获取 **review** 顶点

遍历 **about** 边以获取 **restaurant** 顶点

我们不知道你感觉如何，但是我们觉得根据相邻的顶点类型（review 或 review_rating）以不同的方式处理同一个边类型（writes）有点儿奇怪。可能还不至于把它称为代码坏气味，也许它更像一种“令人讨厌的代码气味”。不过，如果我们能把这个问题处理得更好，那就太棒了。所以，让我们试一下。

在试图重写这个遍历时，我们遇到的主要挑战是双重目的的 writes 边。正如数据建模过程中提到的，我们喜欢尝试将通用标签应用于顶点和边，然而这会带来一些弊端，现在的情况就是其中之一。毕竟，也许 writes 并非将 person 与 review_rating 相连的最佳术语。真正的情况是用户为评价**分配**（assign）了一个评分。也许更好的方法是使用不同的边标签，如下所示。

- person-writes-review
- person-assigns-review_rating-about-review

图 9-11 展示了添加这些边之后的模式。这种改变还会改变遍历操作。图 9-12 展示了这一改变。

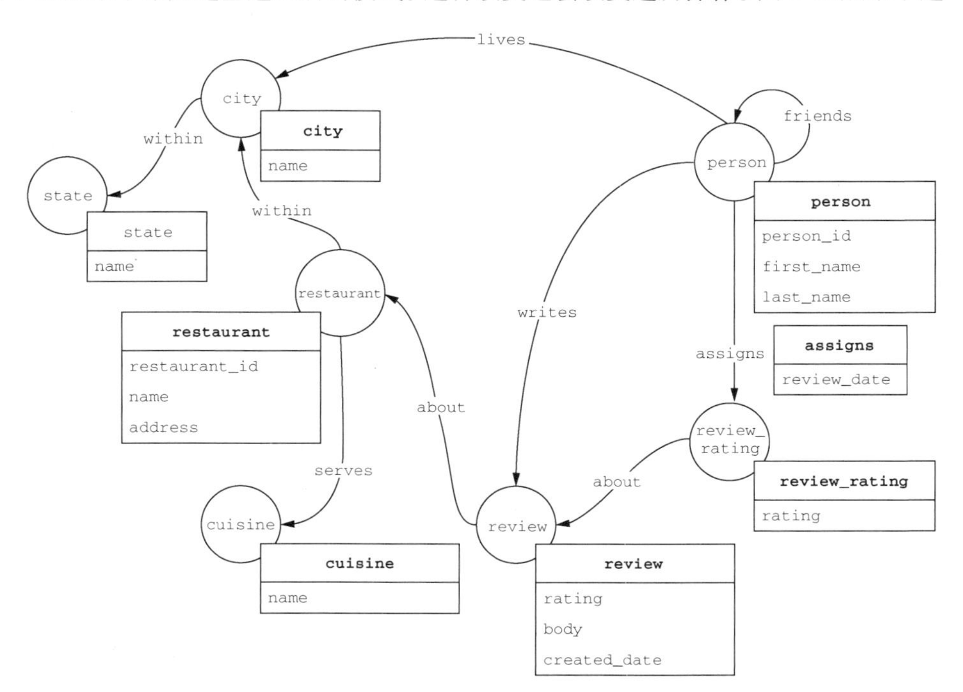

图 9-11 给 person 分配 review_rating 的备选逻辑数据模型

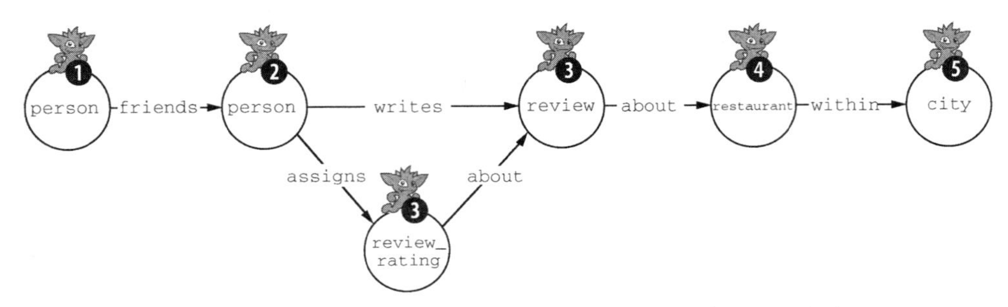

图 9-12　使用 assigns 边为备选逻辑数据模型创建子图的熟路

可以看到，路径的基本形状是一样的，因为基本的连接没有改变。我们改变的只是一条边的名字，从 writes 改为 assigns。让我们看看这个数据模型更改后，遍历是什么样子的（如图 9-12 所示）。

我们注意到的一个不同之处是，在新模型中，有两种不同的路径可以走：可以使用两个不同的边标签（writes 和 assigns）从 person 走到 restaurant。换句话说，我们需要创建这两条遍历路径的联合，类似于在 SQL 中对两个查询执行 UNION。为了解决这个问题，我们将使用第 7 章介绍的 union()操作。

使用这个新操作修改之前的遍历，可以得到以下结果。

```
subgraph = g.V().has('person','person_id',2).
  bothE('friends').subgraph('sg').otherV().
  union(                                        ← 创建这两条遍历路径的联合
        outE('writes').subgraph('sg').inV(),    ← 遍历 writes 边到 review 顶点
        outE('assigns').subgraph('sg').inV()    ← 遍历 assigned 边到 review 顶点
      ).
  outE('about').subgraph('sg').inV().
  outE('within').subgraph('sg').
  cap('sg').next()                              ← 发出两条遍历路径的联合结果
```

这可能就是那种“五五开”的情况。在第一次迭代中，必须使用 optional()操作。在第二次迭代中，需要使用 union()操作。

值得称赞的是，这种新方法在语义上更容易理解。也就是说，它在 writes 边和 assigns 边之间建立了一个重要的区别：writes 边只会得到 review，而 assigns 边只会得到 review_rating。这种区别使我们想起数据建模中最具挑战性的一点——对事物命名。对于这个用例，我们应该使用一个边标签，还是两个边标签？

对于这个问题，没有“永远正确”的答案。在本例中，我们倾向于第二种方式：如果认为在同一遍历中很少同时遍历 review 和 review_rating，则使用不同的标签。但第一种方式确实有优点，它减少了我们需要潜在遍历的标签数量。

我们刚才从第二种方式开始，这并没有错。然而，似乎没有什么令人信服的理由来对数据模型做这种改变，因此后面将坚持使用一个标签来表示两条边，也就是采用第一种方式。当代码已经写好并且运行得很好时，我们通常不愿意更改模式。

9.3 构建遍历

现在有了子图，可以为个性化用例构造遍历来完成工作了。记住，我们要回答的疑问是：根据我朋友的评分，对我来说最好的本地餐厅有哪些？这个用例类似于推荐引擎的一些用例，特别是疑问“在我附近，哪 10 家餐厅的评分最高”。二者本质上是同一个问题，除了将条件限制为朋友的评价，而不是所有评价。

鉴于第 8 章已经解决了类似问题，所以可以复用之前的工作成果。然而，本例不是从整张图开始，而是从子图开始。因为我们的子图已经被限制在为用户个性化的那一部分，所以可以从评价开始着手。在这种情况下，遍历的操作如下。（记住，每个操作仅对子图中的数据执行。）

(1) 找到所有的 `review` 顶点。

(2) 添加 `restaurant` 顶点。

(3) 基于输入的 `city_name` 筛选 `restaurant` 顶点。

(4) 根据平均 `review_rating` 将 `restaurant` 顶点分组。

(5) 按平均评分降序排列。

你是否注意到了，该遍历是熟路遍历模式的另一个例子？我们知道需要遍历的一系列顶点和边，以及必须遍历这些顶点和边的次数。在子图中遵循的熟路路径非常简单，如图 9-13 所示。

图 9-13　在子图中收集给定城市中的餐厅和评分的熟路

为了开发我们的遍历，需要针对“本地”提供一个地理位置输入。在本例中，要以一个城市的名字作为输入。出于测试的目的，我们从休斯敦开始，因为它是样本数据中的两个城市之一。在开始工作之前，在 Gremlin Console 中将 `city` 输入定义为一个变量，并为子图创建 `GraphTraversalSource`。

```
city_name = 'Houston'
sg = subgraph.traversal()
```

有了这些之后，就可以遍历子图了。看一下需要完成的操作（如图 9-13 所示），我们得到了以下遍历。

注意 我们是从 sg（子图的 GraphTraversalSource）开始的，而不是遍历中常用的 g 变量。

记住，要回答的疑问是：根据我朋友的评分，对我来说最好的本地餐厅有哪些？我们所需要做的就是将结果格式化成逻辑输出。幸运的是，我们在 8.3.1 节中已经做过这项工作了，因此可以在这里复用那些代码。将投射代码与我们的遍历相结合，可以得到以下代码。

```
sg.V().hasLabel('review').              ◁── 使用 sg 而不是 g 来开始
                                              遍历，因为遍历的是子图
  out('about').
  where(out('within').has('city','name',city_name)).   ◁── 根据连接的 city
  where(__.in('about')).                                    顶点来筛选餐厅
  group().
    by(identity()).
    by(__.in('about').values('rating').mean()).   ◁── 在通过 in()操作遍历子
  unfold().                                           图之前总是需要(__)匿
  order().                                            名遍历
    by(values, desc).
  limit(3).
  project('restaurant_id','restaurant_name','address','rating_average').
    by(select(keys).values('restaurant_id')).
    by(select(keys).values('name')).
    by(select(keys).values('address')).
    by(select(values))

==>{restaurant_id=35, restaurant_name=Pick & Go, address=4881 Upton Falls,
     rating_average=5.0}
==>{restaurant_id=33, restaurant_name=Spicy Heat, address=4137 Hills Roads,
     rating_average=5.0}
==>{restaurant_id=9, restaurant_name=Northern Quench, address=04603
     Cartwright Stream, rating_average=4.0}
```

看起来很棒！我们将三家餐厅按平均评分从高到低排列。在继续前进之前，我们想向你展示思考这个遍历的另一种方式。

9.3.1 反转遍历方向

如果以地理位置、城市作为输入的开始，而不是从所有的 review 顶点开始呢？图 9-14 展示了使用相同的顶点，但是从城市顶点开始，熟路会是什么样的。

图 9-14 从城市开始遍历子图、再收集餐厅和评价的熟路

这个熟路可能看起来有点儿奇怪，因为它与边的方向相反，但这对于图数据库来说不是问题。在图数据库中，边被设计成可以从任意一个（或两个）方向遍历。这个特殊的例子突出了图数据库相对于关系数据库的一个优势：可以很容易地在任何一个方向上使用链接。

在大多数关系数据库建模中，特别是使用第三范式时，外键被设计为只在一个方向上使用。如果要支持相反方向的连接，通常代价很高。对于大多数图数据库来说，支持相反方向的连接不会产生额外的性能成本。在关系数据库世界中，简单地改变关系的方向几乎是闻所未闻的，但对于图数据库来说，这几乎是一个微不足道的变化。使用这种方法，我们的遍历操作会变成怎样呢？

(1) 基于输入的 `city_name` 筛选城市。

(2) 通过 `within` 边遍历到 `restaurant` 顶点。

(3) 根据平均 `rating` 将 `restaurant` 分组。

(4) 按平均 `rating` 降序排列。

这些操作看起来相当清楚，现在比以前少了一步。让我们看看这种方法的遍历。

```
sg.V().has('city','name',city_name).
  in('within').
  where(__.in('about')).
  group().
    by(identity()).
    by(__.in('about').values('rating').mean()).
  unfold().
  order().
    by(values, desc).
  limit(3).
  project('restaurant_id','restaurant_name','address','rating_average').
    by(select(keys).values('restaurant_id')).
    by(select(keys).values('name')).
    by(select(keys).values('address')).
    by(select(values))

==>{restaurant_id=35, restaurant_name=Pick & Go,
➥ address=4881 Upton Falls, rating_average=5.0}
==>{restaurant_id=33, restaurant_name=Spicy Heat,
➥ address=4137 Hills Roads, rating_average=5.0}
==>{restaurant_id=9, restaurant_name=Northern Quench,
➥ address=04603 Cartwright Stream, rating_average=4.0}
```

从 city 顶点开始遍历

另一个区别在这里，我们沿着相反方向遍历另一条边

得到了和原始遍历一样的结果，而且代码（可以说）更易读一点儿，所以我们认为它非常好。当比较执行时间时（会在第 10 章详细介绍），第二个版本比第一个版本快大约三倍。

这种速度的提高可以归因于第二种方式比第一种方式更早地筛选了遍历。在遍历过程中越早进行筛选，意味着在图中移动的遍历器越少，因此要做的总体工作也越少。图遍历的性能与必须与图交互的次数直接相关。越早筛选掉不需要的遍历器，要做的工作就越少，遍历所需的时间也会相应减少。如前所述，第 10 章将介绍性能测试。现在，我们将使用速度更快的第二个版本的遍历。

这个例子也证明了你可以用不同的方式编写出多个版本的遍历。我们有好几次被困在了某条路线上，但是当我们后退一步、从另一个起点去写时，很快就步入了正轨。

9.3.2 计算子图各自的结果

在继续前进之前，快速了解一下我们的个性化方法有多个性化。让我们从图的另一侧选择一个用户，比如 Denise，比较一下她的推荐结果。

首先，需要使用在9.1节中第一次开发的遍历为Denise（`person_id = 8`）创建子图。注意，只修改第一个`has()`操作中使用的数字。

```
subgraph8 = g.V().has('person','person_id',8).     ◁ 将 has()操作中使用的数字改为 8
  bothE('friends').subgraph('sg').otherV().
  union(
        outE('writes').subgraph('sg').inV(),
        outE('assigns').subgraph('sg').inV()
      ).
  outE('about').subgraph('sg').inV().
  outE('within').subgraph('sg').
  cap('sg').next()                                  子图将拥有不同数量的
                                                  ◁ 顶点和边
==> tinkergraph[vertices:72 edges:107]
```

然后，为这个新子图创建`GraphTraversalSource`。

```
sg8 = subgraph8.traversal()

==> graphtraversalsource[tinkergraph[vertices:72 edges:107], standard]
```

最后，运行我们的个性化遍历。注意，这与我们之前使用的遍历相同，唯一的区别是这里使用了不同的`GraphTraversalSource`（`sg8`）来反映出我们正在遍历不同的子图。

```
sg8.V().has('city','name',city_name).      ◁ 只是将遍历源改
  in('within').                               为了 sg8
  where(__.in('about')).
  group().
    by(identity()).
    by(__.in('about').values('rating').mean()).
  order(local).
    by(values, desc).
  limit(local,3).
  unfold().
  project('restaurant_id','restaurant_name','address','rating_average').
    by(select(keys).values('restaurant_id')).
    by(select(keys).values('name')).
    by(select(keys).values('address')).
    by(select(values))

==>{restaurant_id=17, restaurant_name=With Noodles,
➥  address=50586 Keebler View, rating_average=5.0}   ◁
==>{restaurant_id=31,
➥  restaurant_name=Dave's Big Deluxe,                   与 Josh 相比，为
➥  address=490 Ivan Cape,                               Denise 返回了不
➥  rating_average=4.666666666666667}                 ◁  一样的结果
==>{restaurant_id=35, restaurant_name=Pick & Go,
➥  address=4881 Upton Falls, rating_average=4.0}    ◁
```

即使在我们小小的测试数据集中，也可以使用这种创建子图的方法来提供真正的个性化体验。当考虑到关系数据库在这方面有限（且昂贵）的可用方法时，我们可以看到，对于支持此功能的图数据库引擎来说，定义和遍历子图的能力有多么强大。在确定了子图的价值之后，现在来看看如何在“友聚”应用程序中加入子图。

9.4 连接服务器的子图

TinkerPop 的 subgraph()操作有一个关键的限制：Gremlin 语言变体（GLV）不支持它，至少在写作本书时还不支持。回想一下，我们在 Java 中使用了 TinkerPop 的 GLV，从而可以在 Java 代码中包含 Gremlin 代码。这么做使我们不必使用字符串拼接来创建遍历，然后将泛型结果强制转换为 Java 类型，如 string 或 long。

在 GLV 中使用 subgraph()操作的问题在于，它返回的是一个 TinkerGraph 对象。GLV 没有包括局部图的概念，这意味着我们不能返回子图，然后将其用于进一步的遍历。这带来了挑战。我们有一个使用 subgraph()操作的有效用例，但是 Java GLV 不支持它。必须从使用 GLV 切换到使用基于字符串参数化的方法，类似于通过 JDBC 执行查询。

因此，需要对我们的 Java 实现做一些修改，以便向服务器提交脚本，而不是使用 GLV。要提交基于脚本的请求，我们需要采取以下操作。

(1) 建立 Client 对象。

(2) 为我们的遍历建立字符串形式的表示。

(3) 使用对应的参数来提交遍历。

(4) 处理结果。

我们将讨论对 Client 对象使用基于字符串遍历方法的要点。但是现在，请先参阅第 9 章配套源代码中的 findTop3FriendsRestaurantsForCity 方法。

9.4.1 使用 TinkerPop 的 Client 连接集群

我们从连接到集群开始。第 6 章已经对此进行了讨论，但这里还是再复习一遍。要想连接到集群以提交脚本，需要使用 connect()方法创建 Client 对象。为此，我们要在 connect()方法中使用一个字符串，该字符串告诉客户端要与哪个集群建立会话。这里选择了 sgSession 作为字符串，但是任何字符串都可以。

```
Client client = cluster.connect("sgSession");
```

现在，已经有了到数据库的连接，可以拼接一个表示我们遍历的字符串。这个字符串与我们之前写的创建子图遍历完全相同。

```
String defineSubgraph = "subgraph = g.V()." +
        "has('person','first_name', name)." +      <-- 像 name 这样的输入不加引号
        "bothE().subgraph('sg').otherV()." +
        "outE('writes').subgraph('sg').inV()." +
        "optional(outE('about').subgraph('sg').inV())." +
        "outE('within').subgraph('sg')." +
        "cap('sg').next(); null";              <-- 以; null 结束遍历
```

为了提高可读性，我们将遍历按行拆分为多个字符串。但是，这一切都可以用一个字符串来完成，而且这在某些情况下可能会使测试更容易。注意，通过在遍历中使用单引号，我们不必转

义 defineSubgraph 字符串中的引号。可以看到 name 并没有加引号，这是故意的。这个参数是我们脚本的一个输入，对应于将此参数映射到服务器时要提交的参数映射中的 name 键。

此外，遍历末尾还包含了文本；null。这里的分号（；）用于结束第一个语句，即子图变量的赋值，而 null 用于将整个操作返回给客户端。从技术上讲，它为脚本提供了一个 null 结果以返回给调用客户端，虽然众所周知“null 不是空”，但是在这种情况下，null 就足够了。对于那些不喜欢 null 的人，一个空列表（例如[]）也足够了。在定义了遍历字符串之后，我们需要使用 Client 对象上的 submit()方法将其提交给服务器进行处理。

```
client.submit(defineSubgraph, params);
```

这里添加了一个 params 对象，它是遍历中所有参数（在本例中为 name 键及其关联值）的映射。这个过程可能让你感觉很熟悉，因为与使用 JDBC 执行 SQL 查询非常相似。

默认情况下，client.submit()返回一个 ResultSet，它是包含一个或多个 Result 对象的可迭代对象。这些 Result 对象是通过服务器流返回的。这意味着在某个时间点上，ResultSet 可能会包含一些但不是全部的最终 Result 对象集。在这个具体示例中，我们只收到 null，因为这是在创建子图时基于字符串遍历返回的内容。

一定要注意的是，我们刚刚定义的 subgraph 变量在客户端应用程序的上下文中并不存在。subgraph 变量**只存在于会话中的服务器上**。只要我们连接到同一个会话，就可以随心所欲地使用它。当会话消失时，该变量也会消失。

在遍历中使用服务器端的 subgraph 变量时，我们希望能处理结果。这直接让我们进入了 Java 的 CompletableFuture API 领域，这部分细节超出了本书的范围。但是我们可以展示一个足以说明如何处理结果的代码示例。

```
String findTopRests = "g.V().hasLabel('review').order()." +
    "by('rating', desc).limit(3). " +
    "out('about').values('name')";                  <-- 遍历字符串
List<Result> results = client.submit(findTopRests,
➥ param).all().get();                         <-- 将所有结果流式返回
results.forEach(r -> System.out.println(
➥ r.getObject().toString()));           <-- 转换成 Java 对象
```

在本例中，all().get()方法可确保在我们开始处理之前将所有结果流式返回。然后，我们使用 Java List 的 forEach()方法。在 forEach()调用中，使用 getObject()将每个单独的结果转换为一个 Java 对象，并调用 toString()方法以返回结果。TinkerPop 的 Result 类具有将结果强制转换为各种常见类型的 Java 对象的 get 方法，非常类似于 JDBC 自己 Result 类中的 get 方法。

这些就是将基于字符串的遍历（如子图遍历）提交到数据库所需遵循的所有操作。我们没有详细说明如何在示例应用程序中实现这一点，对于那些感兴趣的人来说，本书配套代码库中包含了该部分的代码。

9.4.2　将遍历添加到应用程序中

现在，实现这个用例的艰苦工作已经基本完成了，剩下唯一要做的就是将它添加到我们的应用程序中。与上一节一样，我们将遵循与第 6 章中相同的过程，因此你可以将其作为指导。

在我们的示例应用程序中，有一个名为 `findTop3FriendsRestaurantsForCity` 的新方法。可以在第 9 章的配套源代码中查找这个方法，查看子图功能的 Java 实现。如果你想测试一下，我们建议以休斯敦市和 Dave、Josh、Denise 为测试数据去运行这种方法，看看结果是如何个性化的。

本章介绍了子图的概念，并将其用于创建“友聚”个性化用例所需的个性化结果。恭喜你！我们走到了本书第二部分的结尾，这里用更复杂的图遍历模式扩展了第一部分中的基本概念和结构，以解决更复杂的用例。第 10 章将介绍如何分析遍历和进行性能优化。

9.5　小结

- 子图是图数据的子集，包含用来表示图的顶点和边。子图本身就是图。这意味着我们可以在子图上运行遍历，但是因为子图被限制在一小部分顶点和边上，所以只需要更少的内存和计算能力。
- 子图可以用两种方式之一来定义：按顶点归纳或按边归纳。按顶点归纳子图是通过一组顶点及其之间的所有边来定义的。按边归纳子图是通过一组边及其相邻顶点来定义的。使用哪种方式取决于你所选的具体数据库产品。
- 因为子图是以图的形式返回的，所以一旦为子图创建了图遍历源，就可以遍历这些子图并执行你学到的所有操作。
- 子图可以被复用甚至修改，但所做的任何更改都是与原始图隔离的。这意味着任何更改都不会传回原始图数据。
- 当构建在 Gremlin 中使用子图的应用程序时，我们需要使用基于字符串的 `Client` 对象 API，而不是 GLV。GLV 不支持子图，因此必须使用脚本提交方法来参数化并拼接字符串以编写遍历。

Part 3 第三部分

进　阶

随着在图应用程序世界中的旅程接近尾声，我们来到了一个岔路口：一个方向是前沿的图分析，另一个方向是在应用程序运行不正常时进行调试和性能调优。

第 10 章解释如何通过常见的图数据库调优工具来解决性能问题和应用程序问题，还会讨论常见的应用程序反模式、可怕的超级节点，以及如何缓解这些问题。第 11 章在结束本书之前，先简要介绍图分析（包括示例），然后分享我们最喜欢的一些资源，以便你继续使用图数据库。

第 10 章 性能、陷阱和反模式

本章内容

- ❑ 诊断和解决常见的遍历性能问题
- ❑ 理解、定位超级节点，并降低其影响
- ❑ 识别常见的应用程序反模式

我们已经构建、测试了应用程序并将其交付到生产环境中了，还花了一些功夫把系统设计得能满足弹性和可伸缩性的要求。然而，熵①是我们的敌人。一切都在完美地运行着，直到有一天，我们收到了可怕的故障工单“应用程序运行缓慢”。虽然能猜到工单的内容，我们还是迟疑地点开了该工单，里面果不其然只有一句对应用程序运行缓慢的含糊描述，没有任何细节。

本章将探讨一些常见的性能问题，以及如何缓解那些你在开发图应用程序的过程中经常会遇到的性能问题。我们将从如何诊断图遍历中的常见性能问题开始讨论，包括可怕的“应用程序运行缓慢”。为此，我们会着眼于一些有助于诊断和调试遍历问题的最常用工具。然后介绍超级节点，这是图应用程序性能问题的常见来源。我们不仅会讨论什么是超级节点，还会讨论为什么它们是问题来源以及能做什么来缓解其影响。最后，我们会关注一些特定的陷阱和构建图应用程序的反模式，其中有些是各类数据库共有的，有些是图数据库特有的。在本章结束的时候，你将充分理解最常见的图反模式、如何在项目中更早地发现它们以及如何避免图项目走向歧途。

10.1 执行缓慢的遍历

一个在使用我们的应用程序时遭遇性能问题的用户提交了“应用程序运行缓慢”的工单。幸运的是，该用户起码告诉了我们，当应用程序运行缓慢时，他们正在上面做什么。这让我们知道从哪里开始调研。该工单把我们引导到和这个请求有关的地方：寻找 Dave 的哪三个“朋友的朋友”有最多连接。（我们知道这并不是在第 2 章和第 7 章中罗列的用例，但它可以帮助我们举例说明。）查看应用程序的代码，我们定位到了产生问题的遍历。

① 熵是物理学上的一个术语，本质上是一个系统“内在的混乱程度”。——译者注

```
g.V().has('person', 'first_name', 'Dave').
  both('friends').
  both('friends').
  groupCount().
    by('first_name').
  unfold().
  order().
    by(values, desc).
    by(keys).
  project('name', 'count').
    by(keys).
    by(values).
  limit(3)
```

太好了，我们知道问题出在哪里了，但是该如何诊断运行缓慢的遍历呢？和关系数据库一样，图数据库对于执行缓慢的操作并不陌生。而且，和关系数据库类似，图也有帮助诊断问题的工具。这些工具有两种类型：**解释**一个遍历会做什么或**分析**一个遍历做了什么。

10.1.1　解释遍历

事先声明，explain()操作很少是我们排除错误的第一步。我们经常使用会在下一节讨论的分析工具。我们发现，使用 explain()操作定位执行糟糕的遍历，需要对数据库的内部工作原理有深入的理解。然而，explain()操作是不同数据库实例都具备的常用工具，而且有些人发现它和下一节中的分析工具对于调试都非常有用，所以我们也会关注 explain()。

假设我们想知道一个遍历是**如何**运行的，但是并不想执行它。大多数图数据库是通过 explain()操作执行此类调试操作的。这就像关系数据库中的预估执行计划，会在遍历实际执行**之前**，展示数据库优化器如何重新整理和优化遍历。（Gremlin 通过使用策略来实现这一点，参见 TinkerPop 文档的“Traversal Strategy”一节。）重要的是关注最终的遍历计划。它代表了会在图数据上执行的优化计划。explain()操作的输出会列出，要达到遍历运行在实际数据上的最终内部形态，应用了哪些选项。

阐明这一点的最好方法就是运行一个 explain()操作，然后查看它的输出。在以下的例子中，Final Traversal 以加粗的形式被突出显示，而非优化选项出于保持简洁的原因被移除了。我们在缓慢的遍历上执行一下 explain()操作，看看能否从其输出得出什么结论。

```
g.V().has('person', 'first_name', 'Dave').
  both('friends').
  both('friends').
  groupCount().
    by('first_name').unfold().
  order().
    by(values, desc).
    by(keys).
  project('name', 'count').
    by(keys).
    by(values).
  limit(3).
  explain()              <-- 执行 explain() 命令
```

```
==>Traversal Explanation
============================================================================
...
Final Traversal[TinkerGraphStep(vertex,[~label.eq(person),
➥ first_name.eq(Dave)]),
VertexStep(BOTH,[friends],vertex),
VertexStep(BOTH,[friends],vertex),
GroupCountStep(value(first_name)),
UnfoldStep,
OrderGlobalStep([[values, desc], [keys, asc]]),
RangeGlobalStep(0,3),
ProjectStep([name, count],[keys, values]),
➥ ReferenceElementStep]
```

为了简洁而被移除的输出

Final Traversal 是最重要的

正如我们提到的，重要的部分是以 Final Traversal 开头的那一行。这就是在图上执行的优化计划。在本例中，针对图的优化代码如下所示。

```
[TinkerGraphStep(vertex,[~label.eq(person),
  ➥ first_name.eq(Dave)]),
VertexStep(BOTH,[friends],vertex),
VertexStep(BOTH,[friends],vertex),
GroupCountStep(value(first_name)),
UnfoldStep,
OrderGlobalStep([[values, desc], [keys, asc]]),
RangeGlobalStep(0,3),
ProjectStep([name, count],[keys, values]),
  ➥ ReferenceElementStep]
```

对应于 V().has('person', 'first_name', 'Dave')

对应于第一个 both ('friends')操作

对应于第二个 both('friends')操作

对应于 groupCount().by('first_name')

对应于 unfold()

对应于 order().by(values, desc).by(keys)

对应于 limit(3)

对应于 project('name','count').by(keys).by(values)

虽然它很好地展示了以优化操作编写的遍历，但并没有明确地指出为什么遍历执行缓慢，也没有指出我们能做些什么来优化其性能。然而，它的确向我们展示了该遍历是**如何**被执行的。基于充分的实践和有关特定数据库的知识，你就能理解要做什么来进一步优化执行计划。但是我们发现，仅仅知道遍历会如何执行并不足以让我们知道如何修复性能问题。

这种不足恰恰是我们极少使用 explain()操作的一个原因。另一个原因是，这个优化计划总是一样的，不管你的开始顶点是什么。很多时候，一个遍历从图的某个地方开始运行良好，但在其他起点上则运行糟糕。在这些场景中，explain()操作不会对诊断性能问题有帮助。

通常，我们想看到遍历的实际执行情况，而不仅是引擎认为它将如何运行这个遍历。这把我们引向了最常用的性能调试工具——分析（profiling）。

10.1.2　分析遍历

假设我们的遍历在某些用户那里运行良好，但在另一些用户那里则很糟糕。与其查看计划好的执行，不如分析其真实的执行过程。这将帮助我们比较执行过程的好坏，以看出它们之间的区别。

在大多数图数据库中，这种类型的调试是通过使用 profile()操作来实现的。profile()操作运行遍历并收集执行过程中有关性能特征的统计信息。这些统计信息包括执行的细节，就像关系数据库的真实执行计划那样。

和 explain()操作一样，理解 profile()操作的最简单方法就是运行一次并观察它的输出。我们来分析执行缓慢的那个遍历并研究它的输出（以表的形式显示在代码输入的后方）。我们要查找遍历在哪里花费的时间最多，以及哪个操作使用的遍历器最多。我们在输出中突出展示了持续时间（%Dur），如图 10-1 所示。

```
gremlin> g.V().has('person', 'first_name', 'Dave').
......1>   both('friends').
......2>   both('friends').
......3>   groupCount().
......4>     by('first_name').
......5>   unfold().
......6>   order().
......7>     by(values, desc).
......8>     by(keys).
......9>   project('name', 'count').
.....10>     by(keys).
.....11>     by(values).
.....12>   limit(3).
.....13>   profile()
==>Traversal Metrics
Step                                                               Count  Traversers       Time (ms)    % Dur
=============================================================================================================
TinkerGraphStep(vertex,[~label.eq(person), firs...                     1           1           0.836     6.49
VertexStep(BOTH,[friends],vertex)                                      4           4           0.342     2.65
VertexStep(BOTH,[friends],vertex)                                     10          10           0.248     1.92
GroupCountStep(value(first_name))                                      1           1           1.511    11.72
UnfoldStep                                                             6           6           0.093     0.73
OrderGlobalStep([[values, desc], [keys, asc]])                         4           4           9.611    74.54
RangeGlobalStep(0,3)                                                   3           3           0.111     0.86
ProjectStep([name, count],[keys, values])                              3           3           0.139     1.08
                                            >TOTAL                     -           -          12.893        -
```

图 10-1 profile()操作的输出，展示了与原始遍历操作的关联

检查图 10-1 所示的输出，我们留意到了一些细节。首先，输出的项目和上一节中展示的 explain()操作的字节符一致。这种相关性是合理的，因为 explain()操作告诉我们一个遍历是**如何**执行的，而 profile()操作则告诉我们执行过程中发生了**什么**。

其次，遍历中的每一行对应已优化的遍历（展示在输出中）。我们通常能直观地确定遍历中的某一个操作指向输出中的某一行。但遗憾的是，并没有明确的文档描述这种对应关系，因为这取决于特定厂商的实现。不同的厂商会有不同的实现，有各自的引擎和优化策略。最后，在输出的每一行，我们看到：

- 表示的遍历的数量（Count）;
- 实际的遍历器的数量（Ts 或 Traversers）;
- 在该操作上耗费的时间（Time）;
- 在该操作上耗费的时间在整个遍历执行时间中的占比（%Dur）。

Count 和 Traversers（即 Ts 列）的值并不总是一样的，比如当同一个元素被访问很多次时。在这种情况下，遍历器会被合并到称为**膨胀**（bulking）的 Gremlin 进程里，从而导致 Count 的值大于 Traversers 的值。

注意　分析遍历需要消耗额外的资源，所以其表示的时间未必等同于没有经过分析的遍历。然而，不论是否经过分析，遍历消耗的时间是一样的。

关键的疑问是：遍历在哪里耗费的时间最长？在该操作上的遍历器计数又是多少？根据前面的输出，我们看到超过 48%的时间花费在了 `has('person', 'first_name', 'Dave')`操作上。这把我们引向了两种常见修复方式的其中之一，下一节将涵盖其细节。

如果我们发现耗时最长的操作有很多遍历器，我们应该在这个操作之前增加额外的筛选，以减少所需要的遍历器。然而，在本例中，情况并非如此。我们注意到耗时最长的操作并没有很多遍历器与之关联，它只有一个遍历器。由于只有一个遍历器，而且它是一个筛选操作，这让我们考虑到应该增加索引（另一种常见的修复方式）。

10.1.3　索引

和关系数据库类似，图数据库中的**索引**提供一种基于预设条件的高效数据查找方法。索引的工作原理是允许我们快速、直接访问所需数据，而不需要扫描整张图。避免扫描整张图能带来极大的性能改善。

假设我们想搜索图以找到 `first_name` 为 `Dave` 的顶点。在没有索引的情况下，需要查看每个顶点，看看是否有一个叫作 `first_name` 的属性；如果有，再看看该属性的值是否为 `Dave`。尽管在小图中，该问题可能微不足道，但对于有数千、数百万甚至数十亿个节点的图来说，这将产生巨大的性能影响。

让我们再看看在同样的需求下，为 `first_name` 属性加上索引会怎样。有了这个选项，就可以查看索引，而不必查看每一个顶点。该索引已经知道哪个顶点有 `first_name` 属性，而且通过一次查找就能找到值为 `Dave` 的那些顶点。可以想象，在索引内执行一次查找肯定比查看数千、数百万甚至数十亿个顶点快得多。索引可以在三个方面提供最大的性能改善。

- **常用于按值或按范围进行筛选的属性**：索引能快速减少执行特定任务的遍历器数量，从而减少数据库要做的工作。这对于希望在开始时使用最少遍历器的遍历尤其有帮助。
- **需要全文搜索的属性，比如寻找以某个特定字母组合开始、结束或包含它的单词**：很多数据库需要特别的索引来基于某个属性执行全文搜索，因为它们能保证这些特殊处理被高效索引。
- **在支持地理数据的数据库中需要搜索空间特征**：空间属性也是需要特别索引的类别，用来回应像“寻找附近方圆 10 千米内的所有餐厅”这样的查询。

索引带来了效率的提升，同时也带来了额外的存储和写入开销。索引会产生针对特定条件优化获取数据过程所需要的数据冗余副本或数据指针。出于这些原因，我们需要在为图增加索引时保持谨慎，仅在需要改善性能时才使用它们。

每个厂商实现了不同的索引能力和特性。有些实现，比如 TinkerGraph，仅提供全局单值索引。像 Neo4j、DataStax Graph 和 JanusGraph（还有其他很多）这些则具备基于单值、基于复值、基于范围的全范围索引，甚至具备地址空间索引。还有一些，比如 Azure CosmosDB 和 Amazon Neptune，并没有用户定义索引的概念，倾向于由厂商管理索引细节。我们强烈建议你参考所选择的数据库文档，理解其索引能力，以及使用索引的最佳实践。

本节着眼于当某个遍历运行缓慢时可以使用的一些诊断工具。然而，遍历只是导致应用程序性能问题的一部分。有些时候，问题并不在于遍历，而在于数据本身。很多这类和数据有关的性能问题可以追溯到一个来源——超级节点。

10.2 处理超级节点

超级节点是图数据库中最常见的与数据相关的性能问题。该问题特别难处理，因为超级节点不能被清除。由于它们是数据的一部分，我们只能尝试缓解因超级节点引起的问题。这带来了第一个疑问：什么是超级节点？

超级节点就是图中有异常多相邻边的顶点。我们发现超级节点很难定义，但通过例子会较容易理解，下面来看 Twitter 的一个例子。

在撰写本书时，在 Twitter 上拥有最多粉丝的人是 Katy Perry，她拥有 1.078 亿粉丝。根据社会媒体市场公司 KickFactory 在 2016 年的研究统计，Twitter 用户平均拥有 707 个粉丝。这意味着 Katy Perry 拥有的粉丝数是 Twitter 用户平均数的约 152 475 倍。我们假设数据使用图 10-2 所示的数据模型。

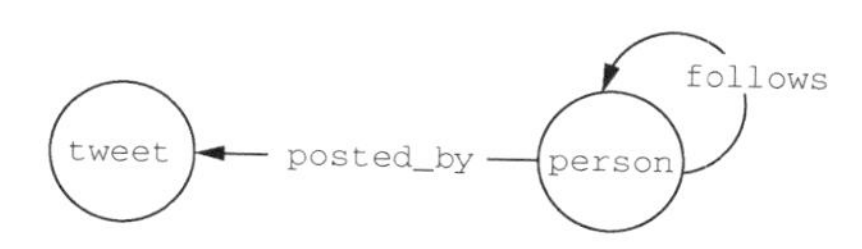

图 10-2　Twitter 的示例逻辑数据模型

根据这个模型和当前研究，Katy Perry 的 `user` 顶点有 1.078 亿条相邻的 `follows` 边，而一个普通用户平均只有 707 条 `follows` 边。当要通知所有粉丝有一条新推文时，会发生什么呢？

当普通用户发布一条推文时，我们需要通知所有粉丝，这意味着遍历将有平均 707 个遍历器，其中的每一个都为一条 `follows` 边服务。对于 Katy Perry，当她发布一条特文时，遍历将产生 1.078 亿个遍历器。基于这种差异，完全可以假设 Katy Perry 的推文要比普通用户的需要更多算力。尽管这是一个极端的例子，但正是这种差异导致了超级节点产生。

很自然的下一个疑问是：什么数量才算“异常多”呢？我们希望能给你一个具体的数字来甄别顶点是否成了超级节点，但事情并没有那么简单。在讨论超级节点时，我们需要理解两个主要概念：实例数据和底层数据结构。

10.2.1 和实例数据有关

第一个概念是，超级节点是在实例数据中有特定标签的特定顶点。一个常见的误解是认为超级节点指的是顶点标签，但并非如此。事实上，它指的是与具有相同标签的其他顶点实例相比，有异常多边的顶点实例。回到刚才关于 Twitter 的例子，由于普通用户和 Katy Perry 都是人，他们拥有相同的顶点标签。换句话说，超级节点是 Katy Perry 的 `user` 顶点实例，而不是通用的 `user` 标签。

10.2.2　和数据库有关

第二个要理解的概念是，某个数据库的某个遍历中的超级节点在其他数据库或者同一个数据库的不同遍历中则可能运行良好。不同厂商的底层数据结构和存储算法是不一样的。这些差异，还有数据库特有的其他优化方案，导致了不可能有通用的答案。但是我们建议你阅读所选数据库的文档，理解数据的关系分布，并基于预期的分布充分测试所选的系统。

10.2.3　什么导致了超级节点

尽管我们的 Twitter 模型可用于演示超级节点的概念，但大多数人并不会处理这么大规模的数据。让我们用图 10-3 所示的“友聚”应用程序数据模型作为更真实的例子来看看有没有潜在的超级节点吧。

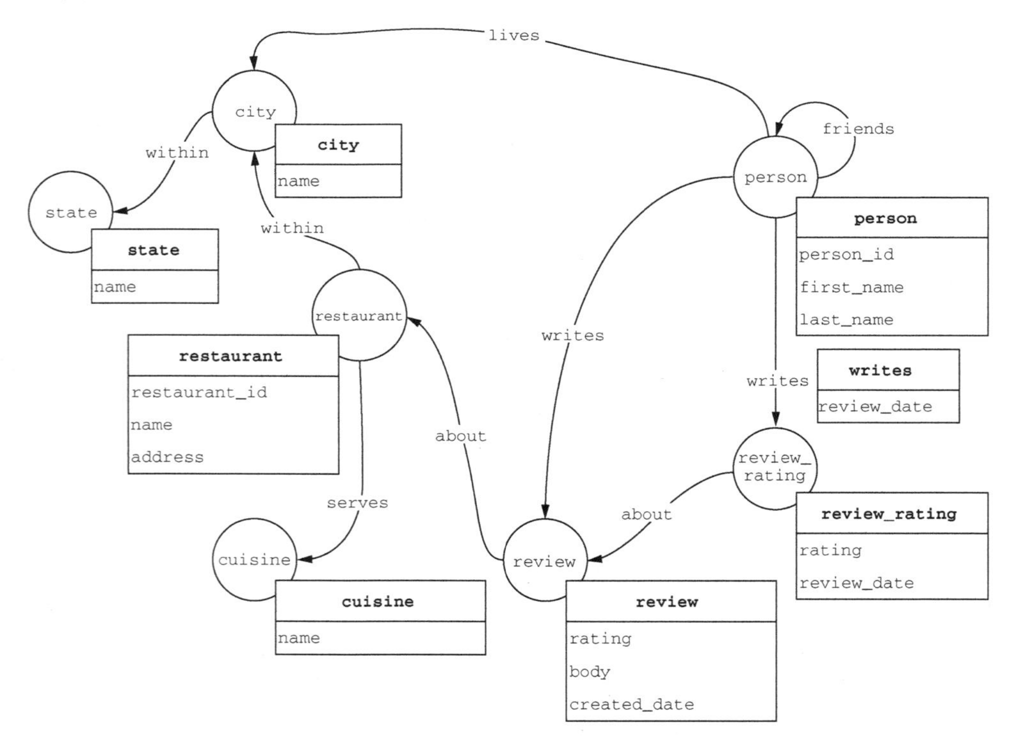

图 10-3　“友聚”应用程序的逻辑数据模型

练习 把你在 Twitter 示例中所学的知识运用在“友聚”应用程序模型上，看看能否找到潜在的超级节点。

对于“友聚”应用程序的数据模型，我们看到两个顶点可能是潜在的超级节点：`city` 和 `state`。为什么是它们呢？为了展示为什么 `city` 和 `state` 顶点可能是潜在的超级节点，我们用美国的两个城市作为例子：纽约州的纽约市和阿拉斯加州的安克雷奇市。

如果在网上简单地搜索一下，我们会发现纽约市有约 26 000 家餐厅，而安克雷奇有约 750 家餐厅。这意味着与纽约市 `city` 顶点相邻的 `within` 边的数量差不多是安克雷奇的 35 倍，所以从纽约市出发的遍历需要比安克雷奇多 34 倍的工作量。尽管没有 Twitter 例子中的差异那么悬殊，我们还是认为 35 倍称得上“异常大”。

同样的逻辑运用在 `state` 顶点上一样适用。纽约州有约 1000 座市镇，而阿拉斯加州只有约 130 座。两者相差约 7 倍。

这种差异并不意味着一定有超级节点，我们将在下一节学习如何判断。不过，它们很可能是在数据模型中的潜在超级节点。

10.2.4 监控超级节点

如果不能给出一个具体的数字来判定超级节点，我们该怎样发现它们呢？通常有两个策略，而且它们经常被同时使用来发现超级节点：监控增长和监控异常。

1. 监控增长

第一个策略是定时监控图中所有顶点的度数（degree）并寻找最高的异常值。监控是重要的，因为超级节点很少在一开始时就存在，它们会随时间增长。换句话说，超级节点很少在数据初始加载时出现，而是当图里的数据不断增加时才逐渐产生的。这是因为现实世界里的很多网络是**无尺度网络**。在无尺度网络中，很多顶点的相邻边较少，只有少数顶点有大量的相邻边。

回顾 Twitter 的例子。大多数用户的连接数是不高的，但也有极少数用户拥有非常高的连接数。在其他网络中也有类似的情况，比如航空公司。尽管大多数机场好像只有几架航班，但少量被称为“枢纽”的机场会拥有大量航班。这类数据分布也被称为**幂律分布**，如图 10-4 所示。

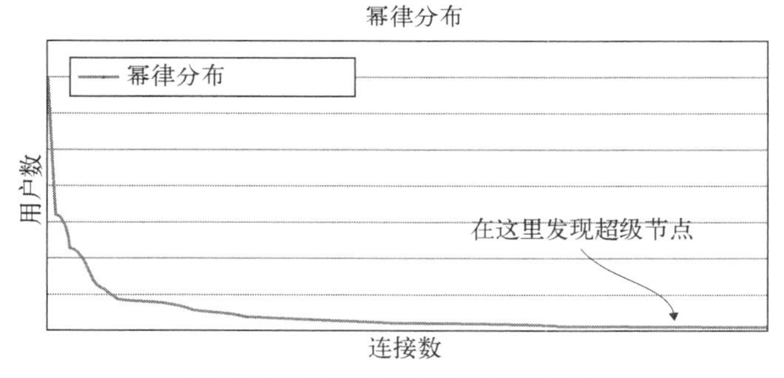

图 10-4 带有长尾幂律的幂律分布

分布中的长尾是超级节点会在无尺度网络中出现的地方。如果一个无尺度网络产生了超级节点，我们怎样检查顶点度数的增长呢？我们需要定时监控数据，以找到具有最高度数的顶点。简单来说，我们需要一个遍历来执行以下操作（如图 10-5 所示）。

- 找到所有顶点。
- 计算每个顶点的度数。
- 按照度数的倒序排列结果。
- 只返回前 N 个结果。

定时运行这个或类似的遍历并跟踪结果，能够主动监控潜在超级节点的增长并在问题出现前将其捕捉。尽管这个策略是发现和监控超级节点的有效工具，但也有一些明显的缺点。

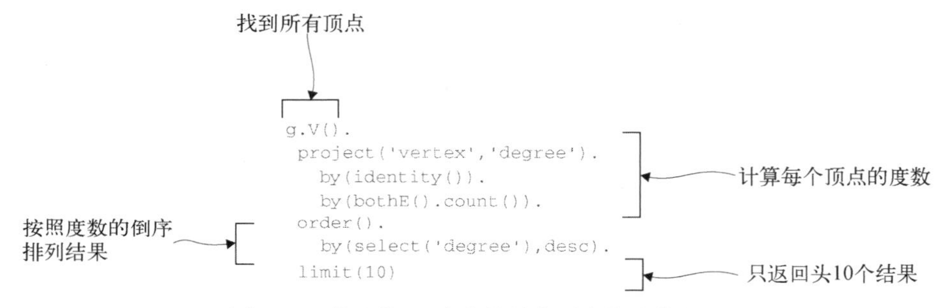

图 10-5　找出前 10 个度数最高顶点的示范遍历

首先，它需要我们记得定期运行这个遍历并监控其输出。我们都很忙，这类“家务活儿”总会被拖延，这意味着超级节点会在没有警告的情况下悄悄混入。其次，图 10-5 中的遍历是长期运行的，因为它需要访问图中的每个顶点（每个相邻顶点）一次，访问每条边两次。当图变大时，这个遍历的运行时间会越来越长，并消耗更多的资源。幸好我们的工具箱里还有监控超级节点的其他选项。我们来看看吧。

2. 监控异常

第二个用于监控超级节点的常用手段是响应式地监控遍历的性能并寻找异常值，通常使用市场上的各种应用程序监控工具来做。在监控超级节点时，我们寻找在某个顶点上明显比其他顶点耗费更长时间的遍历。虽然超级节点并不是导致性能问题的唯一因素，但它是导致大多数时候表现良好的遍历在某些顶点上出现性能差异的主要因素之一。

虽然这两种在图中识别超级节点的方法都有用，但正如我们所说，两者也都有缺点。由于图的规模变大，每种方法都会产生耗时很长的查询，并对图数据库造成显著的额外负担。在识别超级节点上，没有灵丹妙药。尽管如此，知识、正确的数据建模和持续监控都是识别和避免超级节点的最佳工具。

10.2.5　有超级节点怎么办

如果你确定图中有超级节点，要做的第一件事情就是确认超级节点是否真的是一个问题。如果是的话，最好的操作就是寻找缓解超级节点影响的方法。

1. 超级节点会导致问题吗

我们要考虑遍历是如何在一个超级节点上遍历的，从而判断它会不会导致问题出现。举个例子，看看“友聚”应用程序模式中只含有 city、state 和 restaurant 顶点的部分，如图 10-6 所示。

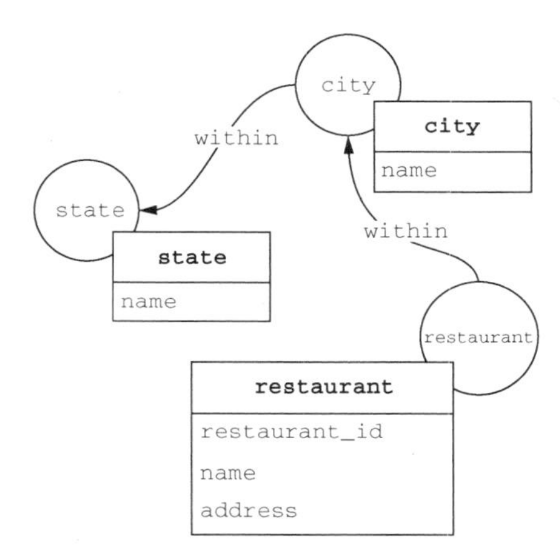

图 10-6 “友聚”应用程序逻辑数据模型中有关餐厅、城市和州的部分

正如前面提到的，city 和 state 顶点都有可能是图中的超级节点。然而，由于它们只是**可能**是超级节点，我们需要观察运行在图上的特定遍历来确定这些潜在超级节点会不会变成问题。

假设应用程序的唯一遍历要回答疑问“告诉我 X 餐厅所在的州和城市”。在这个遍历中，只有一个 city 顶点和一个 state 顶点关联到指定的 restaurant 顶点。这意味着要从一个 restaurant 到一个 city，只有一条 within 边需要遍历，而且要从一个 city 到一个 state，也只有一条 within 边需要遍历。尽管 city 的一个实例（比如纽约市）和 state 的一个实例（比如纽约州）都看起来是超级节点，但我们通过一种需要遍历最少边的方式来遍历它们，所以这些顶点并不会引起与超级节点相关的性能问题。也就是说，我们选择的访问模式不会遇到最糟糕的分支因子（branching factor）——当遍历穿过 city 或 state 顶点时，该顶点有大量继承者。

如果把疑问改成“告诉我纽约市的全部餐厅”，我们会遇到相反的问题。为了回答这个疑问，我们需要遍历差不多 26 000 条和纽约市关联的 within 边来找到所有餐厅。这很可能会引起显著的性能问题，因为需要 26 000 个独立的遍历器。当数据库处理这些请求时，会引起很长的等待时间。

正如这些例子所演示的，疑问的变化可以使在一个场景中表现良好的顶点在其他场景中变成超级节点。这不仅关乎情景，还和厂商实现的特定条件、硬件配置和索引配置有关。

除了遍历顶点的方向，还有一些场景，特别是运行分析算法，甚至需要超级节点来得到正确的答案。有些算法依赖于图的连通性作为全部或部分计算。举个例子，当我们在像社交网络、点对点的文件共享，或者网络资产监控这样的领域中时，回答“在图中谁是有最多连接的人”的疑问需要对网络中所有顶点的度数进行精确的计数。通过这类计算，有异常多边的顶点就是我们想要的答案。在这里，图中的超级节点是有意义的。

然而，由于我们要在整张图（或者图中的一大部分）中进行遍历，这些计算应该被视为分析性的，而不是事务性的。事务性操作通常只需要几秒或几微秒，而分析性操作可能需要数分钟、数小时或更长时间。

假设我们查看数据并判断有一个超级节点，那么评估我们的疑问后会得出结论：需要遍历这些会引起问题的超级节点。我们该怎样缓解这个问题的影响呢？

2. 缓解超级节点的影响

处理超级节点最常见、最通用的可行方法是重构模型来消除或最小化超级节点的影响。这意味着要回顾我们的模式并研究数据模型的可能变化，从而消除遍历任何超级节点的需要。为了做到这一点，我们需要采用已经学习过的一个或多个数据建模策略。

- 在边上复制顶点属性。
- 把顶点放到属性中，或把属性放在顶点上。
- 转移属性的位置。
- 预计算数据。
- 增加索引。

重构的目标是最小化图遍历的边的数量。等一下，图数据库的关键不就是遍历边吗？这不也是它相对于其他数据库引擎的优势吗？是的，没错。图数据库是为遍历边的访问模式而优化的。然而，仅仅因为图数据库比其他引擎更适合这类操作并不代表我们希望图做多余的工作。

在上一节中，我们识别出遍历“告诉我纽约市的全部餐厅”是一个有问题的遍历。让我们指出如何改变数据模型来回答这个疑问，从而不需要触及和纽约市关联的所有 26 000 条 `within` 边。

练习　使用在第 3、第 7 和第 10 章学习到的遍历技术来看看你能否改变“友聚”应用程序的数据模型来减少需要遍历的边的数量。

审视“友聚”应用程序的数据模型，我们意识到需要做的是把地址中的州和城市属性与 `restaurant` 顶点并存。如果我们搭配了这个数据，就不需要遍历 `city` 顶点来获取这类信息了。

我们知道如何运用数据反规范化技术来在 `restaurant` 顶点上为州和城市创建新的 `name` 属性。由于不能为 `restaurant` 顶点上州的 `name` 属性和城市的 `name` 属性使用同样的键，我们把它们重新命名成 `state` 和 `city`，如图 10-7 所示。

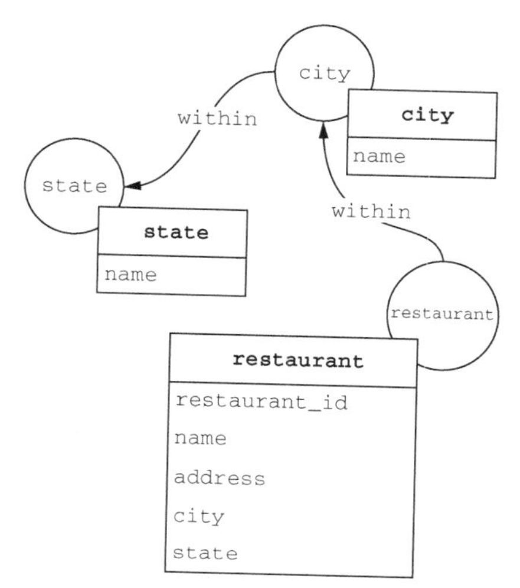

图 10-7 “友聚”应用程序逻辑数据模型中有关餐厅、城市和州的部分，州和城市分别以 state_name 和 city_name 属性的形式在 restaurant 顶点上以反规范化的形式存在

反规范化属性消除了通过遍历边来回答疑问“告诉我纽约市的全部餐厅”的需要。然而，它也带来了一个新的问题。现在我们必须扫描系统中的每一个 restaurant 顶点。为了减少为获取该数据而扫描全体 restaurant 顶点的影响，我们要为这些属性添加索引。结合索引和反规范化这两项技术，我们可以快速、高效地为“告诉我纽约市的全部餐厅”和“告诉我 *X* 餐厅所在的州和城市”这两个疑问获取数据。我们之所以可以这么做，是因为这些数据现在与 restaurant 顶点并存。

作为善后工作，可以在不再需要的时候把 city 和 state 顶点从数据模型中移除，如图 10-8 所示。

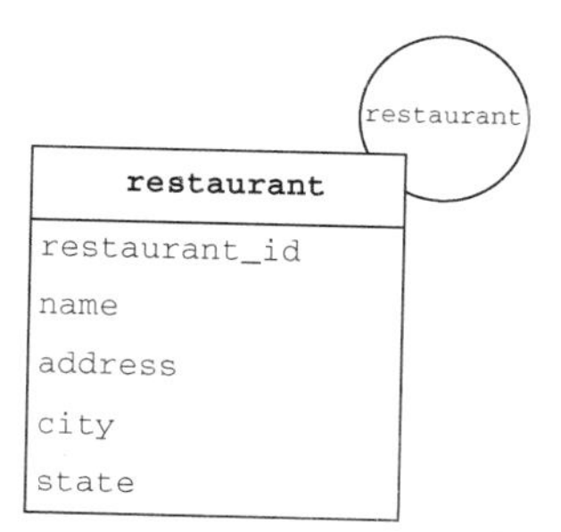

图 10-8 更新的“友聚”应用程序逻辑数据模型，city 和 state 属性被保存在 restaurant 顶点上，city 和 state 顶点被移除

以顶点为中心的索引和边索引

由于超级节点是图数据库的常见问题，有些数据库厂商提供了特定的索引类型来帮助解决这类问题。这些索引通常被命名为边索引或以顶点为中心的索引。我们将此类索引运用于特定的顶点–边–顶点组合；这样这些组合会被索引和排序，从而避免对边进行线性扫描，提供更快的图遍历。

不是所有的数据库都支持这类索引，而且每个厂商的实现细节都不尽相同。如果你选择的数据库支持这些特性，我们强烈建议你研究以顶点为中心的索引和边索引作为解决超级节点问题的一种方案。

10.3　应用程序的反模式

随着数据的增长，当超级节点成为问题时，你还会遭遇在创建图应用程序的过程中可能遇到的其他反模式。本节会讨论：

- 对非图用例使用图；
- 脏数据；
- 缺乏充分的测试。

这些反模式都普遍存在于构建应用程序的设计、架构和准备阶段。

10.3.1　对非图用例使用图

“我想使用图数据库，所以就为它找一个用例吧。”

——一名不愿透露姓名的图数据库客户

正如第 1 章所述，尽管图数据库擅长解决很多特定类型的复杂问题，但并不是解决所有问题的灵丹妙药。重要的是要谨记图在帮助我们理解数据和转化业务问题中的好处和局限。图并不能回答我们提出的所有疑问。在构建图解决方案前，我们需要对信息有足够深入的理解，从而可以建模和遍历图。

不要过度依赖图的灵活性也同等重要。尽管图确实具备超凡的敏捷性，但这并不代表图数据模型可以解答任何疑问，也不代表它可以高效地做出解答。正如本章中展示的，看起来可行的图实现也会掩盖一些问题，比如因缺乏索引或数据的意外高度连接（称为超级节点）而导致的性能问题。我们认为，图的简单性以及适于表达设计的表象会诱使很多人相信图可以做有关数据的任何事情，应该用来处理一切事情。

对于这个问题，对非图用例使用图给出了一个直白的答案：不要被使用一项新技术带来的兴奋感冲昏头脑，忘记好的软件开发基本原则。想测试你是否完全理解了一个问题吗？把它解释给其他人。当对一个问题有充分理解并能解释给其他人时，我们便有了为之工作的充分准备。如果你无法解释它，那么请花多些时间理解自己到底想达成什么目标。

10.3.2 脏数据

第二个反模式是往图里添加**脏数据**。脏数据指的是包含错误或重复的记录、不完整或过期的信息，甚至缺失字段的数据。

脏数据，就像其他反模式一样，并不是图数据库专有的问题，但它会在图数据库中引起一些特有的问题。虽然图数据库重度依赖数据间的连接，但也需要准确地表示实体才能高效工作。数据越干净、越少重复，图就越能更准确地表示连接。举个例子，在一个关系数据库中，有三条脏数据记录代表人及其地址，如表 10-1 所示。

表 10-1 关系数据库中的脏数据

ID	Name	Address
1	John Smith	123 Main St.
2	J Smith	123 Main Street
3	Bob Diaz	123 Main

通过检视数据，我们可以推断 John Smith 和 J Smith 应该是同一个人，而且三个人很可能住在同一个地址。然而，如果把这个脏数据放入图中，我们看到的将是三对没有如预期般连接到相同地址的顶点。图 10-9 展示了它的输出。

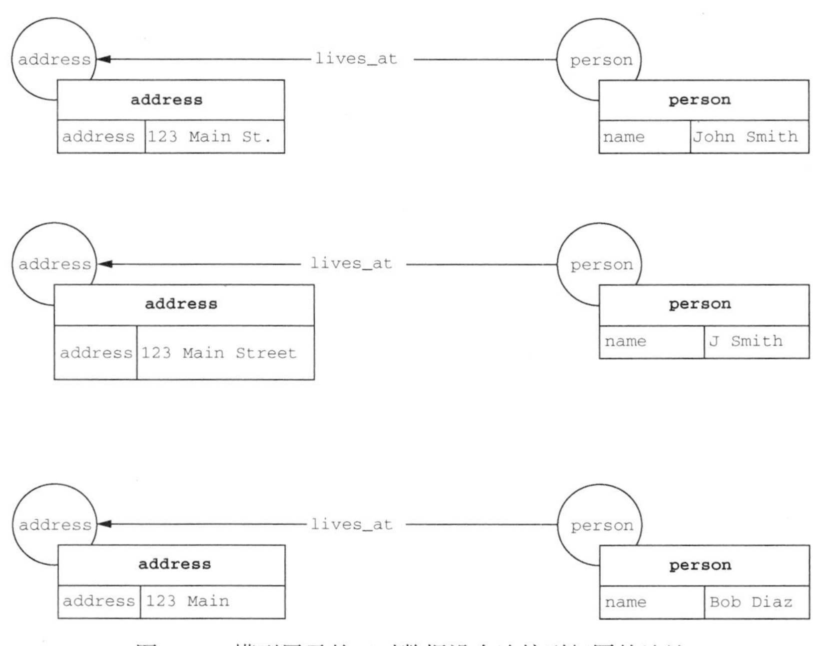

图 10-9 模型展示的三对数据没有连接到相同的地址

假设我们想用这个图来尝试判断图中有没有人住在相同的地址。由于每个实体都由自己的顶点表示，我们将找不到任何相关性。这是一个问题，因为这类相关连接是很多图用例的基础。

回想我们的社交网络，如果有多个 person 顶点代表同一个人，那么即使像寻找朋友的朋友这么直接的操作，也会遇到极大的困难。最糟糕的是，它可能会返回错误的结果。那么针对脏数据的解决方案是什么呢？

答案很简单：在导入数据前用一个叫作**实体解析**（entity resolution）的过程清洗数据。实体解析是指对我们认为表示相同实体的记录进行去重、连接或重组，形成单一的权威代表。这个数据清洗过程对大部分数据集很重要，而且当数据的数量和增长速度都在增加时，会变成更大的挑战。实体解析是一个复杂的过程，但核心要点是，数据清洗过程是构建所有图数据库应用程序的重要部分。

回到地址的那个例子，看看清洗了名字和地址的数据来找到匹配关系之后，再把它们添加到图里会是什么样的，如图 10-10 所示。通过这个图，我们可以确定 Bob Diaz 和 John Smith 共享同一个地址 123 Main St。

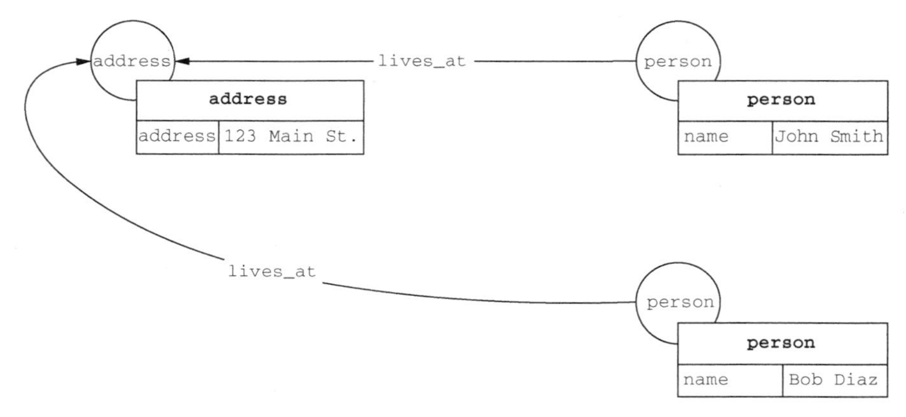

图 10-10　地址数据图包含连接到同一地址顶点的干净数据

10.3.3　缺乏充分的测试

最后一个反模式是缺乏充分的测试，通常分为两类：测试数据缺乏代表性或测试数据规模不足。

1. 测试数据缺乏代表性

由于图的连接本质和遍历这些连接的需要，在图数据库中确保对具有代表性的数据样本进行测试比在关系数据库中重要得多。具有代表性的数据样本对于处理分支因子，即递归查询中继承顶点的数量，尤为重要。不像其他数据库技术，图遍历的性能较少取决于图中数据的数量，而是更取决于图中数据的连接性。基于包含真实边缘用例和潜在超级节点的代表性数据集进行测试是非常关键的。

2. 测试数据规模不足

在规模充足的数据上进行测试意味着使用有足够深度和足够连接的数据，而不仅是数据量大。规模化测试对于高度递归的应用程序或使用分布式数据库的应用程序而言是头等大事。举个例子，如果我们要构建的应用程序包含无限递归的遍历，它在深度（迭代次数）为5时表现尚可，但可能在生产环境中深度为10的时候则表现糟糕。

有效地模拟图数据是一件极其复杂的事情。大部分图领域的无限扩展性代表着独特的挑战。根据我们的经验，创建测试数据的最好方式根本就不是创建它们，而是尽可能地使用真实数据，有些时候要结合数据脱敏技术来保护数据中的个人验证信息。但这通常是不可能的。如果你不得不模拟数据，要特别留意数据的形态必须与对生产数据的预期相符。

10.4 遍历反模式

本节要探讨一些构建图应用程序的架构方面的反模式，包括：

- 不使用参数化的遍历；
- 使用没有标签的筛选操作。

两者都代表了安全或性能风险。因此，理解如何识别和纠正这些反模式对于生产系统的安全、性能和可维护性都至关重要。

10.4.1 不使用参数化的遍历

根据 Open Web Application Security Project（OWASP）在2017年发布的头号应用程序安全风险最新报告，应用程序中最常见的漏洞就是注入攻击。

当不可信的数据被作为命令或查询语句的一部分发送到解析器中时，就会发生注入缺陷，比如 SQL、NoSQL、OS 和 LDAP 注入。攻击者的有害数据会欺骗解析器来执行非预设的命令，或者在没有合法授权的情况下访问数据。

对于熟悉 SQL 的朋友来说，注入攻击和使用参数化来抵御这两个概念都不陌生。新鲜的是，黑客们变得更加精明了，他们把之前用于关系数据库的技术运用到了图或其他 NoSQL 数据库中。但是在关系数据库中可用的参数化在图数据库中同样适用。让我们看看什么是注入攻击，并展示如何运用参数化进行抵御。

重要提醒 我们在整本书中都使用了最佳实践，对构建的所有遍历进行了参数化。GLV 遍历本身就是参数化的。对于使用字符串 API 的子图遍历，我们要将其构建成参数化的。

---

1. 什么是注入攻击

当黑客打开应用程序后，如果发现可以把自己的恶意代码添加到应用程序中，就会使用注入攻击。该恶意代码进而可以删除记录、添加用户或访问非授权的数据。如果对用户输入缺乏验证逻辑，直接把用户输入变成数据库查询语句，就会允许这类访问发生。举个例子，假设应用程序有一个 REST 服务地址，它能生成一个查询（分别展示为 SQL 和 Gremlin），在从 URL 传入 userid 时寻找该用户的所有朋友，见表 10-2。

表 10-2　寻找用户朋友的查询

名　称	形　式
URL	`http://example-domain/friends?userid=?`
SQL 查询	`"SELECT * FROM friends WHERE userid = " + userid`
Gremlin	`"g.V().has('friend', 'user', " + userid + ")"`

在没有人攻击系统的一般场景下，这个 URL 和结果查询看起来如表 10-3 所示。

表 10-3　一般场景下的结果查询

名　称	形　式
URL	`http://example-domain/friends?userid=1`
SQL 查询	`"SELECT * FROM friends WHERE userid = 1"`
Gremlin	`"g.V().has('friend', 'user', 1)"`

在 SQL 查询语句中，从用户那里传入的值被直接拼接到了查询语句中。尽管这种拼接看起来是构建应用程序的便捷之道，但它暴露了一种最严重的安全漏洞。如果一个聪明的黑客想看看其他用户的朋友信息，就可以通过一些简单的技巧，利用这个漏洞把 SQL 注入到查询语句中，见表 10-4。

表 10-4　对 SQL 查询的注入攻击

名　称	形　式
SQL URL	`http://example-domain/friends?userid=1+OR+userid%3D2+OR+userid%3D3`
SQL 查询	`SELECT * FROM friends WHERE userid=1 OR userid=2 OR userid=3`

要在 Gremlin 中利用这个缺陷，黑客需要掌握 Gremlin 并知道怎样改变其输入。但这还是可以做到的，如表 10-5 所示。

表 10-5　对 Gremlin 的注入攻击

名　称	形　式
Gremlin URL	`http://example-domain/friends?userid=within(1,2,3)`
Gremlin	`g.V().has('friend', 'user', within(1,2,3))`

通过在 URL 上的简单变化，黑客暴露了其他人的私人信息。使用类似的手法，黑客还可以做更危险的动作，比如删除记录、删除数据库或者劫持系统。虽然我们只用 Gremlin 演示了这类攻击，但同样的技术也可以用于 其他图查询语言。实际上，只要接收未经筛选或验证的输入，所有应用程序都会受到此类攻击，不管使用的是哪种语言。

2. 防止注入攻击

每种图查询语言及其驱动程序都提供某种类型的参数化遍历功能。**参数化遍历**使用符号（token）来代表查询中的输入值。在执行时，这些符号会被应用程序传递过来的、经过“消毒”和验证的值替代。在 Java 中使用 JDBC 的话，我们使用 `PreparedStatement` 来实现参数化。

```
PreparedStatement stmt = connection.prepareStatement("SELECT * FROM person
     WHERE first_name = ?");
stmt.setString(1, "Ted");
```

如果使用本书采用的 GLV，我们就已经在使用参数化查询了。然而，很多其他数据库，包括某些基于 TinkerPop 的数据库只支持字符串遍历。这就有可能导致这里展示的字符串拼接错误。

```
public static void insecureGraphTraversal(
    ➥ Cluster cluster, String userid) {
    Client client = cluster.connect();          <-- 建立客户端连接
    String traversal = "g.V().has(\"friend\",
    ➥ \"id\", " + userid + ")";                 <-- 通过拼接参数创建所需的字符串（不好的做法）
    client.submit(traversal);                   <-- 提交拼接后的字符串
}
```

这个方法有恶意代码注入的风险，因为我们只是把用户输入的值不经验证地拼接到字符串中。要免受恶意代码的攻击，就需要对从用户那里传递过来的数据使用参数。首先利用符号构造字符串，而符号只是字符串里的一个名字，用来代表用户的输入值。然后传递符号的 `map` 集合和对应的值。

```
public static void secureGraphTraversal(
    ➥ Cluster cluster, String userid) {
    Client client = cluster.connect();          <-- 实例化客户端连接
    String traversal = "g.V().has(\"friend\",   <-- 组建符号化的遍历（正确的做法）
    ➥ \"id\", userid)";
    Map<String, Integer> map =
    ➥ Collections.singletonMap("userid", 1);   <-- 创建参数的集合
    client.submit(traversal , map);             <-- 提交遍历和参数集合
}
```

当遍历以 `client.submit()` 方法执行时，服务器会以保存在集合中的值替换符号的值。这样做就是以一种不允许恶意代码执行的方式运行，就像 JDBC 中的 `PreparedStatement` 那样。尽管这个例子是用 Gremlin 编写的，但同样的概念也适用于其他图查询语言，比如 Cypher。

使用参数化查询还有其他好处。大部分数据引擎，不管是图还是其他类型的，会缓存执行计划。这能节省生成新执行计划的开销，因为执行计划在首次通过参数调用遍历后就产生了。对于频繁使用的遍历来说，缓存执行计划能明显地提升服务器的性能。

10.4.2 使用没有标签的筛选操作

上一节介绍的反模式（注入攻击）是在安全和数据完整性层面上最严重的问题之一，尽管并不普遍。相反，本节介绍的反模式（在遍历的开头使用没有标签的筛选操作）不会造成安全风险，

但会对遍历性能产生严重影响。我们先来看看在 Gremlin 里，没有标签的筛选操作是什么样的。

```
g.V().has('first_name', 'Hank').next()
```

看起来很“清白”，为什么说它是一种反模式呢？如果你够仔细，就能看到我们没有指定标签或顶点标签来进行搜索。对于在哪里查找 `first_name` 为 `Hank` 的顶点，我们没有给数据库任何提示或帮助。要满足这个遍历，数据库必须做很多事。

- 查找图中的所有顶点标签。
- 基于每个顶点标签，找到所有顶点。
- 确定顶点是否有一个叫 `first_name` 的属性。
- 如果有，确定 `first_name` 属性的值是否等于 `Hank`。
- 如果是，返回该顶点。

由于没有在第一个操作中提供标签进行筛选，所有剩余的操作都要在图中的每一个顶点上进行，严重影响性能。当从关系数据库世界进入图数据库世界时，不在遍历开头进行筛选是一个常见的错误，因为在关系数据库世界里，类似的查询是不存在的。关键区别在于：在图数据库中，起点是所有顶点（`g.V()`）；而在 SQL 查询中，起点是一个指定的表（`FROM table`）。这样对表的指定为 SQL 查询提供了天然的边界。

有两种方式来强制筛选遍历：要么在 `first_name` 属性上添加全局索引，要么在遍历开始时指定顶点标签。我们来看看这两种方式。

第一种方式，在 `first_name` 属性上添加全局索引，有两个问题。首先，创建正确的索引未必是一件容易的事情。尽管 TinkerGraph 允许我们为 `first_name` 属性添加全局索引，但全局索引本身并不是所有图数据库厂商的普遍实践。大多数数据库支持的索引必须是**标签**和**属性**的组合。其次，即使创建了正确的全局索引，我们仍然不得不搜索所有顶点。虽然这样可以更快地搜索顶点标签，但是仍然需要操纵全部这些标签。

第二个方式，也是首选的强制筛选方法，就是为筛选查询添加合适的标签，并且为顶点和属性组合添加索引。为遍历增加了恰当的属性筛选后，它现在变成了这样。

```
g.V().has('person', 'first_name', 'Hank').next()
```

你对这种模式应该很熟悉，因为本书一直是这么做的。虽然这种方式很合理，但没有标签的筛选操作可能是一种更典型的反模式。即使在图数据库的无模式世界里，也有为领域应用图的隐含模式。换句话说，当基于 `first_name` 属性搜索时，我们知道哪个标签含有所需的属性。

尽管这种反模式在事务型遍历的开头有更大的影响，但是在常用筛选操作上提供标签也是有益的，不管对于事务型遍历的后续操作，还是对于分析型遍历来说。

注意　作为一种通用规则，越早为遍历提供更精确的筛选条件，遍历运行得越快。

10.5 小结

- 图遍历的性能问题可以通过以下两种常用方法来诊断。
  - `explain()`：展示图遍历会如何执行但不运行它。
  - `profile()`：运行遍历，收集关于实际发生了什么的统计信息（这一步更有用）。
- 图数据库使用索引来对遍历提速，与关系数据库类似，可以快速、直接地访问数据。但是，索引有多种类型。索引类型取决于厂商特定的数据库实现。
- 超级节点是图中有异常多边的顶点。它们会导致遍历性能问题，尤其在运行事务型遍历时。
- 可以通过监控分支因子和相邻顶点的数量，以及寻找异常值来发现超级节点。
- 可以使用数据建模的技巧对穿越多个不同顶点的边进行分拆，或者使用某些图数据库提供的特性（诸如以顶点为中心的索引）来缓解超级节点的影响。这些索引就是为了减轻超级节点副作用而设计的。
- 尽管超级节点在运行事务型查询时并不受待见，但它们在运行分析型算法时尤为重要，比如计算度数中心性（degree centrality）。
- 在编写图应用程序时，理解要解决的问题是迈向成功的关键。它确保我们使用正确的工具并用正确的方式使用。
- 脏数据的使用是一种常见的反模式，由于数据和疑问的高度连接性，这个问题在图应用程序中尤为突出。脏数据问题可以通过正确地去重和连接数据来解决，促进应用程序性能的改善。
- 应该避免用缺乏代表性的数据进行测试，因为数据的连接性会显著影响图应用程序的性能。
- 当某些图数据库厂商支持的提交 Gremlin 遍历的唯一途径是提交字符串时，你应该总是对图遍历进行参数化，来防止注入攻击，从而杜绝运行非法代码。
- 在运行事务型查询时，总是通过指定顶点标签和属性的筛选来开启遍历。在遍历开始时指定筛选可以防止遍历搜索所有顶点。

第 11 章

下一段旅程：图分析、机器学习和资源

本章内容

- 用于寻路、中心性和群体检测的图分析算法
- 机器学习中的图
- 图论、图数据库和图算法的有用资源

太棒了！你已经读到最后一章了。在这一段旅程中，我们从“实体第一”的关系数据库思维方式转变成了“实体加关系”的图数据库思维方式。尽管本章是本书的最后一章，但是你的图之旅的下一阶段才刚刚开始。那么下一阶段旅程包括什么呢？你要往哪里走呢？本章通过概述许多人扩展图知识的常见途径来回答这些问题。

图分析和机器学习（ML）是进一步探索图时要探索的两个最常见领域。本章将介绍这两个概念，并为你提供足够的信息来决定是否要进一步探索这些领域。

我们将首先介绍图分析的高级视角以及这些算法可以从数据中获得的一些独特见解。我们将对图分析空间提供一个宽泛的概述，以便你在开始分析图数据时对可用的手段有一些了解。在探索图分析领域之后，我们将介绍图在 ML 中的作用。由于图数据、图分析和 ML 是相辅相成的，因此“图在 ML 中的作用”这个主题是对图分析的一个很好补充。本章的最后将提供一组额外的参考文献和阅读材料供你继续学习和使用图。

11.1 图分析

到目前为止，我们已经研究了应用程序中的事务性疑问，比如“谁是我朋友的朋友”或者“这家餐厅的最新评价有哪些”。这些疑问都是事务性的，因为只需要查看图数据的一小部分。要解答诸如“谁是图中有最多连接的人”或者“哪个人位于最中心位置”之类的疑问，则需要调查图中的大部分或全部数据。

需要使用图中大部分或全部数据的算法属于一类使用**图分析**算法的问题。这些算法对于许多领域的问题很有用，比如欺诈检测、供应链优化和传染病传播预测。

图分析和图数据库

在研究图分析的时候，会发现有许多专门为执行这些密集型计算而构建的框架和数据库。这些库往往具有为执行大多数算法所需的长时间运行计算而专门定制的优化。许多事务性图数据库（如我们到目前为止提到的那些数据库）能够运行这些类型的计算。但是，如果你想要大规模地执行这类算法，我们建议你研究分析图数据库（如 AnzoGraph）或者框架（如 Apache Giraph）。

本节将简要介绍一些更常见的算法，并概述每种算法解决的问题类型或返回的信息。我们将为你提供足够的信息，以了解每种算法解决的问题类型。当你深入挖掘这些丰富的功能时，这种理解应该会帮助你缩小关注范围。

11.1.1 寻路

第 4 章介绍了寻路算法的基本原理，并使用这些算法在社交网络中寻找朋友。尽管这是在事务过程中寻路的一种方法，但也可以用于分析性地探索顶点之间的路径并识别图中的最佳路径。每一个特定的寻路算法的工作原理都略有不同，并且各有优缺点。除了我们在社交网络中进行的寻路之外，现实工作中还有许多其他寻路算法的实际用例。

- **测向**：地理制图工具使用寻路算法的一些变体来提供方向。
- **优化问题**：寻路算法可以优化处理大量相互依赖的实体的各种问题，从管理供应链到优化金融交易，再到确定计算机网络中的瓶颈和故障点。
- **欺诈检测**：许多欺诈算法使用循环检测，发现与自身相连的实体组，以寻找紧密相连的子图，作为潜在欺诈账户的衡量标准。

最常见的寻路算法是**最短路径算法**，它计算两个顶点之间的最短路径。计算最短路径有两种基本方法：**无加权**方法将所有路径视为相等的，根据所遍历的边数计算最短路径；**加权**方法为所有路径分配相对权重，然后在计算中使用这些权重。让我们看看加权和无加权的边是如何影响结果的。

1. 无加权最短路径算法

假设我们有一个带有三个顶点的图，其中的顶点分别代表 A、B 和 C 三座城镇，而连接顶点的三条边代表道路 1、2、3，如图 11-1 所示。现在，如何确定从 A 城镇到 C 城镇的最短路线呢？同等对待所有路径，我们看到 A 城镇和 C 城镇之间的最短路径是道路 2，因为只需要经过一条边。

当遍历所有边的相对成本相同或不需要考虑时，无加权最短路径算法是一个很好的选择。社交网络就是说明无加权最短路径算法有用的一个好例子。在社交网络中，每个朋友连接都是一样的，因此遍历这些边的相对成本相等。实际上，4.2 节就构建了一条无加权最短路径（找到 Ted 和 Denise 之间的路径）。然而，在许多情况下，我们不能将所有连接都视为相等的。在这些场景中，需要考虑加权最短路径算法。

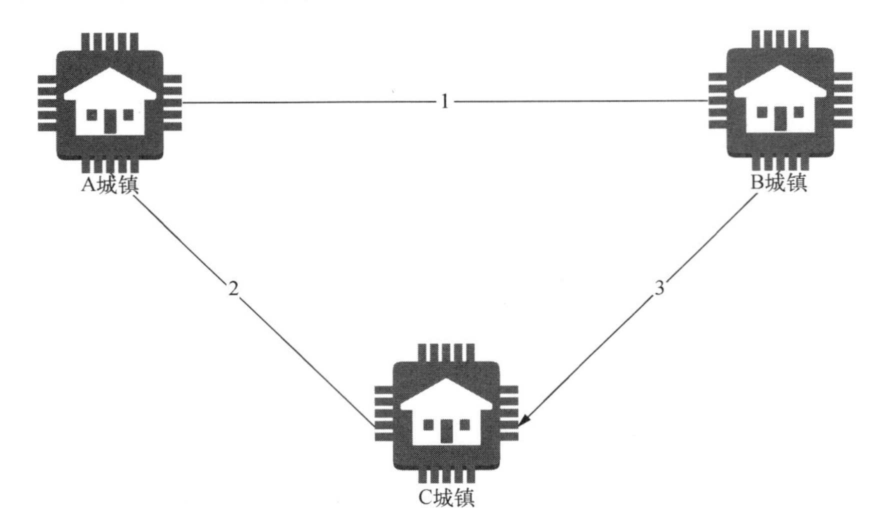

图 11-1　从 A 城镇到 C 城镇的最短路径为 A → 2 → C

2. 加权最短路径算法

在许多场景中，从一个顶点移动到另一个顶点的相对代价或权重是不同的。为了计算这些场景中的最短路径，我们要确定总体而言相对成本最低的路径，因此采用加权最短路径算法。

比方说，道路 1 是一条高速公路，而道路 2 是一条经常刮大风的山路。因为无法在这些道路上以相同的速度行驶，所以首先需要为每条边分配一个相对权重。在我们的图中，这些相对权重可以从距离、速度和路况等多种因素进行汇总，以比较道路 1 和道路 2 之间的行驶时间差。图 11-2 展示了这一遍历。

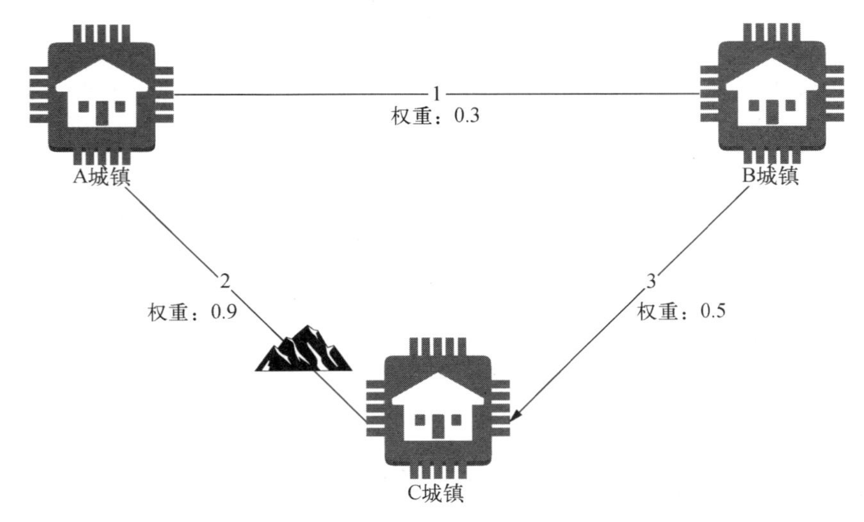

图 11-2　在我们的加权图中，从 A 城镇到 C 城镇的最短路径是 A → 1 → B → 3 → C

要计算 A 城镇和 C 城镇之间最短的路径，我们不再是只寻找两条路径之间的最短跳（hop）数了，而是将遍历边的相对成本相加，以找到最小的总权重。在本例中，遍历边 1 的开销是遍历边 2 的三分之一，开销用边上的“权重”属性来表示。考虑到这一点，我们新的最短路径是 A → 1 → B → 3 → C。

当遍历边的相对成本不相等时，加权最短路径算法是一个很好的选择。这在一些问题中很常见，比如供应链优化，因为移动货物的相对成本（距离/时间）是不相等的，又比如网络路由问题，由于硬件或其他方面的原因（如地理邻近），连接之间传输网络数据包所需的时间也不同。

无加权最短路径算法和加权最短路径算法都有多种实现方式，其中两种最常见的是 Djkstra 算法和 A*搜索算法，它们都可用于加权图和无加权图。

11.1.2 中心性

我们使用中心性算法来识别图中顶点的重要性。中心性算法能回答的问题远远超出了社交网络的例子。下面是**中心性算法**的一些用途。

- 在计算机网络中寻找最关键的组件，这些组件一旦丢失，可能会造成严重中断。
- 发现一个人在组织中的重要性。
- 估算电信数据包的最佳定时和路由。
- 在图中发现异常值，以此作为可能欺诈的衡量标准。

当讨论中心性时，我们经常使用**重要性**一词来描述一个特定顶点在图整体结构中起的作用。顶点重要性的具体含义根据特定算法所计算的内容而异。这意味着，为了解释一个特定算法的结果，我们需要了解该算法计算的重要性类型。让我们来看看一个例子，以更好地了解不同算法的重要性。

思考一下我们之前在本书中建立的社交网络。在这个社交网络中，我们可以通过谁拥有最多的朋友，或者谁在朋友图中处于中间位置，或者谁对网络中其他人的影响最大来定义重要性。每个方法都是定义重要性的完美有效方法，但计算每个方法都可能会产生不同的结果。这种依赖于上下文的重要性定义就是为什么会有这么多不同的中心性算法，每个算法对顶点重要性的计算方法都略有不同。

让我们来看看五种常见的中心性算法，看看每个算法是如何以截然不同的方式来度量中心性的。我们还将看看在社交网络“友聚”上应用这些算法的结果。

1. 度数

度数（degree）中心性是最容易理解的。度数是指与一个顶点相关联的边的数量，因此度数中心性是基于边数对顶点进行排序的。度数中心性可以通过分别测量内度和外度来进一步细分。度数中心性通常用于确定图连接程度的基线，尤其是在计算平均值、最小值和最大值时。在社交网络示例中，度数中心性能告诉我们谁拥有最多的朋友。

2. 间隙

间隙（betweenness）中心性是指一个顶点在图中所有节点对之间的最短路径中被使用的次

数。间隙中心性在寻找连接不同顶点组的临界点方面很有效。使用该算法时，返回的数越大，表示该顶点越重要。如果在我们的社交网络中运行间隙中心性，就能发现谁与不同的社会群体有最多的联系。

3. 亲密度

亲密度（closeness）中心性是对从一个顶点到所有其他顶点的最短路径平均长度的度量，表示相对于所有其他顶点，哪些顶点位于最中心的位置。使用亲密度数中心性时，返回值越小，说明该顶点越重要。在我们的社交网络中运行亲密度中心性，就能识别出哪些人是社交网络的“核心”。

4. 特征向量

特征向量（eigenvector）中心性是一种复杂的中心性测量，使用相邻顶点的相对重要性作为输入来计算给定顶点的重要性。仅凭一个顶点与许多其他顶点相连，并不一定能说明它很重要。应该使用相邻顶点的重要性来计算该顶点的总体重要性。如果一个顶点有许多相邻顶点，但它们之间是不相连的，那么与那些拥有较少相邻顶点但相邻顶点之间高度相连的顶点相比，该顶点会得到较低的分数。在我们的社交网络中运行特征向量中心性，可以找到社交网络中最有影响力的人，他们不仅拥有最多的联系，而且这些联系很紧密。

5. PageRank

PageRank 是因为被 Google 的拉里・佩奇和谢尔盖・布林用于对搜索结果进行加权而出名的一种算法。PageRank 的工作原理类似于特征向量中心性，因为它使用相邻顶点的相对重要性来帮助确定顶点的总体重要性。但它还包括一个衰减值（通常设置为 0.85），以指示随着网络的遍历，影响会逐步衰减。顶点的 PageRank 返回值越高，该顶点就越重要。与特征向量中心性一样，如果在我们的社交网络中运行 PageRank，结果将代表在社交网络中最有影响力的人。

6. 中心性比较

这些中心性算法中的每一个都测量了图中不同方面的重要性，并且为我们提供了关于数据的不同信息。让我们通过在社交网络示例上运行每个算法来演示这些中心性算法的不同之处，如表 11-1 所示。

表 11-1　中心性算法在社交网络示例中的比较

名字（first_name）	度　数	间　隙	亲　密　度	特征向量	PageRank
Dave	**4**	**48**	3.33	1	0.0174
Josh	3	30	2.91	3	0.0191
Ted	1	16	2.26	1	0..0174
Hank	2	16	2.75	5	0.0197
Kelly	2	24	2.91	2	0.0183
Denise	3	26	3.56	**8**	**0.0206**
Jim	3	32	3.08	2	0.0183
Paras	2	14	**2.36**	3	0.0185

说明 用于运行这些中心性算法的代码可以在本书配套源代码文件 chapter11/centrality_algorithms.groovy 中找到。有些算法使用了我们没有介绍或者只是顺便提到的高级操作。

检查这些中心性指标结果，我们发现，在谁是最重要的人方面存在很大差异。在表 11-1 中，我们用粗体突出显示了每个算法的最高或最重要的结果。给定同一张图，这些算法在确定最重要的顶点时会产生不同的结果：在使用度数和间隙中心性时，Dave 是最重要的；在使用亲密度中心性时，Paras 是最重要的；在使用特征向量和 PageRank 中心性时，Denise 是最重要的。我们可以从测量结果得出以下结论。

- Dave 拥有最多的朋友，并且与大多数社交团体有联系。
- Paras 是社交网络的“心脏”。
- Denise 最有影响力。

正如本节开头提到的，这些算法中的每一个都测量图中顶点重要性（中心性）的不同方面。理解每个测量的意义对于为用例选择正确的算法是至关重要的。

11.1.3 群体检测

我们使用群体检测（community detection）算法来发现相互紧密连接但与图中其他顶点松散连接的顶点组或群体。想象一下社交网络中的朋友。每个人都认识其他人吗？是否有一小群人是亲密的朋友，但很少与网络中的其他群体交朋友？这正是群体检测算法所识别的那种分组。

群体检测算法不仅仅局限于社交网络，还被用于许多行业和用例。

- 对于电商网站，在图中查找拥有潜在相似账户的群体，以找出不同的家庭。
- 通过寻找紧密相连的组成部分（如已知从事欺诈活动的账户组）来识别潜在的欺诈行为。
- 识别相似的用户群以提供产品推荐。

与中心性算法一样，有大量潜在的群体检测算法，每个算法都以稍微不同的方式找到群体。下面介绍两个最常用的群体检测算法，让我们看看它们是如何工作的。

1. 三角形计数

假设我们想在一个社交网络中找到紧密联系的群体。一种方法是找到彼此都认识的人群。让我们进一步假设有一个如图 11-3 所示的社交网络，其中 Dave 认识 Hank，Hank 认识 Josh，Josh 认识 Dave。

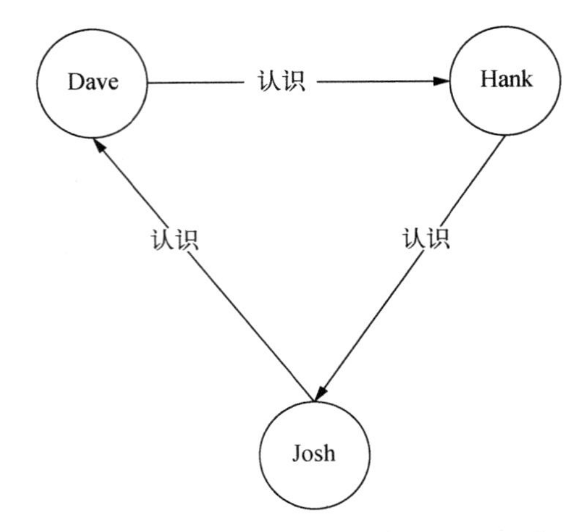

图 11-3　社交网络里由 Dave、Josh、Hank 形成三角形的部分

观察这张图，我们看到这三个人彼此紧密相连，这个分组形成了一个三角形。计算图中三角形的数量称为**三角形计数**。三角形计数名副其实：它计算给定节点子集内的三角形数量。如果看一下图 11-4，就会发现其中突出显示了两个三角形（A–B–D 和 E–C–F）。

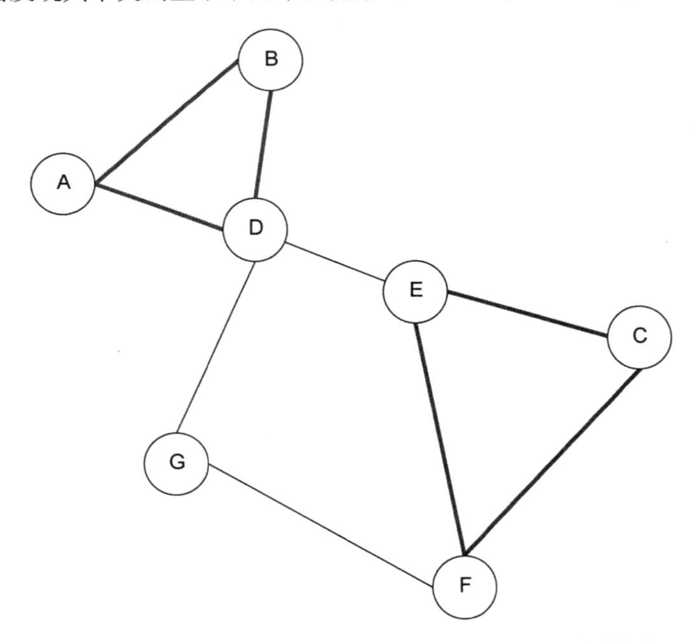

图 11-4　突出显示两个三角形（A–B–D 和 E–C–F）的图

三角形计数在捕捉图中顶点网络的内聚性或紧密性方面很有用。包含紧密关联网络或社区的图具有较高的三角形计数，而包含松散连接网络的图具有较低的三角形计数。

2. 连通分量

除了三角形计数方法之外，如果我们想找到彼此联系紧密但与其他群体没有联系的人群，还可以怎么办？为了找到这些群体，我们使用一种称为**连通分量**的算法。

在图论中，将每个顶点都有一条到所有其他顶点路径的子图称为**分量**。连通分量算法就是在图中找到所有这些分量。看看图 11-5，我们可以看到图中有两个连通分量，用包围每个分量的虚线突出显示。

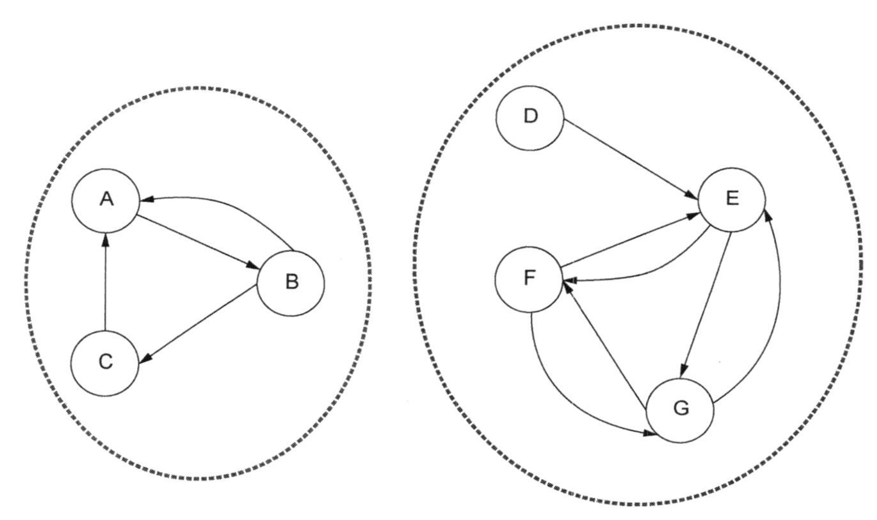

图 11-5　包含两个通过连通分量算法识别出的分量（突出显示）的图

连通分量在全局图中发现相关数据的集群，这有助于在社交图中查找家庭、查找有联系的组织或在电商网站中查找可能重复的账户。图 11-5 所示的算法没有考虑顶点之间边的方向，因此称为**弱**连通分量算法。

然而，假设我们想要在社交网络中找到人们之间只有单向关系的群体，就像 Twitter 那样。Dave 关注了 Josh 并不意味着 Josh 也关注了 Dave。要在这样的图中找到群体，就需要考虑边的方向。为了实现这一点，我们使用一种连通分量算法的变体——**强**连通分量。

强连通分量在本质上和弱连通分量是一样的，只是考虑了边的方向。在强连通分量中，子图中任意两个顶点之间存在一对边，每个方向上都有一条边。继续使用之前的图，不过对其应用强连通分量算法，如图 11-6 所示。可以看到，图中两个连通分量组件所包含的顶点与图 11-5 中是不同的。

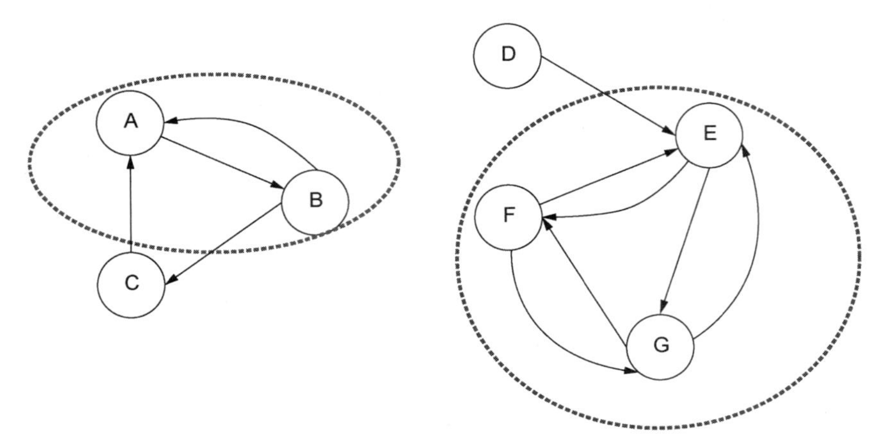

图 11-6　突出显示了两个强连通分量的连通分量图，这个结果与连通分量算法略有不同

我们使用强连通分量算法来检测图中有方向性的高度连接群体。强连通分量经常用于在金融风控领域查找欺诈活动的中心，或在产品推荐中寻找相似的用户群体。

11.1.4　图和机器学习

尽管将图应用于机器学习（ML）并不是什么新鲜事，但直到过去几年，这一技术才开始在软件行业中流行起来。有讽刺意味的是，尽管许多 ML 技术严重依赖图来完成其学习，但这些技术既不允许将图作为输入，也不允许将图作为输出。虽然随着当前研究的变化，这种情况开始改变，但大多数标准的 ML 算法还是将固定向量或数据矩阵作为输入。

既然如此，那么如何将图的灵活数据结构应用到 ML 模型的刚性数据结构中呢？本节将介绍两种方法：特征提取和图嵌入。

1. 特征提取

通常，在 ML 中使用图的最简单方法是提取图的特征，以深入了解图中的数据。虽然可以使用任意数量的图特征，但是下面着重讲述我们在本章前面学到的一些图分析算法如何帮助生成输入特征。

- **最短路径**：取一个人和已知的不良行为者之间的最短路径，作为欺诈 ML 模型的预测度量。
- **三角形计数**：在社交网络中使用三角形计数来确定特定用户的社交性或反社交性。
- **度数**：使用顶点的连接度来确定传感器在传感器网络中的重要性。

当以互补的方式进行组合时，这些类型的图特征通常是有益的，并且提供了关于图拓扑和连通性的更全面的视图。当我们将这些特征组合在一起为 ML 创建一个向量或一组向量时，就有了所谓的**图嵌入**。

2. 图嵌入

图嵌入将稀疏数据转化为更紧凑的向量表示。尽管这一领域的大部分研究是由自然语言处理（NLP）方面的工作推动的，但它现在被更普遍地应用于图中，为预测新的友谊和发现欺诈活动等任务提供输入。图嵌入通常为以下两种形式之一。

- **顶点嵌入**：将每个顶点表示为一个向量/矩阵，用于比较顶点级别的项。在“友聚”的例子中，我们可以用它来比较相关的社交网络（在第 3 章找到的一个人的朋友圈）。
- **图嵌入**：将整张图/子图表示为一个向量/矩阵，用于对整张图进行相互比较。在“友聚”的例子中，我们可能希望使用图嵌入来表示在第 9 章找到的每个个性化子图。

为什么我们要获取图的丰富拓扑并从中创建向量呢？向量操作比在图上的类似操作更简单、更快。此外，目前可用的许多算法和工具都针对向量操作进行了优化。很少有人将图作为输入数据来构建。那么，我们希望在嵌入中包含什么样的特征呢？

这可是个价值连城的问题，不是吗？这里的挑战是确保我们包含的任何特征都能充分表示拓扑、连通性和其他图属性，同时最大限度地减小向量的大小。更大的嵌入需要更多的处理时间和存储空间，但也保持了原始图数据的高保真度。为特定领域中特定数据集的给定图选择正确的特征可能很复杂。特征工程本身就是一门完整的学科，它对图数据的适用性超出了本书能够涵盖的范围。如果你有兴趣对此进行更深入的研究，建议查看下一节中的一些额外资源。

11.1.5 其他资源

在本书的编写和修订过程中，我们使用了大量参考文献和资源来帮助汇总浓缩的信息。对于那些希望进一步研究这些主题的人，我们列出了自己最喜欢、觉得最有用的资源。我们将其分为四个领域：图论、图数据库、图数据集和图算法。

1. 图论

本书从图论的基本数学知识开始，以深入了解图的工作原理。

- Sarada Herke 的“Graph Theory Channel”：这个视频系列专注于图论和离散数学，内容丰富而有趣。我们认为这些视频是很好的教学工具，可以帮你从零开始快速地扎实掌握图论的基本概念。
- Richard J. Trudeau 的 *Introduction to Graph Theory*：这本书为理解图论中的数学提供了良好的基础。它的写作方式能让那些没有数学背景的人扎实地理解图论背后的数学概念，只需要读者付出一点儿努力即可。
- Douglas B. West 的《图论导引（第 2 版）》：这本图论书写给那些真的想深入到图论背后数学的人。它假设读者熟悉数学术语和符号。如果你没有数学背景，可能需要先熟悉数学概念，才能从这本书中获得最大的收获。

2. 图数据库

对于那些有兴趣深入研究可用特定工具和数据库选项的人，我们推荐以下图书。

- Ian Robinson 等人的《图数据库》：这是一本建立在 Neo4j 基础上的畅销书。Neo4j 图数据库平台为关键任务（如人工智能、欺诈检测和推荐）的企业级应用程序提供支持。有两位作者分别是 Neo4j 的 CEO 和首席科学家。如果你计划使用 Neo4j，我们强烈建议阅读这本书。
- Denise Gosnell 和 Matthias Broecheler 的 *The Practitioner's Guide to Graph Data*：这本书侧重于如何思考图数据和图数据问题，以及建立大规模图应用程序时的一些考虑。它也使用了 Gremlin 和 Apache TinkerPop 框架，但更专注于概念，而不是语言语法。
- Kelvin R. Lawrence 的 *PRACTICAL GREMLIN: An Apache TinkerPop Tutorial*：这个免费在线资源是寻求关于 Gremlin 语言的额外帮助的好去处。因为它是一本在线图书，所以会定期更新 Gremlin 语言中的功能和语法变化。
- Corey L. Lanum 的 *Visualizing Graph Data*：对于有兴趣实现高度连接数据可视化的人，这本书提供了许多例子和案例研究。它还为如何思考可视化图数据提供了一个很好的、现实世界的视角。

3. 图数据集

对于那些尝试图和图数据库的人来说，最常见的问题之一是找到可以使用的好数据集。你可以在下面这些地方找到可直接用于进行图分析的数据集。

- Stanford Network Analysis Project（SNAP）：这个网站上有许多很棒的数据集，可用于一般的图分析，包括几个超大的数据集。
- Kaggle：Kaggle 社区为各种数据科学工作提供了出色的数据集聚合器。这里的许多数据集也适合那些有兴趣调查特定图问题（如欺诈或供应链优化）的人使用。
- Google Datasets：这是一个用来查找公开可用数据集的搜索引擎，特别是那些与政府和研究项目相关的数据集。
- LDBC（Linked Data Bench Council）的 The Social Network Benchmark（SNB)：LDBC 是一个总部位于欧洲的非营利组织，SNB 包含生成社交网络数据集的工具以及各种大小的样本数据集，可用于基准引擎和应用程序性能的相关工作。

4. 图算法

对于那些希望更深入地研究图算法的人，我们提供了一个有用的资源列表。这些资源侧重于可用于高度连接数据的算法和分析。

- Tushar Roy 的“Coding Made Simple, Graph Algorithms Playlist”：这个视频系列以一种易于理解的格式提供了对最常见图算法（Dijkstra 算法、强连通分量等）的工作原理的详细概述。我们发现该系列有助于了解我们讨论的每种算法的实现。
- Algorithms Course 的“Graph Theory Tutorial from a Google Engineer”：这个视频对于常见的图算法提供了近 7 小时的详细指导。每个示例都使用 Java 实现来帮助理解。
- Alessandro Negro 的 *Graph-Powered Machine Learning*：这是为数不多的只专注于使用图和机器学习的图书之一。

- Mark Needham 和 Amy E. Hodler 的《数据分析之图算法：基于 Spark 和 Neo4j》[①]：这本书写得很好，提供了对图算法的精彩概述，特别是如何在 Python、Neo4j 和 Apache Spark 中使用它们。这是我们强烈推荐每个人都要读的另一本书。

11.2 写在最后

恭喜你！你已经到达了这个图数据库世界之旅的终点。我们希望你所学的技能能够激励你继续使用这些数据库。我们力求为你提供坚实的基础和概念模型，让你在推进自己的高度互联数据项目时取得成功。

11.3 小结

- 我们使用寻路算法（如无加权或加权最短路径）来描述图中的连接性。
- 我们使用中心性算法，如度数、间隙、亲密度、特征向量和 PageRank 来描述顶点在图中的重要性或影响力。
- 中心性算法的输出可能会有很大差异，因此了解每种算法的工作原理对于为你的用例选择合适的算法非常重要。
- 我们使用诸如三角形计数、连通分量和强连通分量等群体检测算法来检测图中高度连接顶点的唯一集群（或群体）。
- 可以通过最短路径、PageRank 和三角形计数从图中提取图特征，用作机器学习中的特征集输入。
- 图嵌入是一种将图的稀疏多维结构表示为向量或矩阵的机制。

① 该书已由人民邮电出版社出版（ituring.cn/book/2694）。——编者注

附 录

Apache TinkerPop 概述和安装

本书例子使用的图数据库和工具来自 Apache 软件基金会（Apache Software Foundation）的 TinkerPop 项目。这个项目软件的正式名称为 Apache TinkerPop，简称为 TinkerPop。本附录涵盖 TinkerPop 的概述并解释如何安装和配置运行本书代码示例所需的特性。

A.1 概述

TinkerPop 是 Apache 软件基金会的顶级项目，提供了一个与厂商无关的开源图计算框架，具有事务（OLTP）能力和分析（OLAP）能力。除了项目自带的核心库以外，TinkerPop 生态系统中还有广泛的第三方库可供使用。

TinkerPop 提供了一个标准接口，目前已经被超过 20 个独立数据库引擎实现，包括 DBaaS（数据库即服务）产品（比如 Amazon Neptune 和 Azure ComosDB）、商业产品（比如 DataStax Enterprise Graph 和 Neo4j）和开源软件（比如 TinkerGraph 和 JanusGraph）。

注意 “TinkerPop 支持（TinkerPop-enabled）图数据库”是指起码实现了通过 Gremlin 查询语言执行遍历所需基本 API 的数据库。

TinkerPop 项目由多个部分组成，这里只介绍本书使用过的部分。

A.1.1 Gremlin 遍历语言

Gremlin 遍历语言是 TinkerPop 项目的图查询语言，也是我们在本书示例中使用的查询语言。Gremlin 支持命令式语法和声明式语法，但首选方式是命令式语法。

Gremlin 可以通过一系列链接在一起的操作对数据进行查询和修改，就像函数式语言的方法链那样。这种链操作的能力赋予了我们为图构造复杂遍历的力量。可以把 Gremlin 遍历想象成一个流处理器：数据来自上一步操作，在数据上执行一个操作，再把数据交给下一步操作。

A.1.2 TinkerGraph

TinkerGraph是一个内存图引擎，支持OLTP负载和OLAP负载，是TinkerPop Gremlin Server和Gremlin Console的一部分。TinkerGraph是被作为TinkerPop API的参考实现构建出来的。它是TinkerPop的全功能开源实现。TinkerGraph是TinkerPop旗下多个工具和软件所使用的核心图引擎。

注意 TinkerGraph并非一个你能下载的软件。它只是那些可下载软件（如Gremlin Server和Gremlin Console）里的核心引擎。其他厂商也可能会选择把它包含在自己的实现中。

A.1.3 Gremlin Console

Gremlin Console是用于TinkerPop支持图数据库的交互终端应用程序。Gremlin Console允许用户连接到本地或远程的数据库，将数据加载到图中，并交互式地在图上进行遍历。它既能作为自带内存图数据的独立应用程序使用，又能作为图数据库服务器的客户端使用。在本书中，我们把Gremlin Console用作客户端，与独立运行的Gremlin Server进行交互。

A.1.4 Gremlin 语言变体

Gremlin语言变体（GLV）就像特定语言的驱动程序，允许开发人员既使用Gremlin作为查询语言，又能通过他们选择的开发语言方言来实现。GLV无比强大，超出了我们对数据库驱动程序的一般理解。

在对所选语言（不管是Java、Python、C#还是JavaScript）使用GLV时，你都是在使用该语言的工具和语法。GLV主张以应用程序编程语言的风格来编写Gremlin遍历：Java开发人员使用Java语法，.NET开发人员使用.NET语法，等等。在本书，我们使用Gremlin的Java变体。

A.1.5 Gremlin Server

Gremlin Server便于远程对图数据执行图命令。Gremlin Server也允许非JVM客户端与基于JVM的图数据库进行通信，并提供能让部署在不同服务器上的数据库相互通信的机制。在本书中，我们在客户端-服务器架构中使用Gremlin Server来托管图数据。

A.1.6 文档

Apache TinkerPop官网上有一整套文档，包括教程、入门示例和Gremlin方法。虽然本书讨论了一些Gremlin概念和语法，但并不能取代TinkerPop文档。我们强烈建议你花些时间熟悉该网站内的可用资源，如果你选择使用TinkerPop支持数据库的话。

A.2 安装

安装 TinkerPop 框架的第一步是从 Apache TinkerPop 网站下载安装文件。本书出版时的最新版本是 3.4.6，但是所有基于 TinkerPop 3.4 的实现均适用于本书中的示例。要学习本书，你需要下载和安装 Gremlin Console 和 Gremlin Server。

注意 本书在所有示例中都使用了 macOS 命令，但同时也为同一操作提供了 Windows 命令。

A.2.1 安装和验证 Java 运行环境

运行 Gremlin Console 的前提条件是安装了 Java 8。如果你还没有安装 Java，需要从 Oracle、OpenJDK 或喜欢的 Java 分发网站下载和安装最新的 Java 开发组件（JDK）。为了验证 Java 已经成功安装并确认版本是正确的，请使用以下 `java -version` 命令。

```
$ java -version
openjdk version "1.8.0_222"
OpenJDK Runtime Environment (AdoptOpenJDK)(build 1.8.0_222-b10)
OpenJDK 64-Bit Server VM (AdoptOpenJDK)(build 25.222-b10, mixed mode)
```

结果说明了该机器的 Java 版本是 1.8.0.222。从这个返回结果可知，Java 已被正确配置，随时可以使用。

A.2.2 安装 Gremlin Console

现在所需的基础软件已经安装和验证好了，下一步是安装和运行 Gremlin Console。

(1) 在 TinkerPop 下载页点击下载 Gremlin Console 的按钮。

(2) 跳转到的网页罗列了一系列下载镜像。选择一个镜像，点击链接下载。

(3) 一旦下载完成，使用命令行工具或 GUI 编辑器将代码解压到一个名为 GREMLIN_CONSOLE_HOME 的目录。

(4) 打开命令行终端。

(5) 导航到 GREMLIN_CONSOLE_HOME 目录。

(6) 启动 Gremlin Console：

(a) 如果是 macOS 或 Linux 系统，输入 `bin/gremlin.sh`；

(b) 如果是 Windows 系统，输入 `bin\gremlin.bat`。

(7) Gremlin Console 启动之后，你会看到加载过程的输出，包括有哪些插件被激活了。一旦插件被激活，你会得到以下输入对话框。

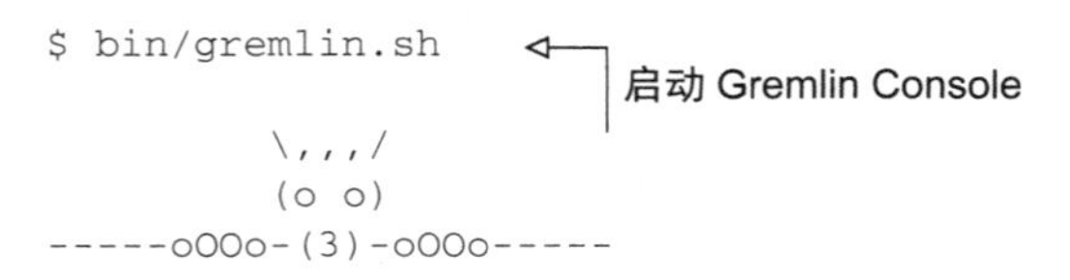

```
plugin activated: tinkerpop.server
plugin activated: tinkerpop.utilities
plugin activated: tinkerpop.tinkergraph
gremlin>
```

Gremlin Console 命令提示就绪，可以接收输入

A.2.3 安装 Gremlin Server

现在已经安装并且可以运行 Gremlin Console 了，是时候安装和运行 Gremlin Server 了。

注意 Gremlin Server 使用 TCP 端口 8182。你可能需要修改操作系统或本地防火墙设置来允许访问该端口。

(1) 在 TinkerPop 下载页点击下载 Gremlin Server 的按钮。

(2) 跳转到的网页罗列了一系列下载镜像。选择一个镜像，点击链接下载。

(3) 一旦下载完成，使用命令行工具或 GUI 编辑器将代码解压到一个名为 GREMLIN_SERVER_HOME 的目录。

(4) 打开命令行终端。

(5) 导航到 GREMLIN_SERVER_HOME 目录。

(6) 启动 Gremlin Server：

(a) 如果是 macOS 或 Linux 系统，输入 `bin/gremlin-server.sh`；

(b) 如果是 Windows 系统，输入 `bin\gremlin-server.bat`。

(7) 你会得到一条告知服务器已启动的信息，包括线程 ID。这个线程 ID 在每次启动服务器时都不一样。比如：

```
$ bin/gremlin-server.sh start
Server started 56799.
```

A.2.4 配置 Gremlin Console 连接到 Gremlin Server

在 Gremlin Server 和 Gremlin Console 都处于运行状态时，可以将 Gremlin Console 连接到 Gremlin Server 实例。

注意 如果已经有 Gremlin Console 实例在运行，可以通过终端命令 `:q` 或 `:exit` 关闭。

(1) 打开命令行终端。

(2) 从 GREMLIN_CONSOLE_HOME 目录导航到 conf 目录。

(3) 在文本编辑器中，打开 remote.yaml 文件。这个文件包含三个你可能需要调整的参数。如果所有东西都是在本地运行的，则不需要改变任何参数。

(a) `hosts: [localhost]`：我们要连接的 Gremlin Server 的 IP 或域名。

(b) `port: 8182`：连接的端口，默认是8182。

(c) `serializer: { className: org.apache.tinkerpop.gremlin .driver.ser . GryoMessageSerializerV3d0, config: { serialize-ResultToString: true }}`：Gremlin Console和Gremlin Server之间数据交换格式。取决于你选择的数据库产品，可能需要按照数据库厂商的文档进行调整。

(4) 保存和关闭该文件。

(5) 在GREMLIN_CONSOLE_HOME目录通过以下命令启动Gremlin Console：

(a) 如果是macOS或Linux系统，输入`bin/gremlin.sh`；

(b) 如果是Windows系统，输入`bin\gremlin.bat`。

(6) Gremlin Console启动之后，执行以下命令：

```
:remote connect tinkerpop.server conf/remote.yaml
```

这个命令使用刚才定义的参数连接到正在运行的Gremlin Server。

(7) 得到一条确认你已成功连接的信息。

```
         \,,,/
         (o o)
-----oOOo-(3)-oOOo-----
plugin activated: tinkerpop.server
plugin activated: tinkerpop.utilities
plugin activated: tinkerpop.tinkergraph
gremlin> :remote connect tinkerpop.server
➥ conf/remote.yaml

==>Configured localhost/127.0.0.1:8182
gremlin>
```

Gremlin Console命令连接到Gremlin Server

返回确认连接已配置

(8) 运行以下命令，从本地模式切换到服务器模式。

```
:remote console
```

Gremlin Console通知你模式已切换。

```
gremlin> :remote console

==>All scripts will now be sent to Gremlin Server -
➥ [localhost/127.0.0.1:8182] -
➥ type ':remote console' to return to local mode
gremlin>
```

(9) 运行以下命令，显示运行在Gremlin Server上的图数据库基本信息。

```
gremlin> g

==>graphtraversalsource[tinkergraph[vertices:0 edges:0], standard]
```

我们现在已经成功地通过Gremlin Console连接到了Gremlin Server。要退出Gremlin Server

会话并关闭连接，则执行以下命令。

```
:remote close
```

A.2.5　Gremlin Console 命令模式：本地与远程

向一个远程的图数据库服务器发出命令时，你可以选择两种模式之一：**本地**模式和**远程**模式。发送命令到 Gremlin Server 的首选方法是把 Gremlin Console 设置为远程模式。这正是我们在上一节所做的，而且正在成为使用 Gremlin Console 连接到服务器的默认模式。远程模式意味着任何在 Gremlin Console 中执行的命令都会被发送到 Gremlin Server 并在那里运行，然后把结果显示在 Gremlin Console 中。

如果你只想发出一两个命令，可以使用本地模式——在每个命令前加上 :>。它把命令发送到配置好的远程连接中。只有以这两个字符（:>）开头的命令才会在 Gremlin Server 上运行。任何没有以这两个字符开头的命令只会在 Gremlin Console 的内部线程中运行。要在这两种模式间切换，可以像下面这样使用 :remote console 命令。

```
gremlin> :remote console

==>All scripts will now be sent to Gremlin Server -
➥ [localhost/127.0.0.1:8182] - type ':remote console'
➥ to return to local mode

gremlin> :remote console

==>All scripts will now be evaluated locally -
➥ type ':remote console' to return to remote mode
➥ for Gremlin Server - [localhost/127.0.0.1:8182]
gremlin>
```

A.2.6　使用 Gremlin Console

在启动 Gremlin Console 前，还有一些额外的选项需要讨论。如果你想看看 Gremlin Console 的可用选项清单，可以输入以下命令。

```
$ bin/gremlin.sh --help
Usage: gremlin.sh [-CDhlQvV] [-e=<SCRIPT ARG1 ARG2 ...>]...
 ➥ [-i=<SCRIPT ARG1 ARG2 ...>...]...
  -C, --color       Disable use of ANSI colors
  -D, --debug       Enabled debug Console output
  -e, --execute=<SCRIPT ARG1 ARG2 ...>
                    Execute the specified script (SCRIPT ARG1 ARG2 ...)
                 ➥ and close the console on completion
  -h, --help        Display this help message
  -i, --interactive=<SCRIPT ARG1 ARG2 ...>...
                    Execute the specified script and leave the console
                 ➥ open on completion
-l                  Set the logging level of components that use
                 ➥ standard logging output independent of the Console
```

```
-Q, --quiet          Suppress superfluous Console output
-v, --version        Display the version
-V, --verbose        Enable verbose Console output
```

正如以上所述，有很多选项可以使用，但最常用的是（使用`-i`）在启动 Gremlin Console 时加载一个脚本。这对于配置 Gremlin Console、加载数据，然后让 Gremlin Console 保持继续运行、等待后续输入特别有用。本书所有配套代码里的脚本都会做以下事情。

- 配置远程连接，连接到以 localhost 运行的 Gremlin Server。
- 设置 Gremlin Console 为远程模式。
- 通过脚本化操作或 GraphSON 导入文件来加载数据。

下面是运行一个简单数据加载脚本的例子。

```
$ bin/gremlin.sh -i $BASE_DIR/path/to/
➥ data-load-script.groovy

         \,,,/
         (o o)
-----oOOo-(3)-oOOo-----
plugin activated: tinkerpop.server
plugin activated: tinkerpop.utilities
plugin activated: tinkerpop.tinkergraph
gremlin> g

==>graphtraversalsource[tinkergraph[vertices:4 edges:5], standard]
gremlin>
```

以运行数据加载脚本的交互模式启动 Gremlin Console

使用内置的 g 变量快速验证数据是否已加载到图中

Gremlin Console 提示等待输入

Gremlin Console 是 REPL（交互式解释器）终端。这意味着输入的命令会被立即执行，计算的结果也会被打印在屏幕上。由于 Gremlin Console 是用 Groovy 运行的，你可以在 Gremlin Console 中执行像额外计算之类的标准 Groovy 代码，下面是一个例子。

```
gremlin> a = 1

==>1

gremlin> b = 2

==>2

gremlin> a + b

==>3
```

这种运行 Groovy 代码的能力允许你在图上执行复杂的查询，并且能将这些查询结果保存到变量中供后续计算使用。这种能力对于调试图遍历代码非常有帮助。

在 Gremlin Console 中有很多可用的命令，都以冒号（:）开始。要查看可用命令的清单，可以输入`:help`然后按回车。最常用的命令有`:exit`、`:quit`、`:x`和`:q`，都是用来退出 Gremlin Console 的。

```
gremlin> :help

Available commands:
  :help       (:h  ) Display this help message
  ?           (:?  )  Alias to: :help
  :exit       (:x  ) Exit the shell
  :quit       (:q  ) Alias to: :exit
  import      (:i  ) Import a class into the namespace
  :display    (:d  ) Display the current buffer
  :clear      (:c  ) Clear the buffer and reset the prompt counter
  :show       (:S  ) Show variables, classes or imports
  :inspect    (:n  ) Inspect a variable or the last result with the
                        GUI object browser
  :purge      (:p  ) Purge variables, classes, imports or preferences
  :edit       (:e  ) Edit the current buffer
  :load       (:l  ) Load a file or URL into the buffer
  .           (:.  ) Alias to: :load
  :save       (:s  ) Save the current buffer to a file
  :record     (:r  ) Record the current session to a file
  :history    (:H  ) Display, manage and recall edit-line history
  :alias      (:a  ) Create an alias
  :grab       (:g  ) Add a dependency to the shell environment
  :register   (:rc ) Register a new command with the shell
  :doc        (:D  ) Open a browser window displaying the doc for the
                       argument
  :set        (:=  ) Set (or list) preferences
  :uninstall  (:-  ) Uninstall a Maven library and its dependencies from
                       the Gremlin Console
  :install    (:+  ) Install a Maven library and its dependencies into
                       the Gremlin Console
  :plugin     (:pin) Manage plugins for the Console
  :remote     (:rem) Define a remote connection
  :submit     (:>  ) Send a Gremlin script to Gremlin Server
  :bytecode   (:bc ) Gremlin bytecode helper commands

For help on a specific command type:
    :help command
```

版 权 声 明

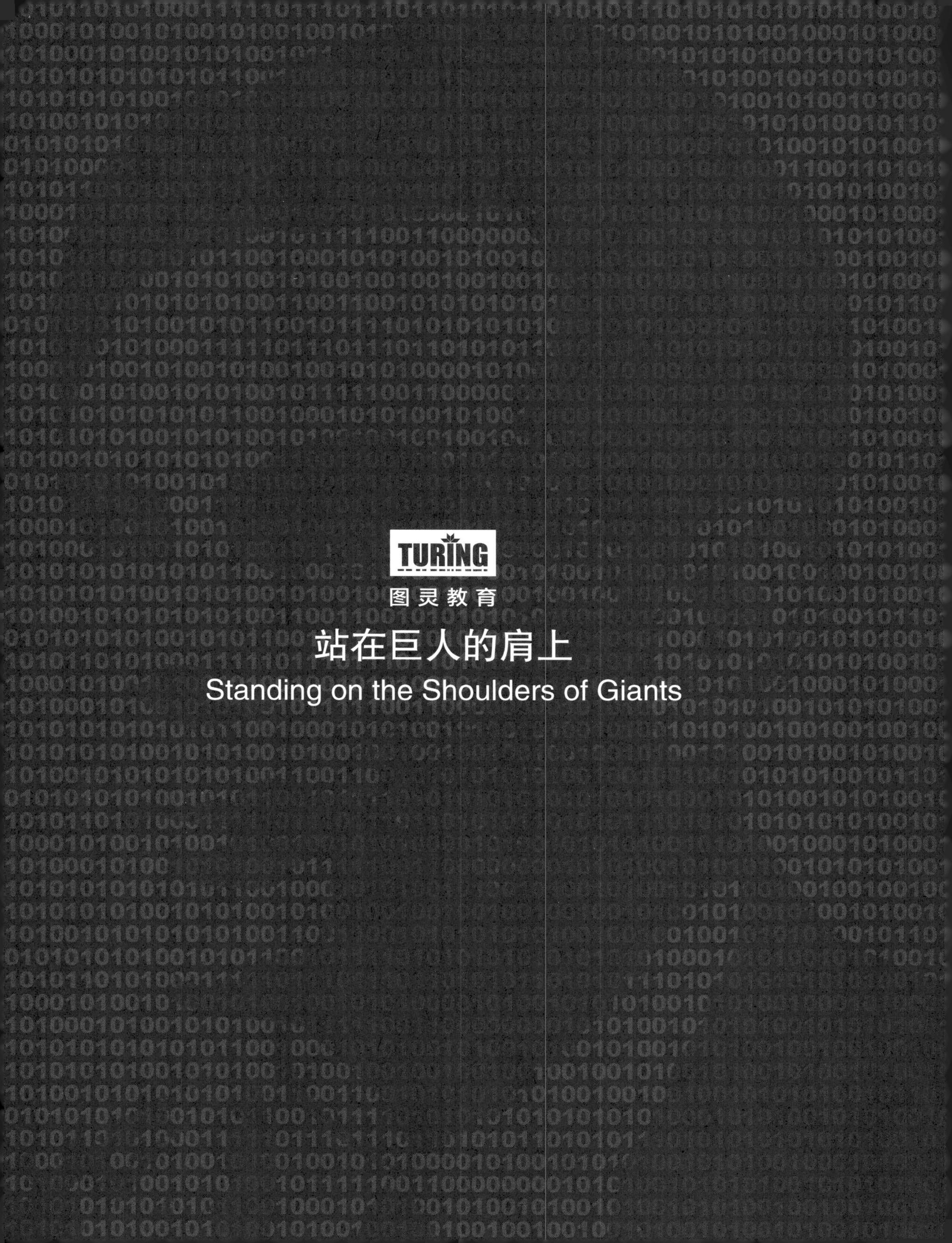
TURING
图灵教育
站在巨人的肩上
Standing on the Shoulders of Giants

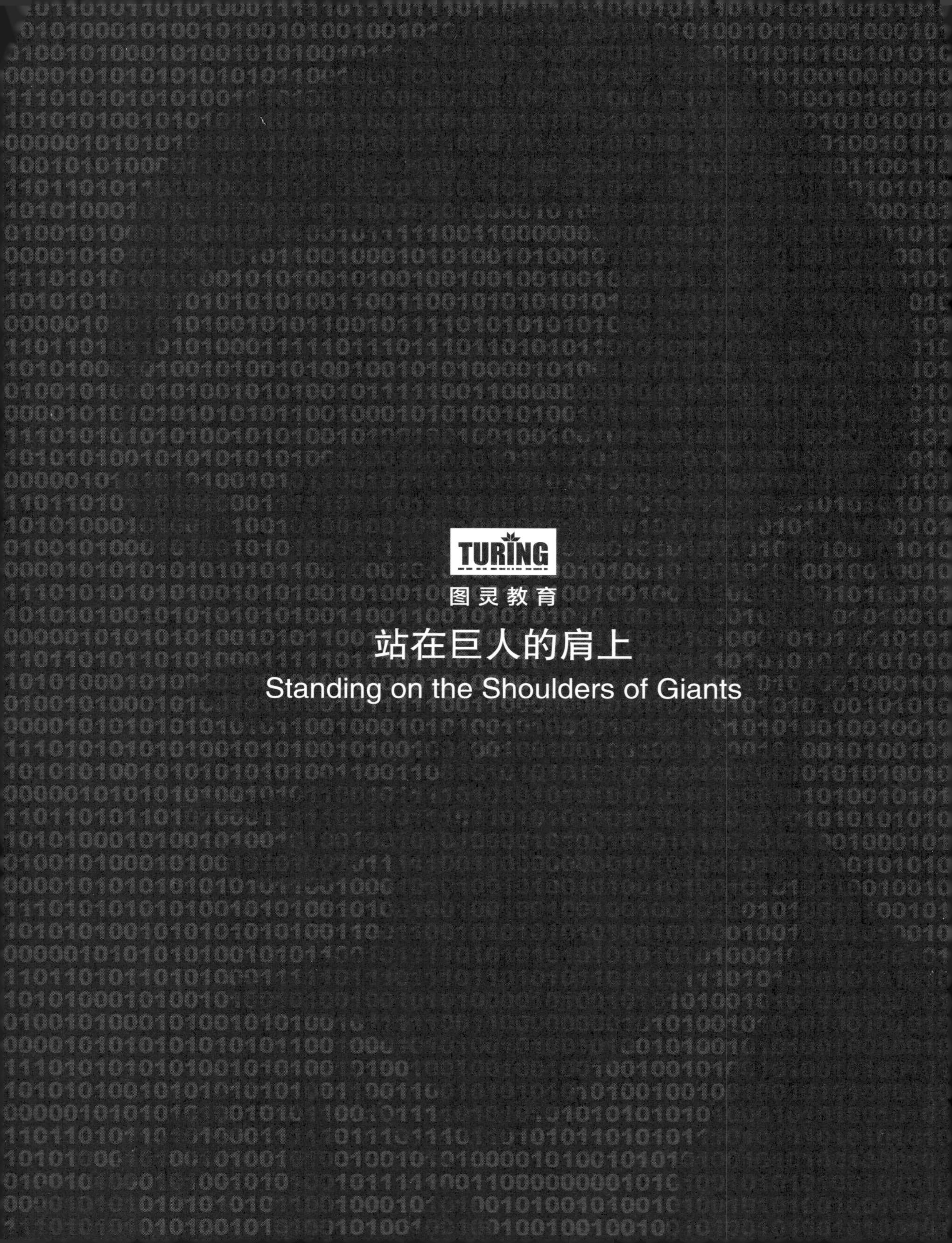
TURING
图灵教育
站在巨人的肩上
Standing on the Shoulders of Giants